U0283373

科学新经典文丛

卡尔·萨根诞辰 90 周年纪念版

暗淡蓝点

探寻人类的太空家园

Pale Blue Dot: A Vision of the Human Future in Space

［美］卡尔·萨根（Carl Sagan）｜著

叶式辉 黄一勤 ｜译

［美］安·德鲁扬（Ann Druyan）｜作

卜毓麟 ｜序

人民邮电出版社

北京

图书在版编目（CIP）数据

暗淡蓝点：探寻人类的太空家园 ：卡尔·萨根诞辰90周年纪念版 /（美）卡尔·萨根（Carl Sagan）著 ；叶式辉，黄一勤译. -- 北京 ： 人民邮电出版社，2024.6（2024.7重印）
（科学新经典文丛）
ISBN 978-7-115-63664-5

Ⅰ. ①暗… Ⅱ. ①卡… ②叶… ③黄… Ⅲ. ①宇宙—普及读物 Ⅳ. ①P159-49

中国国家版本馆CIP数据核字(2024)第032487号

版 权 声 明

Pale Blue Dot: A Vision of the Human Future in Space

Copyright © 1994 by Carl Sagan, copyright © 2006 by Democritus Properties, LLC. With permission from Democritus Properties, LLC. All rights reserved including the rights of reproduction in whole or in part in any form.

◆ 著　　　　[美]卡尔·萨根（Carl Sagan）
　　译　　　　叶式辉　黄一勤
　　责任编辑　刘　朋
　　责任印制　陈　犇

◆ 人民邮电出版社出版发行　　北京市丰台区成寿寺路 11 号
　　邮编　100164　　电子邮件　315@ptpress.com.cn
　　网址　https://www.ptpress.com.cn
　　鑫艺佳利（天津）印刷有限公司印刷

◆ 开本：880×1230　1/32　　　彩插：4
　　印张：13.625　　　　　　　2024 年 6 月第 1 版
　　字数：299 千字　　　　　　2024 年 7 月天津第 3 次印刷
　　著作权合同登记号　图字：01-2023-5159 号

定价：79.80 元

读者服务热线：**(010)81055410**　　印装质量热线：**(010)81055316**
反盗版热线：**(010)81055315**
广告经营许可证：京东市监广登字 20170147 号

内容提要

30 多年前，"旅行者 1 号"探测器在结束太阳系探测使命时回眸一望，拍摄下了我们的地球家园。在这幅发人深省的照片里，地球就像一粒飘浮在宇宙中的尘埃，享誉全球的美国天文学家和科普大师卡尔·萨根别有深意地称之为"暗淡蓝点"。我们都生活在这个小小的世界上，或许有一天将离开这里去往其他星球。

本书是萨根在 60 岁那年出版的科普名著，宛如一部纵贯往昔、今日与未来的史诗，于宏伟缜密间编织着大量扣人心弦的精彩故事。他首先回顾了历史上有关人类在宇宙中的地位的种种观念，接着根据 20 世纪下半叶太空探测的成就对太阳系做了全方位的考察，然后评估了将人送入太空的种种理由，最后对人类未来的太空家园进行了长远展望。阅读这本书就像在与萨根进行亲切的交谈，他将引导我们放下人类的自大和傲慢，然后鼓足勇气去探索更辽阔的星际宇宙。这不仅是我们长久以来的愿望，更是人类生存与文明进步的必然。

"地球是人类的摇篮，但人类不可能永远被束缚在摇篮里。"谨以此纪念卡尔·萨根诞辰 90 周年。

献给萨姆（Sam），
又一位漂泊者。
你们这一代人也许会看见
做梦也想不到的奇景。

卡尔·萨根诞辰 90 周年有感 [1]

在数十亿年的时间里，所有生命一直被限制在地球这座宇宙孤岛上，卡尔·萨根便出生在这种星际隔离状态结束前的最后几十年里。早在 1934 年就有人梦想着去星际旅行，但我们的一切都无法摆脱地球引力的束缚。卡尔是一名制衣工人的第一个孩子，他刚学会阅读就在布鲁克林公共图书馆里搜寻有关行星和恒星的书籍。

在 20 世纪 40 年代的一个雨天的下午，他躺在自家小公寓客厅里破旧的地毯上，描画着他想象中的星际舰队的招募海报。这支舰队将从一个世界跳跃到另一个世界，从一个星球飞越到另一个星球，就像我们的祖先曾经从一棵树上跳到另一棵树上一样。在第二次世界大战即将结束之际，他推断战胜国将把他们刚具备的技术和科学能力用于和平探索宇宙的宏伟合作项目。他自信地预测了这些战胜国在未来将获得具有里程碑意义的发现，他的海报和预测言论在当时的美国报纸上作为头版头条

---

[1] 本文是由美国著名作家、制片人、卡尔·萨根的遗孀安·德鲁扬（Ann Druyan）应李大光教授的邀请为本书中文版所作的，并由李大光教授翻译。李大光系中国科学院大学人文学院教授、国际科学素养促进中心中国研究中心主任、全国科普先进个人奖获得者。——编者

发表。

在这个幼稚的白日梦中，卡尔的第一个"人类在太空中的未来愿景"形成了。他可能对人类探索宇宙的合作程度和取得每个胜利的速度过于乐观，但对于一个从未见过科学家的 11 岁孩子来说，他设计的目标已经圆满了。令人惊讶的是，他的 6 项当时看起来不切实际的预测今天已经成为现实。更令人惊奇的是，这个在如此贫穷的环境中依旧充满幻想的孩子将引导科学家取得许多了不起的成就。

事实上，他所做的事情比当初的梦想更多。他不仅奋斗在空间科学研究和探索的前沿，而且是天体生物学的创建者之一，同时也是最早并持续不断地呼吁警惕气候变化的科学家之一。同时，他还发起了历史上最成功的全球公共科学教育运动。

当你现在读这本书的时候，卡尔就是在与你坦诚交谈。这本书是那幅用铅笔画的星际舰队招募海报的成熟版本，是卡尔几十年来学习、研究和想象的结果。卡尔在很久以前曾居住在布鲁克林公寓这个看似毫无希望的地方，如果他的话让你感觉自己正与他那时有一样的处境，那么鼓起勇气努力工作吧。万千道路，终将带领我们抵近繁星。

安·德鲁扬

2023 年 7 月 18 日于美国纽约州伊萨卡

卡尔·萨根诞辰 90 周年纪念版序二

回首一顾兮，回眸一盼

光阴荏苒，转瞬十年。人民邮电出版社举办"纪念卡尔·萨根诞辰 80 周年暨《暗淡蓝点》新书出版座谈会"（2014 年 10 月25 日）的情景历历在目，如今《暗淡蓝点：探寻人类的太空家园（卡尔·萨根诞辰 90 周年纪念版）》[1] 又已焕然面世。

相较于 10 年前的《暗淡蓝点：探寻人类的太空家园（卡尔·萨根诞辰 80 周年纪念版）》，90 周年纪念版又有新的特色。首先是萨根的遗孀安·德鲁扬为此新版作序，该序由萨根生前最后一部作品《魔鬼出没的世界——科学，照亮黑暗的蜡烛》之中译者李大光教授译出。其次是增加了我国著名航天科普专家庞之浩撰写的收录时间截至 2023 年的长篇附录《世界航天科技大事记》，以利读者较全面地了解人类进行太空探索取得的成就，其中包括中国的部分主要成果。再者就是现任科普时报社社长尹传红的长文《"科学先生"卡尔·萨根》原本作为 80 周年纪念版的"代序"，在 90 周年纪念版中改作"跋"。此文对萨根之生平事迹、思想见地、社会影响一一做了翔实生动的叙述，

---

[1]　这部作品的版本较多，副书名不尽一致，本书中有时用《暗淡蓝点》泛指该作品，有时加上副书名指代特定版本。对于书中提及的其他作品，也做类似处理，不再一一说明。——编者

特别是比较完整地介绍了萨根作品在中国的传播与反响。读者诸君若在通读本书之前先行浏览此文，自当各有收获。最后，或因我对萨根其人其书还有些可说道之处，本书责任编辑刘朋又邀我为 90 周年纪念版写了这篇序。

20 世纪七八十年代之交，随着改革开放的推进，国人对当时美国的几位科普大家——马丁·加德纳（Martin Gardner）、艾萨克·阿西莫夫（Isaac Asimov）和卡尔·萨根——给予了越来越多的关注。曾获普利策奖的萨根著作《伊甸园的飞龙——人类智力进化推测》（1977 年）早在 1980 年就有了中文版（吕柱、王志勇译，河北人民出版社），而令萨根在中国名声大振的则是他那部 13 集的大型电视系列片《宇宙》（1980 年）和与之配套的同名图书。世界上有 60 多个国家播放了电视系列片《宇宙》，我国老一辈科普名家李元先生为引进此片出了大力。尽管中央电视台直到 2001 年才播出《宇宙》，但其译制工作早已就绪。那还是 1984 年的某一天，中央电视台的王录先生扛来一大包《宇宙》电视系列片英文分镜头脚本，欲找人在两个月内全部译毕。吴伯泽、朱进宁、王鸣阳等一众好手迅即开译，最后由我和吴伯泽总审通校，按时交齐工工整整誊清的全部手稿。中央电视台印了几份工作用的打字稿，译者手上一无所剩，我为此颇感遗憾。孰料 10 多年后李元先生提起，他当初曾向中央电视台索要了整套打字稿副本，以备不时之需。2009 年，85 岁的李元将全套打字稿转交给我，嘱咐继续保存。2018 年，四川省科普作家协会的董仁威先生告知他们正在筹建时光幻象科普博物馆，希望我积极支持，提供藏品。当年 12 月 20 日（这天恰是萨根 22 周年忌辰），我将李元先生留下的共约 700 页的打字稿全部面交董仁威，希望时光幻象科普博物馆妥善收藏，有志于研究萨根的朋友还可继续利用这些已有 30 多年历史的珍贵译本。顺便一提，那天面交董仁威的还有 1980 年我首次翻译的阿西莫夫作品《走向宇宙的尽头》的整本手稿。

上述电视系列片的配套图书《宇宙》在 1989 年也有了第一个中译本（周秋麟、吴依俤等译，海洋出版社），后来又有北京天文馆副馆长陈冬妮博士的新译本（广西科学技术出版社，2017 年，我为之作中文版序），以及更新的虞北冥译本（上海科学技术文献出版社，2021 年）。此外，1987 年中央电视台还组织缩编《宇宙》电视系列片，将每一集简化成 25 分钟，改编稿仍由我统审。这部系列片也投入了制作，惜乎未见播出。

40 年前，我同萨根曾有几次通信。第一次是在 1984 年，当时我正为《自然辩证法百科全书》（中国大百科全书出版社，1995 年）撰写"宇宙中的生命""平庸原理""黑洞"等条目。探讨"宇宙中的生命"，必然涉及"平庸原理"。对此，我感到有必要与该研究领域的"领头羊"萨根直接交流，遂于 4 月 22 日给他去信，顺便提到我对普及科学很有兴趣。

那一年，50 岁的萨根早已名扬全球，忙得不可开交，但他很快就回信了。他说：

我很高兴收到您的来信并获悉您有志于在中国致力科学普及。谨寄上什克洛夫斯基和我本人所著《宇宙中的智慧生命》（1966 年）一书第 25 章的复印件。该章题为"平庸假设"，我相信将它提升为一种"原理"也许为时尚早。另附一篇新近发表在《发现》杂志上的文章《我们并无特别之处》的复印件。

我希望这将对您有所帮助。请向您在中国天文界的同事们转达我热烈的良好祝愿。

您真诚的卡尔·萨根

同年 10 月 5 日，我发出给萨根的第二封信，告知我已给他寄出一本中英双语的《中国天文学在前进——中国天文学会成立六十周年纪念（1922—1982）》。接着谈到，我国目前正在编纂一部中等规模的《古代和现代科学家传记辞典》，预计收录传主逾 6000 人。我本人应邀撰写"巴特·博克""艾萨克·阿西莫夫""卡尔·萨根"等条目。为了取得可靠的第一手资料，我向萨根表示"倘若您能寄给我一份您作为一位科学家的事迹和所发表的作品篇目，我将不胜感激"，最后还加上一句"少而精就很好，多而详则尤妙"。

圣诞节过后，元旦又过去了，我猜想萨根未必回信了。始料未及的是，1985 年 2 月 27 日（那天是农历正月初八），我收到了他从纽约州伊萨卡寄出的航空邮件，投递日戳是 1985 年 2 月 14 日，恰逢情人节。信件很简短，但附了"一份为您的传记辞典所需、几乎更新至今的履历"。令人吃惊的是这份履历的篇幅：用 A4 纸打印了 74 页！

孰料还不到 12 年，萨根竟撒手人寰了。他逝世后，美国名记者凯伊·戴维森（Keay Davidson）完成了大部头的《卡尔·萨根传》（*Carl Sagan: A Life*，以下简称《萨根传》），1999 年正式出版。这位作家曾荣获美国科学新闻的两项最高褒奖——美国科学促进会威斯汀豪斯奖和美国科学作家协会社会中的科学奖。这部《萨根传》篇幅达 60 余万字，但相较于内容之丰富，其笔法仍堪称简练。我随即为上海科技教育出版社引进这部传记，并邀约科技翻译名家、老友暴永宁执译。2003 年 12 月，中文版《展演科学的艺术家——萨根传》面世，责任编辑是我本人。"展演科学的艺术家"一语，源自人们赞誉萨根普及科学知识之本领高超。值得一提，伽莫夫（George Gamow）的传世之作《从一到无穷大》最早的中文版（科学出版社，1978 年）也是暴永宁翻译的。

《萨根传》共 18 章，第 16 章做了一次高屋建瓴的回顾，章名"Look Back，Look Back"被译为"回首一顾兮，回眸一盼"，优雅而贴切。这个章名还语带双关，回眸萨根的人生，也回顾如今广为人知的那段佳话：萨根游说美国国家航空航天局，让正前往太阳系边缘的"旅行者号"飞船转一下身，"回首一顾兮，回眸一盼"，再看一眼这颗小小的行星如今的模样，让它的相机最后拍摄一幅太阳系的"全家福"。众所周知，这张"全家福"上有一个极不起眼的暗淡蓝点，它就是那颗小小的行星，迄今为止人类的唯一家园——地球。

回顾是纪念的永恒伴侣。我不禁想到：何不借用"回首一顾兮，回眸一盼"作为这篇序言的标题！萨根，作为著名的天文学家、杰出的科普大家，其累累硕果举世瞩目。与此同时，他又是一个处于众多矛盾和争议中的活生生的人物。《萨根传》的"回首一顾"臧否有度，力求公允。举一个有趣的例子：对丈夫颇有影响力的安·德鲁扬劝说萨根，履历应择要而写，不能事无巨细都往里装，但在萨根去世时，他的履历仍长达 256 页。

人们谈论萨根，往往绕不过他在 1992 年落选美国国家科学院院士这一话题。当时美国科学院增选院士，通常先由各学部推举候选人，然后按业绩排出名次，取 120 人。最后全体院士进行表决，得票多的 60 人当选。此外还有一条补充规定：如果会上对某候选人有争议，那就要单独对他进行全体表决，要有三分之二的赞成票他方能当选。萨根就陷入了这样的窘境。事实上，院士中一些威望很高的天文学家对萨根的学识和成就殊为赏识，如 1983 年诺贝尔物理学奖得主钱德拉塞卡（Subrahmanyan Chandrasekhar）、研制哈勃空间望远镜的先驱者之一约翰·巴考尔（John Bahcall）、当代宇宙学研究的女杰薇拉·鲁宾（Vera Rubin）等。但是，一些贬低科普甚至心怀妒忌的人使劲搅局，萨根最终落选了。由此造成的负面影响，颇令美国国家科学院难堪。

公共福利奖章是美国国家科学院颁授的最高荣誉，以"表彰将科学应用于公共福利所做的杰出贡献"。此奖于 1914 年首颁，1976 年以来每年颁发一次。1994 年，美国国家科学院对萨根落选院士亡羊补牢，向他颁发了公共福利奖章，以肯定"他向公众传达科学的奇妙和重要性，抓住千百万人的想象力，用通俗易懂的语言解释艰深科学概念的才能"。公共福利奖章得主中颇有一些社会知名度极高的人物，如 2013 年的获奖人是比尔·盖茨（Bill Gates）和梅琳达·盖茨（Melinda Gates）夫妇，获奖理由是"将科学用于一些最艰难的全球性健康挑战，使数以百万计的人改善了生活"。

也是这一年，萨根 60 周岁的 1994 年，他的《暗淡蓝点》问世了。"暗淡蓝点"这个著名的词语是萨根首创的，指的是从太空中遥望的地球。我为上海科技教育出版社引进此书后，邀请于我亦师亦友的中国科学院紫金山天文台叶式辉研究员执译，叶先生又请其夫人黄一勤老师襄助。叶式辉先生中文底蕴深厚，外文功力扎实，曩昔哥白尼（Nicholai Copernicus）《天体运行论》的第一个中文全译本（武汉出版社，1992 年）就出自他之手。中文版《暗淡蓝点》由我请中国科学院上海天文台已退休的前副台长何妙福同做责任编辑，于 2000 年由上海科技教育出版社出版。

《暗淡蓝点》布局大气磅礴，章法井然有序。全书从"你在这里"（"这里"指地球）开篇，主题关乎人类生存与文明进步的长远前景——在未来的岁月中，人类如何在太空中寻觅与建设新的家园。从年轻时代起，萨根就对此持积极乐观的态度。《暗淡蓝点》全书结尾则用诗一般的语言道出了他的心境：

在过了一段短暂的定居生活后，我们又在恢复古代的游牧生活方式。我们遥远的后代安全地布列在太阳系或更远的许多世界上……他们将抬头凝视，在他们的天空中竭力寻找那个蓝色的光点……他们会感到惊奇，这个储藏我们全部潜力的地方曾经是何等容易受到伤害，我们的婴儿时代是多么危险……我们要跨越多少条河流，才能找到我们要走的道路。

除了《萨根传》和《暗淡蓝点》，我还为上海科技教育出版社引进了《卡尔·萨根的宇宙——从行星探索到科学教育》。此书涵盖了萨根为之献身的科学、教育、政策制定等诸多领域，英文版由耶范特·特奇安（Yervant Terzian）、伊丽莎白·比尔森（Elizabeth M. Bilson）主编，于 1997 年出版。中文版于 2000 年问世，由周惠民教授及其夫人周玖执译，我与尹传红同做责任编辑。

为庆祝萨根 60 岁生日，康奈尔大学于 1994 年 10 月组织了一次大型讨论会。世界上 300 位科学家、教育家和萨根的亲友应邀参加。会议的四大论题，即"行星探索""宇宙中的生命""科学教育"和"科学、环境与公共政策"，充分显示了萨根数十年间的工作兴趣和成就之所在。《卡尔·萨根的宇宙——从行星探索到科学教育》一书收录了此次祝寿讨论会的重要文章，全书共 24 章，每一章的作者都是相应领域中几乎无争议的"大腕"。例如，"物理学容许有星际旅行虫洞和时间旅行机器吗？"一章的作者是基普·索恩（Kip S. Thorne），他于 2017 年荣获诺贝尔物理学奖。书中另有"幕间插文"一篇，是萨根本人在这次讨论会上的演讲和互动问答。康奈尔大学荣誉校长弗兰克·罗兹（Frank H. T. Rhodes）致闭幕词，题为"60 岁的卡尔·萨根"，其结语曰："60 岁是这样的一个年龄，我请今晚在座的诸位和我一同起立举杯，向这位尊敬的科学家、献身的教师、优秀的解说员、宇宙的指引者、尊敬的同事、康奈尔人的典范、忠实的朋友卡尔·萨根举杯。卡尔，我们向你致敬。"

萨根诞辰 70 周年那一年，2004 年，我退休了。又过了 10 年，我国科普图书出版的重镇——人民邮电出版社将《暗淡蓝点：探寻人类的太空家园（卡尔·萨根诞辰 80 周年纪念版）》纳入"科学新经典文丛"以飨读者。责任编辑刘朋、刘佳娣悉心规划，在此版本中加入尹传红的长文《"科学先生"卡尔·萨根》代序，86 岁高龄的叶式辉则在译者序中深情地写道："2014 年是萨根诞辰 80 周年，重新出版此书很有意义。从英文原著出版到现在，在这 20 年中天文学飞速发展，人类对宇宙的探索日新月异。针对天文知识的更新，果壳网的 Steed 特意为本书添加了许多注释，在此对他表示感谢。"

我在"纪念卡尔·萨根诞辰 80 周年暨《暗淡蓝点》新书出版座谈会"上的发言题为"经典之树长青"。2015 年，"科学新经典文丛"又增添了萨根的另一部佳作《布罗卡的脑：对科学罗曼史的反思》（张世满等译）。此书的写作时间虽比《暗淡蓝点》早了近 20 年，今天却依然值得一读，我也如约为中文版作序。意大利作家伊塔洛·卡尔维诺（Italo Calvino）说得好："经典是每次重读都像初读那样带来发现的书，经典是即使我们初读也好像是在重温的书。"捧读卡尔·萨根的作品，每次都有这样的感受，无论是《宇宙》《布罗卡的脑》，还是《暗淡蓝点》。

回眸 23 年前，2001 年 12 月，为纪念卡尔·萨根逝世 5 周年，我国几家重要的科普单位共同在京主办"科学与公众论坛"。全场座无虚席，真是令人感动。我在会上演讲《真诚的卡尔·萨根》，结语是：

我盼望中国和世界上的其他国家多多出现一批像萨根那样杰出的科学宣传家。这并不是说科学家们都必须和萨根同样地投入，但是每一位科学家至少都应该有自己的那一份理念、热情和责任感。

如今，我之所愿依然如故。

卞毓麟 [1]

2024 年 3 月 14 日于上海

---

[1] 卞毓麟，天文学家、资深科普作家、科技出版专家，曾任中国科普作家协会副理事长等。

译者序 [1]

仰望夜空，繁星闪烁，苍穹幽邃。从远古时代起，宏伟壮丽的宇宙就令人神往，受人赞美。它的浩瀚和深幽常发人深思，促人猎奇。诸如女娲补天、嫦娥奔月、后羿射日这类有关天宫的神话故事，自古就广为流传。

日月星辰的运动、结构和演化，是人类历史上的第一门科学——天文学研究的主要内容。经过世世代代天文学家的辛勤探索，我们早已知道人类栖息的地球只是太阳系的一个成员，而太阳不过是银河系里几千亿颗恒星中平凡的一颗。在银河系外，还有数以千亿计的河外星系。浩瀚无垠的太空、多如恒河沙数的天体以及丰富多彩的天象奇景都吸引着广大公众，尤其是青少年天文爱好者。为了向他们传输天文知识，尤其是太空探测的新成就，许多天文科普读物相继问世。现在奉献给读者的这本书就是其中的佼佼者。

本书用讲故事的方式介绍空间天文学兴起后太阳系研究的进展。我们所在的太阳系里天体众多，事故频繁。1994 年的彗木碰撞（即休梅克－利维 9 号彗星撞击木星）在全世界引起轰动。回溯 6500 万年前，很可能有一颗直径仅约为 10 千米的小行星

---

[1]　本文为译者为本书 2014 年版所作。——编者

撞上地球，导致全球生态环境发生巨变，使当时称霸世界的恐龙灭绝。这两个事件提醒人们，近地小行星和彗星是对地球和人类的潜在威胁。此外，地球环境的恶化、自然资源的枯竭以及从长远来说太阳的有限寿命，都促使人们认真考虑在太空中寻觅与建设新家园的艰巨历史任务。本书围绕这个主题，用新颖精彩的资料和生动诱人的文字进行了深入细致的探讨。这样的作品是科学与文学的结晶。它的作者卡尔·萨根既是杰出的科学家，也是极享盛名的优秀科普作家。

为了使读者充分了解本书的科学内容，同时感受到文辞的韵味，译者尽量使中文版忠实于原著。但由于中、英两种文字在语法与表达方式上的差异，译文在个别地方做了比较灵活的处理。译文如有舛误疏漏之处，敬请读者惠以指正。

2014年是萨根诞辰80周年，重新出版此书很有意义。从英文原著出版到现在，在这20年中天文学飞速发展，人类对宇宙的探索日新月异。针对天文知识的更新，果壳网的Steed特意为本书添加了许多注释，在此对他表示感谢。

叶式辉　黄一勤

漂泊者（作者序）

但是请告诉我，这些漂泊者是谁……

——里尔克（Rainer Maria Rilke）

《杜伊诺哀歌》（1923年）

从一开头，我们就是漂泊者。我们知道在160千米之内每棵树的位置。当果实成熟时，我们就在那里。牲畜每年迁徙，我们都跟着走。我们高兴地品尝新鲜肉食。我们中间的少数人合作，靠密谋、伪装、伏击和全力进攻，完成了多数人靠单独狩猎办不到的事情。我们相互依赖。细想一下，靠我们自己单干，就和定居一样，是荒唐可笑的。

我们联合起来，保护孩子们不受狮子和狼群的侵袭。我们教会他们掌握所需的技能和使用工具。那时和现在一样，技术是我们生存的关键。

每当干旱持续，或者夏日天气仍令人不安地寒冷，我们便成群地迁徙——有时走向未知的土地。我们寻找更好的地方。当在小游牧群中跟别人合不来时，我们便离开，到其他地方寻求比较友好的伙伴。我们随时都可以再从头干起。

漂泊者（作者序）

　　自从人类出现以来，在99.9%的时间里，我们是猎人和采集者，也是沙漠与草原上的流浪汉。那时没有边防卫士，也没有海关官员，到处都是待开发的土地。约束我们的只是大地、海洋和天空，加上偶尔碰到的粗暴邻居。

　　在气候惬意、食物丰盛时，我们愿意定居下来。这时不再担风险，出现了优势，也不必谨小慎微了。在最近1万年间——这在我们的漫长历史中只是一瞬间，我们已经放弃了游牧生活。我们已经会栽培植物和驯养动物。在你能够轻易取得食物的时候，又何必去追捕猎物呢？

　　虽有种种物质利益，但定居的生活仍使我们感到不安和不满足。无论是在农村还是在城市，甚至在400代人之后，我们也不能忘怀过去。广阔的道路像一首几乎被人遗忘的儿歌那样，仍在柔情地召唤我们。我们怀着某种幻想，开发遥远的地方。我觉得，由于自然淘汰，精心培育起来的对事物的好奇心已成为我们赖以生存的基本要素。漫长的夏季、温暖的冬天、丰硕的收成、充足的猎物，哪一样都不能永久存在。我们没有能力预测未来。灾难事件惯常在我们不知不觉之中偷偷地袭击我们。你自己的、你所在群体的甚至你的种族的生活可能全靠少数不守本分的人来决定，被一种他们难以说清或理解的渴望吸引到未曾被发现的土地或新的世界。

　　梅尔维尔（Herman Melville）[1]在长篇小说《白鲸》中，代表古往今来和四面八方的漂泊者谈道："一种对远方事物的永恒追求使我苦恼。我喜爱去非常凶险的海洋上航行……"

　　对古代希腊人与罗马人来说，已知的世界包含欧洲以及被

---

[1]　美国作家（1819—1891）。——译者

缩小了的亚洲和非洲。环绕它们的是一个不可逾越的世界海洋。外出旅行可能遇到被称为野蛮人的"劣等人"，或遇到被叫作神的优等生灵。每棵树都有它的精灵，每个地区各有其传奇英雄。但是神灵并不太多，至少在早先只有几十个。他们住在山间、地下、海中或天上。他们向人们传送信息，干预人间事务，并与人生育儿女。

随着时间的流逝，人类探测的能力大幅度提高，于是令人惊奇的事情出现了：野蛮人完全能够和希腊人、罗马人同样聪明。非洲和亚洲比以往任何人想象的都要大。世界海洋并非不可逾越。对跖人是有的 [1]。存在三个新的洲，它们在古代就有亚洲人居住，而这些情况欧洲人从不知道。令人失望的是，神灵难以找到。

人类从旧世界向新世界的第一次大规模迁移，大约出现在 11500 年前的最后一个冰期。当时极地冰盖扩大，导致海洋变浅，于是人们可以在陆地上从西伯利亚走到阿拉斯加。1000年之后，有人到达南美洲的南端，即火地岛。远在哥伦布之前，印度尼西亚的英勇移民就驾着有桨的独木舟探测西太平洋；婆罗洲人移居马达加斯加；埃及人和利比亚人环绕非洲航行；而中国明代的一支庞大的远洋帆船队在印度洋上往返航行，在桑给巴尔建立了一个基地，并绕过好望角，进入大西洋。从 15 世纪到 17 世纪，欧洲人驾驶帆船发现了新大陆（对欧洲人来说，无论如何也是新的），并环绕地球航行。在 18 世纪和 19 世纪，美国与俄罗斯的探险家、商人和移民分别向西和向东跨越两个大洲，争着奔向太平洋。无论当事人如何轻率无知，这种探险与开发的热忱都具有明显的存在价值。它并不局限于一个民族或种族，而是全人类所有成员共有的天赋。

自从几百万年前人类首次在非洲东部出现以来，人们已经漫游到地球各处。现在到处都有人烟：在每一个洲，在最遥远的岛屿，从北极到南极，从珠穆朗玛峰到死海，在海底，以及有时甚至在 320 千米高处 [1] 都有人——就像古时候传说中栖息在天穹中的神一样。

目前，至少在地球的陆地区域剩下来供探测的地方似乎没有了。探险家正成为其成就的受害者，现在只好待在家里了。

人们的大规模迁徙（有的是自愿的，但大部分并不是）形成了人类的生存状况。今天我们中间逃离战争、迫害和饥荒的人比人类历史上的任何时候都多。在今后几十年，随着地球气候的演变，看来会有更多的人因环境恶劣而逃亡。较好的地方随时会呼唤我们。在地球上，人潮仍将时涨时落，但是现在我们要去的地方已经有人定居了。别人对我们的困境并不同情，他们已经在我们之前到达那里了。

19 世纪末叶，在欧洲中部辽阔的、多种语言并用的、古老的奥匈帝国的一个偏僻市镇，莱布·格鲁贝尔（Leib Gruber）正在成长。在捕捞时节，他的父亲以卖鱼为业，生活是艰辛的。青年时代的莱布能够找到的唯一正当生计就是背人渡过附近的布格河。不论男女，顾客都骑在莱布的背上。他脚穿珍贵的长筒靴（这是他的谋生工具），涉过河流浅滩，在对岸把他的顾客

---

[1] 自 2000 年 11 月 2 日以来，国际空间站就一直保持有人值守的状态，所以现在来说，320 千米的高空已经不是"有时"有人，而是一直有人了。——译者

放下来。有时水深齐腰。那里既无桥梁，也没有渡船。本来人们可用马匹渡河，但它们有别的用途。于是此事留给莱布和与他一样的一些年轻人去做。他们没有别的用处，找不到其他工作。这伙人在河边上闲逛，高声报价，向潜在的顾客自夸他们背得多么好。他们出租自己，就像出租四条腿的动物。莱布就像一头载重的牲畜。

我想莱布在他的整个青年时代从来不敢走出他的家乡萨索小镇 100 千米之外。但是在 1904 年，他突然丢下自己的年轻妻子，跑到了一个新的世界。按家里的传说，他是为了躲避一场杀身之祸。和他的死气沉沉的小村庄相比，美国的那些大海港城市真是有天壤之别。大海何等浩瀚，高耸入云的摩天大楼以及新土地上永无休止的喧哗对他来说都是不可思议的。我们对他的出走一无所知，但是找到了他的妻子采娅（Chaiya）后来出行时所乘船只的旅客名单。莱布有了足够的积蓄后，把她接过去了。她乘坐的是一艘在汉堡注册的"巴塔维亚号"轮船上最便宜的舱位。读到下面的简短文字记录，真令人伤心。她能够阅读或写字吗？不能。她会讲英语吗？不会。她有多少钱？我可以想象她回答"一元钱"时是何等狼狈与羞愧。

她在纽约登陆，与莱布团聚。她只活到生下我的母亲及其妹妹，就由分娩引起的并发症死去了。在她留居美国的短短几年间，她有时用英文名克拉拉（Clara）。25 年后，我的母亲生下了自己的第一个孩子（一个儿子），她根据她从来不了解的妈妈的英文名字为这个孩子取名。

我们的远古祖先观察星星，注意到有 5 颗星并不像所谓的

"恒星"那样按刻板的方式升起和落下。这5颗星有奇特而复杂的运动。接连几个月，它们似乎缓慢地在恒星之间游荡，有时绕出一个个圆圈。今天我们称它们为行星，在希腊文中这个词的意思是"游荡者"。我想我们的祖先只能用它描述这样的奇特现象。

我们现在知道行星并不是恒星，而是受太阳引力束缚的其他世界。就在对地球的探测行将完成之际，我们开始认识到地球只是环绕太阳以及银河系中其他恒星的不可胜数的成员之一。我们的行星和太阳系被一个新的宇宙海洋——深不可测的太空包围起来。比起地球上的海洋，它将更难逾越。

也许这话说得早了一点，也许还完全不是时候。但是，那些别的世界（大有希望的、不知其数的机遇）正在召唤我们。

在过去的几十年间，美国和苏联取得了一些令人震惊的历史性成就，就是对从水星到土星的所有光点进行仔细的近距考察。这些天体引起我们祖先的好奇并把他们引向科学。自从1962年成功的行星际航行开始以来，我们的飞行器已经飞越70多个新世界，或者环绕它们运行，或在它们的上面着陆。我们已经在游星[1]之间游逛。我们发现了使地球上最高的山峰相形见绌的庞大火山；还在两颗行星上找到了古老的河谷，令人不可思议的是一颗行星太冷，而另一颗太热，因而它们的上面都没有流水。我们的发现还有：一颗巨行星的内部有体积相当于1000个地球的液态金属氢；若干卫星已经整个熔化了；一个星球的大气中有腐蚀性酸雾缭绕的区域，甚至其高原的温度已超过铅的熔点；关于太阳系剧烈形成过程的真实记录被铭刻在星球

---

[1] 古人对行星的一种称呼。——译者

古老的表面上；一些隐蔽着的冰冻天体来自冥外深空；结构精致的环系体现出引力的微妙和谐；还有一个被复杂的有机分子云环绕的天体，而在地球历史的最早期，这些有机分子促进了生命的起源。它们都默默地环绕太阳旋转，等待我们去探索。

我们的祖先最初思考夜空中那些游荡着的光点的本质时，做梦也想不到我们发现的种种奇观。我们探索地球和人类自身的起源。通过发现其他事物以及研究与地球或多或少相似的其他行星的各种可能命运，我们对地球更加了解。每一个天体都是可爱的和有启发意义的。但是就我们所知的情况来说，它们都是荒无人烟和贫瘠的。在那里找不到"更好的地方"，至少目前知道的情况是这样。

在从 1976 年 7 月开始的"海盗号"遥测期间，从某种意义上说，我在火星上度过了一年时间。我考察了巨砾与沙丘、在中午还是红色的天空、古老的河谷、高耸的火山、严重的风暴侵蚀、由薄片叠成的两极区域，以及两颗暗黑的土豆形卫星。但是没有生命，没有一只蟋蟀和一片草叶，就我们确切知道的情况而言，甚至连微生物也没有。这些行星并不像地球那样被生命所美化。生命是相当稀有的。你可以探测几十个天体，而发现只有其中一个天体上面出现了生命，并且演化和持续存在下去。

莱布和采娅在那个时刻之前跨越过的最宽的区域只是一条河，但此后他们开始横渡大洋了。他们的最大收获是，发现在充满异国情调的大洋彼岸竟有讲他们的语言的其他人群，这些人与他们至少有一些共同利益，甚至那里还有和他们休戚与共的人们。

漂泊者（作者序）

　　在我们的时代，我们已经穿越太阳系，向恒星发射了 4 艘太空飞船。海王星离地球比纽约距布格河岸远出 100 万倍，但是那些其他的世界上没有亲戚，没有人群，显然也没有期待着我们的生命。没有最近去的移民送信来帮助我们了解新的大陆。我们得到的只是没有知觉的、精确的自动机械使者以光速发送的数据。它们告诉我们，这些新世界并不太像我们的家园。可是我们要继续寻找生命。我们没有办法，只能这样做。生命寻找着生命。

　　地球上谁也担负不起太空旅行的费用，即使我们中间的首富。[1] 无论是因为无聊或者失业，也无论是因为应征入伍，或者受到逼迫，或者不管是否公正而被指控犯了罪，我们都不可能突然收拾行装，飞赴火星或土卫六。谁也不会认为创办这类私人旅游业很快就会有高额利润。如果有朝一日人们飞往其他天体，这必定是由于一个国家或国际集团相信这样做对它有利，或者对人类有利。目前有太多的迫切任务在竞争经费，不会让我们把钱花在将人送往别的天体上。

　　别的世界上面有什么在等待我们？关于我们自己，它们会说些什么？针对人类目前面临的迫切问题，我们是否有必要到它们那里去？我们是否应该首先解决这些问题，或者这些问题正是该去的一个理由吗？这些正是本书的内容。

　　就许多方面来说，这本书对人类的前途持乐观态度。乍看起来，前面几章对我们的缺陷似乎讲得太多，但是它们为形成我的论点提供了必要的精神与逻辑基础。

　　我竭力为一个问题进行非单方面的论述。在有些地方，我

---

[1] 目前商业太空旅行正在推进中，2023 年首位纯粹的太空旅客进入太空。——编者

好像在和自己争论。我是这样做的。想到不只是从单方面看问题的优点，我常常和自己争辩。我希望到最后一章可以阐明我的论点。

本书的提纲大致是这样的：首先我们审查在整个人类历史上广泛流传的论点，即我们的世界与人类都是独一无二的，甚至在宇宙的运转和演化中都起了核心作用；我们按最近的空间探测与发现的步伐来考察太阳系，然后评估为把人送入太空而共同提出的理由；在本书的最后也是推测性最强的部分，我描绘自己关于人类未来的太空家园的长远设想。

本书讲述的是对我们的坐标、我们在宇宙中的地位的一种新的认识，而这种认识仍然只是缓慢地为人们所接受。当然，在我们的时代，即便这条开放的道路对我们的呼唤声变低了，人类未来生活的一个重要部分仍会远在地球之外。

卡尔·萨根

太阳系空间探测早期的杰出成就

一、苏联／俄罗斯的太空探索成就

1957　第一颗人造地球卫星（"人造地球卫星1号"）发射

1957　动物首次进入太空（"人造地球卫星2号"）

1959　第一艘摆脱地球引力的飞船[1]（"月球1号"）发射

1959　人造探测器（"月球1号"）首次绕太阳运行

1959　第一艘撞击其他天体的飞船（飞向月球的"月球2号"）发射

1959　人类首次看见月球的背面（"月球3号"）

1961　人类首次进入太空（"东方1号"）

1961　人类首次环绕地球飞行（"东方1号"）

1961　飞越其他行星的第一艘飞船发射（"金星1号"飞向金星）

1962　"火星1号"飞向火星

1963　女性首次进入太空（"东方6号"）

1964　首次多人太空飞行（"上升1号"）

---

[1] 本书中的"飞船""太空飞船""空间飞船""宇宙飞船""探测器""航天器"等词语都有相同或相近的含义。——译者

1965　首次太空"行走"("上升2号")

1966　第一艘进入另一颗行星大气层的飞船（飞向金星的"金星3号"）

1966　环绕月球运行的第一艘飞船（"月球10号"）发射

1966　首次在其他天体上成功软着陆（飞向月球的"月球9号"）

1970　首次实现从其他天体取回样品的遥控飞行（飞向月球的"月球16号"）

1970　探测器首次在其他天体上行驶（"月球17号"到达月球）

1971　首次在另一颗行星上软着陆（飞向火星的"火星3号"）

1972　首次在科学上成功地着陆到另一颗行星上（飞向金星的"金星8号"）

1980—1981　第一次长约1年（相当于飞向火星的时间）的载人空间飞行（"联盟35号"）

1983　首次环绕另一颗行星进行雷达勘测（飞向金星的"金星15号"）

1985　首次在另一颗行星的大气层中设置气球站（飞向金星的"维佳1号"）

1986　首次与彗星近距相会（飞向哈雷彗星的"维佳1号"）

1986　第一个轮换航天员的空间站（"和平号"）发射升空

二、美国的太空探索成就

1958　取得第一项空间科学发现——发现范艾伦辐射带（"探险者1号"）

1959　首次从太空中拍摄地球照片（"探险者 6 号"）

1962　取得行星际空间的首项科学发现——直接观测到太阳风（"水手 2 号"）

1962　首次实现在科学上成功的行星探测（"水手 2 号"飞向金星）

1962　首次在太空中进行天文观测（"轨道太阳观测台 1 号"）

1968　首次绕另一个天体做载人轨道飞行（飞向月球的"阿波罗 8 号"）

1969　人类首次在另一个天体上着陆（飞向月球的"阿波罗 11 号"）

1969　首次在另一个天体上采集样品并返回地球（飞向月球的"阿波罗 11 号"）

1971　第一辆在另一个天体上由人驾驶的车辆着陆（飞向月球的"阿波罗 15 号"）

1971　第一艘环绕另一颗行星运行的空间飞船（飞向火星的"水手 9 号"）发射

1973　首次飞越木星（"先驱者 10 号"）

1974　首次飞越水星（"水手 10 号"）

1974　第一艘探测两颗行星的飞船（飞向金星和水星的"水手 10 号"）发射

1976　首次在火星上成功着陆，这是第一艘探索其他行星上的生命的空间飞船（"海盗 1 号"）

1977　首次飞越土星（"先驱者 11 号"）

1973—1977　第一批达到太阳系逃逸速度的空间飞船（1973 年发射的"先驱者 10 号"和 1974 年发

射的"先驱者 11 号",以及 1977 年发射的"旅行者 1 号"和"旅行者 2 号")发射

1980 第一颗能在太空中回收、维修和重新安置的卫星("太阳极大使者号")发射

1981 第一艘可重复使用的载人空间飞船("哥伦比亚号"航天飞机)发射

1985 首次远距彗星会合 [飞向贾科比尼 - 津纳(Giacobini-Zinner)[1] 彗星的国际彗星探测器]

1986 首次飞越天王星("旅行者 2 号")

1989 首次飞越海王星("旅行者 2 号")

1992 首次探测太阳风层顶("旅行者号")

1992 首次与一个主带小行星会合 [飞向第 951 号小行星加斯普拉(Gaspra)的"伽利略号"飞船]

1994 首次发现小行星的卫星 [飞向第 243 号小行星艾达(Ida)的"伽利略号"飞船]

---

[1] 原文误作 Giacobini–Zimmer。——译者

目　录

第 1 章

你在这里

这是家园，这是我们。

> 整个地球只不过是一个小点，而我们自己居住的地方仅是它的一个极小角落。
>
> ——罗马帝国皇帝奥勒留（Marcus Aurelius）
> 《沉思录》卷四（约 170 年）

> 天文学家们一致宣称，围绕整个地球走一圈，在我们看来，似乎是无穷无尽的，但与浩瀚的宇宙相比，它不过像一个小点。
>
> ——阿来阿努斯（Ammianus Marcellinus，约 330—395，《罗马史》中最后一位重要的罗马帝国历史学家）

　　空间飞船已经远离家园，越过最外层行星的轨道，并高悬在黄道面上空（黄道面是一个假想的平面，我们可设想它有点像跑道，诸行星的轨道基本上都位于这个平面内）。飞船正以 64000 千米/时的速度飞离太阳。但是在 1990 年 2 月初，它接到了来自地球的一条紧急指令。

　　它恭顺地掉转照相机，指向现在已经相距很远的行星，把它扫描的目标从天空的一处转向另一处。它拍摄了 60 张照片，并在磁带记录器上以数字方式把它们存储起来。然后在 3 月、4 月和 5 月，它缓慢地把数据用无线电波传回地球。每幅照片含有 640000 个单独的图像单元（像素），它们就像报纸上有线传真照片或法国印象派画家绘画中的小点子。空间飞船离地球 59 亿千米，远到每个像素以光速传播也要经过 5.5 小时才能为我们接收到。这些图像本来可以被早些发送回来，但是在加利福尼亚、西班牙和澳大利亚接收这些来自太阳系边缘的微弱信号的大型射电望远镜正在对在太空中遨游的其他飞船（包括飞往金星的"麦哲伦号"以及在艰难的旅途上飞往木星的"伽利略号"）执行任务。

"旅行者 1 号"高悬在黄道面之上，这是因为它在 1981 年对土星的巨大卫星土卫六做了一次近距探测。它的姊妹飞船"旅行者 2 号"的轨道不一样，是在黄道面内，因此它能够完成对天王星与海王星的著名观测。两艘"旅行者号"飞船考察了 4 颗行星和将近 60 颗卫星，它们是人类工程技术的胜利，也是美国空间计划的一个荣誉。在当代许多别的事情被人遗忘的时候，它们仍将永垂史册 [1]。

两艘"旅行者号"飞船只被保证工作到与土星交会为止。我想恰在土星之后，让它们最后一瞥家园是一个好主意。我知道，从土星处回看，地球太小，因而"旅行者号"不能察觉任何细节。我们的地球只是一个光点、一个孤独的像素，很难与"旅行者号"能够看见的许多别的光点（包括附近的行星和遥远的恒星）区分开来。但正是由于这显示出我们的世界毫不引人注目，这种照片才值得拍摄。

水手们煞费苦心地测绘海岸线，地理学家用这些数据制作地图和地球仪。地球上小块区域的照片最早是用气球和飞机拍

---

[1] "旅行者 1 号"飞船现已飞入星际空间，成为人类首个完全脱离太阳物质影响的航天器。——译者

摄的，后来是用简易弹道火箭拍摄的，最后是用轨道太空飞船拍摄的。飞船拍到的远景就像你的眼睛在离一个大地球仪 2.5 厘米处看到的图像。几乎每个人都学过大地是球形的，我们都由重力吸附在它的上面。然而，我们所在世界的真实情景直到"阿波罗"计划对整个地球拍摄了一幅装满镜框的著名照片后才真正看清。这张照片是"阿波罗 17 号"的航天员在人类最近一次飞往月球时拍摄的。

这张照片可以说已经成为当代的一幅圣像。它们的上面有南极，这是欧洲人与美洲人都乐意把它当作底部的地方。此外，整个非洲在照片上面展现出来，你可以看到最早期的人类居住过的埃塞俄比亚、坦桑尼亚与肯尼亚。右上方是沙特阿拉伯，在顶端是勉强可以看出的地中海，整个世界的文明有很大一部分在它的周围出现。你能够辨认出海洋的蓝色、撒哈拉沙漠和阿拉伯沙漠的黄红色，以及森林与草原的褐绿色。

然而，这张照片上没有人类的迹象，看不出我们对地球表面的改造，也看不到我们的机器和我们自身。我们太微小，我们治理国家的本领太弱，以至于在位于地球与月球之间的空间飞船上看不出来。从这个有利的位置看来，我们的民族主义情感在任何地方都不明显。"阿波罗"计划拍摄的地球照片告诉广大群众的是天文学家熟悉的事情：从行星的尺度上说（更不用谈恒星与星系了），人类是微不足道的，只不过是生活在一块偏僻与孤独的、由岩石和金属组成的混合体上面的一薄层生命。

我认为，如从更远出千万倍的地方拍摄另一张地球照片，对于进一步了解我们真正的环境和情况是有帮助的。古代的科学家和哲学家就已熟知，在浩瀚的、无所不包的宇宙中，地球只是一小点，可是谁也没有看见过这样的地球。这里谈的是我们的第一次（也许在今后几十年中也是最后一次）机会。

美国国家航空航天局的许多从事"旅行者"计划的人是支持我的。不过，从太阳系外围看来，地球离太阳很近，就像一只绕着火光飞的飞蛾。我们是否愿意冒飞船上的视像管被烧毁的危险，把摄像机紧对着太阳？还是等一等，如果飞船存在的时间够长，等到所有从天王星和海王星拍起的科学照片都拍摄完毕，再拍这一张，这样是否好一些呢？

于是我们等待，而这也是一件好事情。从 1981 年探测土星，到 1986 年探测天王星，再到 1989 年两艘飞船都已越过海王星和冥王星的轨道，时候终于来到。但是有一些仪器校准工作需要先完成，因此我们再等一段短暂的时间。虽然飞船都位于适当的地点，仪器也工作得好极了，并且没有其他照片需要拍摄，但是几个设计人员提出了反对意见。他们说，这不是科学。随后我们发现，美国国家航空航天局雇用的设计并向"旅行者号"发送无线电指令的技术人员因该局经费紧缩而即将被解雇或调到别的工作岗位。如果要拍照片，必须马上就做。在最后一分钟——实际上正是在"旅行者 2 号"与海王星会合之际，当时的美国国家航空航天局行政长官、海军少将特鲁利（Richard Truly）出面干预并决定要拍到这些照片。美国国家航空航天局下属的喷气推进实验室的空间科学家汉森（Candy Hansen）和亚利桑那大学的波尔科（Carolyn Porco）设计了指令程序，并计算出摄像机的曝光时间。

于是，它们就在这里——在行星周围以及散布在遥远恒星背景上的一套正方形镶嵌图上。我们不仅拍摄了地球，而且拍摄了太阳的 9 颗[1]已知行星中的其他 5 颗。最内层的水星隐没在太阳的光芒中，火星和冥王星太小太暗，并且后者太远。天王星与海王星很暗，拍摄它们需要很长的曝光时间。因此，它们的图像由于飞船运动而模糊不清。一艘外来的空间飞船在经历漫长的星际航行后接近太阳系时，它所看到的行星图像就是这样的。

即使用"旅行者号"装载的高分辨率望远镜，从这样远的地方来看，行星也只是一些模糊或不模糊的光点。它们就像我们在地球表面上用肉眼看到的行星，一些比大多数恒星更亮的光点。经过几个月，地球和其他行星一样，看起来也在恒星之间移动。单纯靠观看这些光点中的一个，你完全不能说出它是什么，它的上面有什么，它过去的情况如何，以及目前那里有没有人居住。

由于太阳光在空间飞船上面反射，地球好像位于一束光线中。对于这个小小的世界，这似乎有某种特殊的含义，但这仅是几何学和光学因素造成的事故。太阳在各个方向上均匀地发出辐射。如果拍照的时间早了一点或迟了一点，就不会有太阳光强烈地照射在地球上。

另外，淡蓝色是怎么一回事？这种颜色一部分来自海洋，一部分来自天空。虽然玻璃杯里的水是透明的，但它吸收的红光比蓝光稍多一些。如果你观察的是几十米或更深的水，红光被吸收掉了，反射到空气中的主要是蓝光。同样，对短距离视线来说，空气好像是完全透明的。然而，绘画大师达·芬奇

[1] 2006 年 8 月 24 日，国际天文学联合会经大会投票，通过新的行星定义，决议将冥王星从行星行列中排除，太阳系中的行星数量由 9 减为 8。——译者

（Leonardo da Vinci）说的话有点道理，物体越远，它看起来越蓝。为什么？因为空气向四周散射的蓝光远多于红光。地球光点的蓝色来自它很厚而透明的大气层，以及它的深海。那么白色呢？在一般的日子里，地面大约有一半为白色的、含水蒸气的云所覆盖。

我们能够解释这个小小星球为什么是蓝色的，这是因为我们很了解它。一个刚刚来到我们的太阳系边沿的外星科学家是否有把握推论出地球上的海洋和云层，以及稠密的大气呢？那就不一定了。举例来说，海王星是蓝色的，但这主要是由于其他因素。从那个远方的有利地点看来，地球似乎没有任何令人感兴趣的特点。

但是对于我们，情况就不同了。再看看那个光点，它就在这里。这是家园，这是我们。你所爱的每一个人，你认识的每一个人，你听说过的每一个人，曾经有过的每一个人，都在它的上面度过他们的一生。我们的欢乐与痛苦聚集在一起。数以千计的自以为是的宗教、意识形态和经济学说，每一个猎人与采集者，每一个英雄与懦夫，每一个文明的缔造者与毁灭者，每一个国王与农夫，每一对年轻爱侣，每一个母亲和父亲，每一个满怀希望的孩子，每一个发明家和探险家，每一个德高望重的教师，每一个腐败的政客，每一个"超级明星"，每一个"最高领导者"，人类历史上的每一个圣人与罪犯，都生活在这里——一粒悬浮在太阳光中的细小尘埃。

在浩瀚的宇宙剧场里，地球只是一个极小的舞台。想想那些帝王将相杀戮得血流成河，他们的辉煌与胜利使他们成为这个光点上的一部分的转眼即逝的主宰；想想这个像素的一个角落里的居民对某个别的角落里几乎没有区别的居民所犯的无穷无尽的残暴罪行，他们的误解何其多也，他们多么急于互相残杀，他们的仇恨何等强烈。

我们的心情，我们虚构的妄自尊大，我们在宇宙中拥有某种特权地位的错觉，都受到这个苍白光点的挑战。在庞大的包容一切的暗黑宇宙中，我们的行星是一个孤独的斑点。由于我们的低微地位和空间的广阔无垠，没有任何迹象暗示，从别的什么地方会有救星来拯救我们脱离自己的困境。

地球是目前已知存在生命的唯一世界。至少在不远的将来，人类无法迁居到别的地方。访问是可以办到的，定居还不可能。不管你是否喜欢，就目前来说，地球还是我们生存的地方。

有人说过，天文学令人感到自卑并能培养个性。除了我们的这个小小世界的这幅远方图像外，大概没别的更好的办法可以揭示人类妄自尊大是何等愚蠢。对我来说，它强调说明我们有责任更友好地相互交往，并且要保护和珍惜这个淡蓝色的光点——这是我们迄今所知的唯一家园。

第 **2** 章

光行差

人类从宇宙中心的舞台上移开。

如果把人类从这个世界上迁走，剩下的似乎都杂乱无章，没有意向或目标……并走向一无所有。

——培根（Francis Bacon）

《论古人的智慧》（1609 年）

德鲁扬（Ann Druyan）建议做一个实验：再一次回头看看前一章谈到的淡蓝色光点。好好地看着它，随便你凝视它多久，竭力使你自己相信，上帝是为了居住在这粒尘埃上的约 1000 万种生物中的一种而创造了整个宇宙的。现在更进一步，设想一切事物都只是为了这种生物的个别生灵，或人类两性之一，或某个种族，或某个宗教派别而创造出来的。如果这并不使你感到靠不住，那就另取一个光点吧。设想它的上面居住着另一种形态的智慧生命，他们也坚持有一个上帝为他们的利益创造了一切。你会认真对待他们的主张吗？

"你看见那颗星了吗？"

"你说的是那颗红色亮星吗？"他的女儿反问道。

"是的。你知道它也许已经不在那里了。它此刻可能已经不存在了——爆炸了或者出现了别的什么情况，但它的光线仍在跨越太空，现在刚刚射到我们的眼睛里。但是我们看不见它现在的样子，我们看见的是以前的它。"

很多人在第一次面对这条简单的真理时，都有一种激动、惊奇的感觉。为什么？为什么竟会如此令人难以置信？在我们的小小世界里，对一切实际效果来说，光线传播都是一瞬间的事情。如果一个灯泡在发光，它当然是在我们看见它的地方发射光线，我们伸手去碰它，它确实在那里热得烫手。如果灯丝烧坏了，那么光就没有了。在灯泡报废并被从插座上取走以后，我们不会在原来的地方看见它还在发光照亮房间。这个想法本身似乎是毫无意义的。但是如果我们离太阳非常远，即使它整个消失了，我们也会看到它光彩夺目。在许多年（事实上，这要看传播得很快而并非无限快的光线穿越辽阔的太空需要多久）之后，我们可能还不知道它已经消亡了。

恒星和星系离我们非常遥远，这意味着我们在太空中看见的任何天体都属于过去——它们中的一些还是地球形成之前的样子呢！望远镜是时间机器。很久以前，当一个早期星系开始把光线射入四周漆黑的空间时，没有一个证人会知道几十亿年后一些遥远的岩石、金属块、冰以及有机分子会聚集起来，形成一个叫作地球的地方；也没人会想到生命将出现，那些会思考的生物会演化到某一天能够抓住那个星系的一丝光，并设法猜出是什么东西把它发射出来。

从现在算起，大约再过 50 亿年，在地球死亡之后，在它被烧焦或甚至被太阳吞没之后，还会出现别的行星、恒星和星系，而它们对以前有过一个叫作地球的地方一无所知。

几乎从来没有人认为这是一种偏见。与此相反，这个想法似乎是理所应当的和公正的，即由于出生的偶然性，我们的群体（无论是什么样子的）应该在整个社会中占有一个中心位置。无论是法老王侯和金雀花王朝[1]的王位觊觎者，抢劫自己领地上的过路人的贵族以及官僚的子女们，市井恶棍与侵入别国的侵略者，信心十足的多数派成员，还是默默无闻的派别和受人辱骂的少数派，这种只顾自己的态度就像呼吸一样自然。它从毒害人类的性别歧视、种族主义、国家主义和其他死硬的沙文主义等精神污染中得到支持。有些人向我们保证说，我们比起同辈人拥有一种明显的甚至是上帝赋予的优越性。要抵制他们的奉承，我们需要不平凡的品格和毅力。我们妄自尊大得越没有道理，我们对那一类胡言乱语的诱惑就越招架不住。

因为科学家也是人，类似的主张侵蚀科学家的世界观也就不足为奇了。实际上，科学史上的许多（至少有一部分）重大争议与人类是否特殊有关。几乎总是这样，从一开始便假设我们是特殊的。然而对这个前提进行严格检验后，结果往往令人沮丧——我们并不特殊。

我们的祖先居住在露天环境中。他们对夜空是熟悉的，就像我们大多数人熟悉令人喜爱的电视节目一样。太阳、月亮、行星和其他恒星都从东方升起并在西方落下，在此期间穿越我们头上的天空。天体的运行不只是一种令人肃然起敬地点头和啧啧称道的规则，它还是确定时刻和季节的唯一办法。对猎人、采集者以及农耕民族来说，观测天象是一桩生死攸关的大事。

太阳、月亮、行星和其他恒星都是构造精美的宇宙时钟的一部分，这对我们是何等幸运的事情！看起来这不是偶然的。它们都为了一个目的——我们的利益而组装在一起。还有谁会

---

[1]　1154—1399 年的英国王朝。——译者

使用它们？它们还会有什么其他用途？

既然太空中的发光体都绕着我们出没，难道我们位于宇宙的中心还不是显而易见的吗？这些天体清清楚楚地受到了神灵力量的支配，我们赖以取得光和热的太阳尤其如此。它们都像对君王卑躬屈膝的朝臣一样绕着我们旋转。即使我们并未意识到这一点，对苍穹最基本的查看也能说明我们是特殊的。宇宙看来是为人类设计的。细想这些情景，不因自豪与自信而激动，这是难以办到的。整个宇宙都是为我们创造的！我们真是了不起啊！

我们的重要地位得到了日常天象观测的证实，这种令人心满意足的论证使地球是宇宙中心的想法成为超越文化的真理。这成为学校里讲授的内容，被收入专门用语，并成为文学名著与《圣经》的重要内容。持不同意见的人受到责难，有时甚至被折磨致死。在人类历史的长河中，没有人提出疑问，这是不足为奇的。

它是我们以采集和狩猎为生的祖先的观点，这是无疑的。古代的伟大天文学家托勒密（Claudius Ptolemaeus）在公元 2 世纪就知道大地是球形的，还知道与恒星的距离相比，它不过是"一个小点"。他宣称地球"正处于宇宙的中心"。亚里士多德（Aristotle）、柏拉图（Plato）、圣奥古斯丁（St. Augustine）、阿奎那（Thomas Aquinas），甚至在 17 世纪之前的 3000 年间所有文明国家的几乎所有伟大的哲学家与科学家都有这种错觉。有些人热衷于设想日月星辰怎样巧妙地依附在完全透明的水晶球上。这些球当然是以地球为中心的大球，可以解释世世代代天文学家精心记录的天体的复杂运动。他们成功了。经过后来的修改，地心说能够适当地说明人们在公元 2 世纪以及 16 世纪所知道的行星运动现象。

从这里出发只需做一点引申，就可以得出更加宏大的主张，即柏拉图在《蒂迈欧篇》中的断言：没有人类，世界的"完美"是不完全的。诗人和牧师多恩（John Donne）在 1625 年写道："人……是一切。他们不是世界的一部分，而是世界本身，仅次于上帝的光辉。他们是世界存在的缘由。"

然而，不管有多少国王、教皇、哲学家、科学家和诗人持相反的意见，在过去的几千年间，地球仍顽强地坚持绕太阳旋转。你可以设想有一位严厉的外星观察家，他从古至今一直在俯视着人类，听到我们兴奋地叫嚷"宇宙是为我们创造的！我们在中心！一切东西都效忠于我们"。他会得出结论，说我们的自作聪明是可笑的，我们的雄心壮志是可悲的，这颗行星上的人尽是白痴。

但是，这样的判断太苛刻了。我们已尽力了。可是常见的现象和我们内心的愿望不幸地相符了。在我们面前明明白白的事实似乎证实了我们的偏见，这时我们不倾向于太认真，更何况只有很少一点反对的证据。

千百年来，从薄弱的对立面可以听到一点异议，主张要谦逊、有远见。在科学的曙光出现时，古希腊与古罗马首先主张物质是由原子构成的哲学家 [诸如德谟克利特（Democritus）、伊壁鸠鲁（Epicurus）及其追随者，还有第一位科普作家卢克莱修（Lucretius）] 在一片反对声中提出，众多的世界与外星的生命形态都和我们一样，是由同样的原子构成的。他们提出空间与时间的无限性，供我们考虑。但是按西方广泛流行的信条，无论是世俗的还是宗教的，是异教的还是基督教的，原子论思想都遭到非议。相反，人们认为：天界毕竟不像人间，天国是不变的和"完美的"，地球是可变的和"腐朽的"。古罗马政治家与哲学家西塞罗（Cicero）把这种共同的观点归纳为"在天界……没有任何侥幸和意外，没有差错，没有挫折；有的只是完美的秩序、精确性、深思熟虑和规律性"。

哲学与宗教告诫人们，众神（或上帝）要远比我们强大，尽管我们妒忌他们的特权，并急于想摆脱他们的那种让人难以忍受的傲慢，取得公平地位。与此同时，那些教规并没有提醒人们，关于宇宙如何安排的教义是一种奇想和骗局。

哲学和宗教只是把一种见解当作必然的事情，而这种见解也许是可以用观测与实验来推翻的。但是，这一点也不会使持有这种见解的人感到困扰。他们几乎不会想到，他们顽固坚持的一些信念原来可能是错的。别人应当遵守教规上讲述的谦逊品德，而他们自己的教义是绝对和一贯正确的。事实上，他们有更好的理由表现得更加谦虚。

16 世纪中叶，从哥白尼开始，一场辩论正式出现了。把太阳而不是地球当作宇宙中心的图景被认为是危险的。许多学者很快被迫向教廷保证，这种新奇的假说对传统观念并不构成严重的威胁。作为一种平分秋色的折中方案，可以只把日心说体系当作便于计算的设想，而不是真正的天文现实。这就是说，正如尽人皆知的那样，地球确实是宇宙的中心，但是如果你想预测后年11 月的第二个星期二木星在何处，便可假定太阳是宇宙的中心。这样一来，你就可以继续进行计算，而不触犯当局[1]。

17 世纪初期，梵蒂冈第一流的神学家贝拉尔米内（Robert Cardinal Bellarmine）写道："它没有什么危险，并且能满足数学家的需要。但是要肯定太阳真正是固定在天穹上的中心，以及地球很快地绕太阳旋转，是一桩危险的事情。它不仅会激怒神学家和哲学家，还会损害我们的神圣信仰，并且使《圣经》也成为错误的。"

贝拉尔米内在另一个地方写道："信仰自由是有害的。它只不过是犯错误的自由。"

此外，如果地球是在绕太阳运转，那么每隔 6 个月，我们的视线从地球轨道的一侧移到另一侧时，附近的恒星在更远的恒星背景中看起来就是在移动，但是我们没有发现过这种周年视差。哥白尼学说的支持者辩解说，这是因为恒星极为遥远——可能比地球与太阳之间的距离要远出 100 万倍。也许将来更好的望远镜会发现周年视差。地心说学者把这当作拯救一个有毛病的假说的一根可以抓住的稻草，这是荒唐可笑的。

当伽利略把第一架天文望远镜指向天空时，潮流就转向了。他发现木星有一小批绕着它旋转的卫星，而里面的卫星比外面的转得快，这恰和哥白尼根据行星绕太阳运转推断出的结果一样。伽利略发现水星与金星显示出和月球相同的相位变化（这表示它们在绕太阳运转）。进一步说，月球上有环形山以及太阳上有黑子都是对天体完美无缺论的挑战。这可能部分地引起了 1300 年前德尔图良（Tertullian）所感到的那种苦恼，当时他辩解说："如果你有理智和谦逊，就不要窥探天穹了解宇宙的命运和秘密。"

正好相反，伽利略主张我们可以通过观测和实验向自然界提出疑问。于是，"即使在理性解释较少的情况下，乍看起来似乎不大可能的事实也会脱掉遮掩它们的伪装，让赤裸的和简明的美显现出来。"难道不是这些连怀疑论者都想得到确认的事实形成了比神学家的一切臆测都更为可靠的对神创宇宙的认识吗？但是对那些坚信宗教不可能出错的人来说，如果他们的信仰与这些事实相抵触，又该怎样说呢？红衣主教们威胁这位年迈的天文学家，如果他坚持宣扬可恶的地动学说，就要对他进行严刑拷打。他被判处软禁在家中度过余生。

在一两代人之后，牛顿（Issac Newton）证明，如果你承认太阳是太阳系的中心，那么用简明优美的物理学就可以定量地解释（甚至预测）观测到的月球与行星的一切运动。但到这个时候，地心说的流毒还未被肃清。

1725 年，埋头苦干的英国业余天文学家布拉得雷（James Bradley）在试图发现恒星的视差时，无意中发现了光行差。我认为"差"这个词含有"发现的意外性"的意思。对恒星进行整整一年的观测，就发现它们在天空背景中描绘出一个个小椭圆，并且所有的恒星都是这样。这不可能是恒星视差，因为近距恒星会有大的视差，而遥远的恒星的视差测不出来。与此不同，光行差犹如加速行驶的汽车上的乘客所见的，垂直下落的雨点变成倾斜下落的了，而且车子开得越快，雨点倾斜得越厉害。如果地球静居于宇宙中心，并不在环绕太阳的轨道上奔驰，布拉得雷就不会发现光行差。这是地球绕太阳运转的令人不能不相信的证明。大多数天文学家信服了，但还有一些人不相信。布拉德利认为他们是"反哥白尼主义者"。

但是到 1837 年，直接的观测用最明确的方式证明了地球确实在绕太阳运转。争议已久的周年视差终于被发现了，不是通过更好的论证，而是用更好的仪器发现的。这是因为说清楚它的含义比起解释光行差来说更加直截了当。周年视差的发现非常重要，它给地心说的棺材敲进了最后一颗钉子。你只需要先用左眼，然后用右眼看你的手指，就会看到它好像移动了。每个人都能够懂得视差。

到 19 世纪，科学界的所有地心主义者都改换门庭或销声匿迹了。一旦大多数天文学家被说服了，流行的舆论很快就会改变，这在一些国家只用了三四代人的时间。当然，在伽利略和牛顿的时代或更晚一些时候，仍然有人反对，他们企图阻止人们接受甚至阻止人们知道以太阳为宇宙中心的新学说。至少私下持保留态度的人是很多的。

到 20 世纪末叶，如果还有人坚持不让步，我们就可以直截了当地解决这个问题。我们能够检验人类究竟是居住在一个以地球为中心、行星镶嵌在透明水晶球上的系统内，还是居住在一个以太阳为中心、行星由太阳引力远距控制的体系里面。举例来说，我们用雷达探测过行星，当向土星的一颗卫星发出信号时，收不到从镶嵌着木星的比较近的水晶球上反射回来的无线电波。我们的宇宙飞船到达指定目标之精确令人吃惊，与牛顿的引力理论预测的结果完全吻合。按照几千年来盛行的权威见解，推动金星或太阳毕恭毕敬地绕处于核心的地球运转的是各个"水晶球"。因此，当宇宙飞船飞往某个天体（如火星）时，它们会撞穿"水晶球"，这时它们的仪器应听到叮当声，并探测到破裂的水晶球碎片，可是这些情况根本没有出现。

　　当"旅行者 1 号"从最外层行星之外审视太阳系时，它所看见的正是哥白尼和伽利略说过的，太阳位于中心，而行星在环绕它的同心轨道上运行。地球绝非宇宙的中心，它只是绕太阳运行的许多小圆点之一而已。我们已经不再被局限在一个单独的世界上，现在能够到达其他世界，并明确地断定我们栖息的是哪一种行星系。

　　把人类从宇宙中心的舞台上移开的其他方案多得不可胜数，而它们中的每一个都或多或少由于类似的理由而遭到抵制。我们似乎热衷于特权，引以为荣的不是我们的功绩，而是出身——仅仅因为我们是人类，并且生在地球上。我们可以把这种观点叫作以人类为中心的自大狂。

　　把这种自大狂推向顶峰的就是：我们是按上帝的形象塑造的，因此整个宇宙的创世主和统治者看起来正和我们是一个样子。与我们的形象相似，这是怎样的一种巧合呢？多么让人舒服和惬意啊！公元前 6 世纪的古希腊哲学家克塞诺芬尼（Xenophanes）了解这种观点是何等狂妄自大，他说：

　　"埃塞俄比亚人认为他们的神是黑皮肤和塌鼻子的，生活在色雷斯[1]的人却说他们的神有蓝眼睛与红头发……是的，如果牛、马或狮子有手，会用它们的手作画，并且像人一样制作工艺品，那么马所绘出的神像马，而牛所绘出的神就像牛……"

　　过去有人称这种态度是"狭隘的"。它表现为一种朴素的期望，即把一个偏僻地区的政治集团与社会习俗扩充到一个含有许多不同传统和文化的庞大帝国，把我们所熟悉的偏僻乡村看

---

[1]　爱琴海北岸的一个地区，分属于希腊和土耳其两国。——译者

成世界的中心。乡巴佬对外界会出现的事物几乎一无所知。他们不了解自己乡下的微不足道以及帝国的形形色色。他们心安理得地把自己的标准与习俗运用于世界的其他地方。但是突然一下子来到维也纳、汉堡或纽约时，他们会沮丧地认识到自己真是井底之蛙。他们也就"非狭隘化"了。

当代科学在未知领域中航行，它走过的每一步都留下了怯懦的教训。很多旅客宁可留在家里。

第 **3** 章

大降级

在宇宙戏剧中，我们不是主角。

> [一位哲学家]宣称他了解全部秘密……[他]从头到脚考察了两个天外来客，并当着他们的面断言他们两个人，还有他们的世界、他们的太阳和他们的星星都纯粹是为了供人类使用而创造出来的。听到这样的言论后，我们的两位旅客禁不住大笑起来，相互跌靠在一起。
>
> ——伏尔泰（Voltaire）
> 《微型巨人》（1752 年）

到 17 世纪还有人希望，即使地球并非宇宙的中心，它还会是唯一的"世界"。但是伽利略的望远镜发现"月球肯定没有平滑的表面"，而其他行星看起来"恰和地球本身的面目一样"。月球和行星明确无误地表明它们都是很有资格和地球一样的世界，它们都有山脉、火山口、大气层、极地冰盖和云层，并且土星周围还有令人眼花缭乱的、前所未闻的一系列圆环。这场历时几千年的哲学争论以肯定有利于"存在众多世界"的观点得到了解决。别的世界可能与我们的地球大不一样，未必有哪一个对生命适宜，但是地球不会是唯一的世界。

这是一系列大降级中的第二个。它贬低灵性的感受，表明我们显然是微不足道的，并且在探究伽利略发现的现象时，科学对人类的骄傲造成了伤害。

有些人仍抱有希望，他们说："好吧，即使地球不在宇宙的中心，太阳总在吧。太阳是我们的太阳，因此地球近似地还是宇宙的中心。"也许这样可以多少挽回一点我们的体面。但是到 19 世纪，观测天文学已经弄清楚了在亿万个太阳靠自身引力聚集而成的巨大银河系中，我们的太阳不过是一颗孤独的恒星。它远非银河系的中心，它和伴随它的既暗又小的行星一起处于一条不显眼的旋臂上的一个平凡位置。我们距银河系的中心有 3 万光年。

"好吧，那么我们的银河系是唯一的星系。"在为数几十亿甚至几千亿的星系中，我们的银河系不过是其中之一，它在质量、亮度以及所含恒星的形态与排列上都没有引人注目之处。某些现代的深空摄影表明，银河系之外的星系比银河系之内的恒星还要多。每个星系都是一个含有几千亿个太阳的宇宙岛。这样的图景深刻地启迪人类应当谦逊。

"那么，好吧，至少我们的银河系是宇宙的中心。"不是的，这也错了。当宇宙膨胀被首次发现时，许多人自然而然地倾向于银河系位于膨胀中心的观念，而其他的一切星系都奔离我们而去。我们现在认识到，任何一个星系中的天文学家都会看到所有别的星系都在奔离他们。如果他们不是很细心，也都会得出结论说他们是宇宙的中心。事实上，膨胀并没有中心，也没有大爆炸的发源点——至少在一般的三维空间中是这样。

"也好吧，就算有几千亿个星系，每个星系都有几千亿颗恒星，但没有哪一颗别的恒星拥有行星。"如果我们的太阳系之外没有其他行星[1]，那么在宇宙中大概不会有别的生命。这样一来，

---

[1]　目前，天文学家已经在太阳系外发现了上千颗地外行星，证明在银河系的上千亿颗恒星周围，行星的存在其实是普遍现象。——译者

我们的唯一论便得救了。由于行星很小，仅靠反射太阳光而发出微弱的光，故它们难以被发现。尽管技术突飞猛进，在最近的恒星——半人马座 α 附近，即使有像木星这样庞大的行星环绕它运行，也难以让人察觉[1]。我们的无知使地球中心论者找到了希望。

曾经有一个科学假说（虽未得到公认，却很流行）认为我们的太阳系是原始的太阳与另一颗恒星近距碰撞而形成的。被引力潮相互作用拉出的太阳物质迅速凝聚成行星。因为太空基本上是空旷的，而恒星近距碰撞极为罕见，于是人们认为现有的其他行星系很少——也许只有一个，就在很久以前参与形成太阳系中的行星的另一颗恒星的周围。在我从事研究工作的早期，我感到惊奇和失望，这种观点竟受到认真对待。关于其他恒星有行星的证据不存在竟被当作不存在行星的证据。

今天我们有确凿的证据表明，有一颗密度极高的恒星（编号为 B1257+12 的脉冲星，我在后面还会更多地谈到它）至少有三颗行星在环绕它旋转。此外，我们发现一半以上质量与太阳相近的恒星在早期都有环绕它们的巨大的气体与尘埃盘，而行星似乎就是从这些盘中形成的。现在看来其他行星系在宇宙中也是寻常的，甚至可能有和地球相似的世界。在今后几十年中，我们应该能在几百颗近距恒星周围找出可能存在的较大的行星。

"好吧，虽然我们在太空中的位置并不显示我们的特殊地位，但我们在时间上的地位是独特的。从开天辟地之时（相差几天无所谓）起，我们就在宇宙中了。造物主把特殊责任托付给我们。"某些人过去一度似乎很合乎情理地认为，宇宙的诞生

---

[1]　天文学家已经在半人马座 α 周围发现了一颗行星。——译者

只比人类已知的历史的开端和我们未开化的祖先的出现早一点。一般说来，这发生在几百年或几千年以前。声称能够说明宇宙起源的各种宗教往往含蓄或明确地指出宇宙创始的大致日期，即我们这个世界的诞生之日。

举例来说，如果把《创世记》中所有的生育记载集合起来，则得出的地球年龄为 6000 年，也许稍大或稍小一些。把宇宙的年龄说成和地球正好一样，这是信奉犹太教、基督教等的部分人士至今仍信奉的准则，并在犹太历中明确地反映出来。

但是，这样年轻的宇宙引起了一个令人尴尬的问题：有的天体在 6000 光年之外，这是怎么一回事呢？光在一年中走过 1 光年的路程，10000 年走过 10000 光年的路程，等等。当看见银河系的中心时，我们看到的光在 30000 年以前就已经离开光源了。与我们的星系相似的最近的旋涡星系为仙女座中的 M31，它远在 200 万光年之外，因此我们现在见到的光是在 200 万年前发出后经过漫长旅途才到达地球的。此外，当观察 50 亿光年之外的类天体时，我们看到的是 50 亿年前的它们，那时地球还没有形成呢。（几乎可以肯定它们今天已经大不一样了！）

如果我们不顾这一切，还要接受这样的宗教典籍中字面上的真理，那么该怎样协调这些数据呢？我想唯一可以接受的结论是，不久前上帝对到达地球的光线中所有的光子都做了有条理的安排，故意让历代天文学家误认为有星系和类天体这些东西，迫使他们得出宇宙浩瀚和古老的虚假结论。对于这种荒谬透顶的神学理论，我还难以相信那些对任何一本宗教著作中神的启示多么虔诚的人竟会认真地接受它。

　　除此之外，岩石年代的放射性测定、众多天体上大量的撞击坑、恒星的演化以及宇宙的膨胀，每一项都提供了令人不得不信服的独立证据，表明我们的宇宙已经有好几十亿年了，尽管受人尊敬的神学家们自信地断言世界这样古老的看法直接与《圣经》的说法抵触，而关于世界古老的信息，除了依靠信仰之外，是无论如何也无法得到的。[1] 这一系列证据也应是一位善于骗人的、恶毒的神制造的，除非世界真的比犹太教、基督教的盲从者所设想的要古老得多。许多信教的人把《圣经》等当作历史典籍、道德准则与文学巨著看待。对他们来说，自然不存在这样的问题。他们会承认这些权威著作关于自然界的观点反映出在撰写它们时科学还很幼稚。

　　在地球出现之前，岁月已在流逝。再经历更长的时光流逝之后，它才会毁灭。地球有多老（大约 45 亿年）和宇宙有多老（从大爆炸算起，约 150 亿年[1]）应当是有区别的。在宇宙创始与地球出现之间，有着漫长的时间间隔，约为宇宙年龄的 2/3。有些恒星及行星系要年轻几十亿年，有的则更古老几十亿年。但是根据《创世记》第一章第一节，宇宙和地球是在同一天被创造出来的。印度教、佛教、耆那教却倾向于不把二者混为一谈。

　　至于人类，我们是后来者。人类出现在宇宙历史的最后一瞬间。迄今为止，宇宙的历史在人类登上舞台之前已经过去了 99.998%。在极长的太古时期，我们不可能对我们的行星、生命或任何其他事物承担任何特殊的责任，因为我们过去还不存在。

　　"好吧，如果我们对自己的地位和时代找不到任何特别之处，也许我们的运动有某些特色。"牛顿和其他伟大的经典物理

---

[1]　现在最准确的关于宇宙年龄的数字是 138 亿年。——译者

学家认为地球在太空中的速度构成一种"特别的参考系"，事实上有过这一名称。终生都在对偏见和特权进行严肃批判的爱因斯坦（Albert Einstein）认为这种"绝对的"物理学是越来越声名狼藉的地球沙文主义的残余。在他看来，无论对于何种观察者的速度或参考系来说，自然界的规律都是一样的。他以此作为自己的出发点，创立了狭义相对论。它的推论是古怪的、反直观的，并与常识大相径庭——但只对极高速度才是这样。仔细和重复的观察表明，他那理当驰名于世的理论精确地描绘了世界是如何构造的，我们的常识性直观可能是错误的。我们的偏爱不能算数，我们并不是生活在一个特殊的参考框架中。

狭义相对论的一个推论是时间"膨胀"：当观察者的运动速度接近光速时，时间变慢了。你仍然可以发现有人声称时间变慢对于钟表和基本粒子，以及对于植物、动物与微生物的生理节律和其他节奏来说也许都是适用的，可是对人体的生物钟不适用。有人假定自然规律赋予人类特别的免疫力，因此这些自然规律必定能够区分值得帮助的与不值得帮助的物质集合（事实上，爱因斯坦为狭义相对论提供的证明不容许有这样的区分）。认为人类对于相对论来说是个例外的想法，似乎是特殊创生观念的又一种体现。

"好吧，虽然我们的位置、时代、运动以及世界都不是独特的，但也许我们是绝无仅有的，我们和其他动物不一样，我们是特别创造的。宇宙的造物主显然对我们情有独钟。"有人根据宗教和其他理由热情地捍卫这一立场。但是，19 世纪中叶，达尔文（Charles Darwin）令人信服地证明一个物种可以完全由自然过程演变成另一个物种，而这些自然过程无情地将适应大自然的遗传特征保存下来，并把不适应大自然的摒弃掉。"人类骄傲地自认为是神创造的伟大作品，"达尔文在他的笔记本中简明地写道，"但是更谦虚的和我认为更真实的想法是人类由动物演化而来。"这种人类与地球上的其他生命形态深刻而密切的联系，在 20 世纪末已经由分子生物学这门新学科令人信服地证实了。

在每一个年代，沾沾自喜的沙文主义都受到了某些科学争论的挑战。举例来说，20 世纪所研究的人类性的本质、无意识心理的存在，以及多种精神病和性格"缺陷"都具有分子起因的事实。

"好吧，即使我们和某些其他动物有密切的关系，我们也是不一样的——不仅在程度上，还在本质上不同。"这表现在一些真正重要的事情（如推理、自觉性、制作工具、伦理观念、利他主义、宗教、语言以及高贵品格）上。当然，人类也像其他一切动物那样具有某些把他们与它们区分开来的特征（否则，我们就不能区分不同的物种），但是人类的唯一性说得言过其实了，有时被夸大得很厉害。黑猩猩也能思维，有自觉性，能制作工具，有热情，等等。黑猩猩和人的活动基因有 99.6% 是相同的（德鲁扬和我合著的《被遗忘祖先的影子》一书列举了种种证据）。

虽然流行文化也受人类沙文主义（加上想象力的缺乏）的影响，但有完全相反的情况出现：儿童读物和动画电影让动物穿上衣服，住进房屋，使用刀叉并会讲话。三只熊睡在床上。猫头鹰与猫咪乘一艘漂亮的嫩绿色小船下海。恐龙妈妈搂抱它们的孩子。鹈鹕发送邮件。狗开汽车。一条虫抓住小偷。宠物有人的名字。玩偶、果钳、杯子和茶盘会跳舞和发表议论。盘和匙一起跑开。在《托马斯和他的朋友们》系列片中，我们甚至看到了可爱的人形火车头和车厢。不管我们想的是什么，是有生命的还是没生命的，我们都倾向于赋予它们人性，我们情不自禁。这些形象很容易被人们记起，孩子们显然喜爱它们。

当谈到"吓人的"天空、"兴风作浪的"海洋、"对抗"摩擦的金刚钻、"吸引"经过的小行星的地球以及原子的"激发"时，我们又一次接受了泛灵论世界观。我们把它们具体化了，我们脑海中的古老思维方法赋予无生命的自然界生命、感情和深谋远虑。

地球有自我意识的概念近年来又流行起来，这可算是"盖娅"假设的延伸。但是对古希腊人和早期的基督教徒来说，这是寻常的信念。奥利金（Origen）认为"就其本性来说，地球也应为某种罪恶承担责任"。一大批古代学者认为星星是有生命的。这也是奥利金、圣安布罗斯（St. Ambrose，他是圣奥古斯丁的良师益友）的见解，甚至更够格地说，是阿奎那的见解。在公元前 1 世纪，西塞罗讲述过斯多葛学派关于太阳本质的哲理性主张，他说："因为太阳很像生物体内含有的那些火焰，所以太阳一定也是有生命的。"

泛灵论观点近年来似乎流传广泛。美国在 1954 年的一次调查表明，75% 的人认为太阳没有生命；但在 1989 年，只有 30% 的人支持这个"轻率"的主张。对于汽车轮胎是否有某种感觉，1954 年 90% 的回答者否认它有情感，但在 1989 年只有 73%。

谈到这里，我们可以承认自己了解世界的能力有缺陷，在某些情况下还很严重，特别是我们不论是否心甘情愿，似乎总是不得不把自己的本性扩展到大自然。虽然这会使世界的形象一直受到歪曲，但有一个很大的优点——本性的扩展是情感存在的主要前提。

"是的，也许我们与猴子的关系不大，也许有些令人丢脸的关系，但至少我们是最优秀的生灵。除了上帝和天使，我们是宇宙中仅有的智慧生物。"一位记者写信对我说，"我对这一点和我亲身经历的任何事情一样肯定。在宇宙中其他任何地方都没有有意识的生命。因此，人类回到了其作为宇宙中心的理所当然的地位。"然而受科学与科幻小说的部分影响，今天至少美国的大多数人扬弃了这个观点。这主要是由于古希腊哲学家赫利西普斯（Chrysippus）提出的理由，他说："如果谁认为在整个世界上没有任何人能超过他，那么他便是一个极为愚蠢且自高自大的人。"

但是我们至今还没有找到地外生命，这是一个确切的事实。我们现在仍然处于搜寻的最早阶段，问题远未得到解决。如果我需要猜测，特别是考虑到人类沙文主义屡遭失败，我会猜想宇宙中充斥着远比我们聪明、先进的生灵。当然，我可能出错。这样的结论，充其量是根据行星为数众多、有机物到处都有、可供生物演化的时间极为漫长等理所当然地得出的，这不是一种科学论证。这是整个科学中最迷人的问题之一。本书将谈到我们正在创立认真研究它的手段。

对于人类能否创造出比自己更聪明的智能机器这个问题，又该怎样说呢？计算机做数学演算总是胜过赤手空拳的人，它们还能战胜跳棋世界冠军和国际象棋大师，能听懂英语及其他语言，讲这些语言，创作像样的短篇故事和音乐曲谱，会从自己的错误中吸取教训，并且能熟练地驾驶船舶、飞机与太空飞船。计算机的技能不断增进，它们越来越小、越快和越便宜。在人类智慧唯一性观点的孤岛上仍有沉船的漂流者在设防，科学进步的浪潮逐年推进，拍打着它的岸边。如果在人类技术发展的早期，我们已能用硅和金属创造出智能机器，那么在几十年或若干世纪以后又将会如何呢？一旦智能的机器能够制造更智能的机器，将会出现什么样的情景？

决不会完全放弃为人类寻求一个不该有的特权地位，或许对这一点的最明确的象征便是物理学与天文学中所谓的人择原理，更好的名称是人类中心原理，它以各种形式出现。弱人择原理只是认为如果自然定律和物理常数（如光速、电子的电荷、万有引力常数或普朗克常数）变得不一样，则那些促使人类起源的事物的演变过程就永远不会发生。在其他定律与常数下，原子便不会结合在一起，恒星的演化会太快，致使附近行星上的生命没有足够的时间进行演化，行星上形成生命的化学元素就永远不会产生，等等。定律不同，便没有人类。

人们关于下列弱人择原理并没有争议：如果你能够改变自然界的定律和常数，一个大不一样的宇宙便会出现——在许多情况下，这是一个不容许有生命的宇宙[2]。单是我们存在这个事实就意味着自然界的规律有限制（但并不是把这些限制强加给自然界）。相比之下，各种强人择原理就显得太过火了。它们的一些鼓吹者几乎可以推论出自然定律与物理常数的确定（不要问是怎样和由谁确定的）正是为了使人类最终出现。他们说，几乎所有其他可能的宇宙都不适合人类居住。这样，宇宙是为我们创造的这种古已有之的骄傲自大又卷土重来了。

这种想法使我想起伏尔泰（Voltaire）的《老实人》一书中的邦葛罗斯（Pangloss）博士。这个人物深信，尽管我们的世界有种种缺陷，却是可能存在的最好的世界。这说起来就像玩桥牌，我拿到第一把牌就赢了。我明明知道自己可能拿到的牌有 5.4×10^{28} 种，却愚蠢地断言有一位桥牌之神，他宠爱我，从开天辟地之时起就预先特地把牌安排好，让我取胜。我们不知道在宇宙赌桌上有多少把其他会赢的牌，有多少种别的宇宙、自然规律和物理常数也能促使生命与智慧的出现，甚至还会滋生妄自尊大的错觉。我们几乎完全不知道宇宙是怎样造就的，甚至不知道它是不是被造就的，因此要有效地探究这些想法是很困难的。

伏尔泰问道："为什么会有一切？"爱因斯坦的提法是上帝在创造世界时是否有任何选择的余地。但是，如果宇宙在时间上是无限的（如果大约 150 亿年前的大爆炸只是宇宙在无穷多次收缩和膨胀中最近的一个起点），那么它就从来没有被开创过，因此它为什么成为现在这样这个问题就变得毫无意义了。

如果宇宙的年龄是有限的，它为什么会是现在的样子？为什么不具有大不相同的特征？哪些自然定律与其他哪些相匹配？有没有确定它们之间的联系的总定律？我们能否发现它们？例如，在所有可以想到的引力定律中，哪些可以和决定宏观物体真正存在的量子物理定律并存？是不是我们能够想得到的定律都是可能的，或者只有限定数目的定律由于某种原因才能存在？我们显然没有一线希望来确定哪些自然定律是"可能的"，而哪些不是。对于自然定律之间"允许"有什么联系，我们确实连一点最起码的认识也没有。

举例来说，牛顿的万有引力定律规定两个物体间的引力与它们的距离的平方成反比。你到地心的距离加倍，你的重量将减到只有原来的 1/4；距离变为 10 倍远，重量就仅为原来的 1/100；等等。正是这个平方反比定律使行星绕太阳的轨道和卫星绕行星的轨道是优美的圆和椭圆，也使我们的行星际飞船有了精确的轨道。假设两个物体中心的距离为 r，我们说引力随 $1/r^2$ 变化。

但是如果这个指数不一样，比如引力不是与 $1/r^2$ 成正比，而是与 $1/r^4$ 成正比，那么轨道就不是封闭的。在绕行几十亿圈之后，行星会向内盘旋，并在太阳炽热的深处烧毁，或者向外盘旋，消失在星际空间中。如果宇宙不是按平方反比定律，而是按四次方反比定律构成的，那么早就没有供生灵栖息的行星了。

既然有各种可能的引力定律，为什么我们很幸运地生活在一个适于生命存在的定律所控制的宇宙中呢？首先，我们当然是很"走运的"，因为如果不是这样，我们就不会在这里提出问题了。那些世代生存在行星上、总喜欢打破砂锅问到底的人只在容纳行星的宇宙中才能找到，这并非秘密。其次，平方反比定律并不是唯一能够稳定存在几十亿年的定律。任何一个不像 $1/r^3$ 那样陡的幂律（例如 $1/r^{2.99}$ 或 $1/r$）都可以让行星在圆形轨道附近运行，即使它受到推力，情形也是这样。其他可以想象得到的自然定律也可能对生命适宜，而我们总是忽视这种可能性。

但是还有一点：我们有一个关于引力的平方反比定律，这并不是偶然的。在用适用范围更广的广义相对论理解牛顿的理论时，我们认识到万有引力定律中 r 的指数是 2，这是因为我们所生存空间的物理维数是 3。并非一切引力定律都适用，这不受上帝选择的支配。即使把无穷多个三维宇宙交给某一位伟大的神来摆布，万有引力定律也总归必须是平方反比定律。我们可以说，万有引力在我们的宇宙中并不是偶然出现的，而是必然存在的。

根据广义相对论，引力来源于空间的广延性和弯曲。当谈到引力时，我们讲的是时空的局部起伏。这绝不是显而易见的，甚至违反常识。但是，做深刻的检验后便可知道引力和质量的概念不可分离，它们都是时空所属几何学的衍生物。

我怀疑是否有这样的事物，它并不普遍适用于一切人择假设。我们的生命赖以存在的定律和物理常数原来只是一批（甚至一大批）定律与物理常数中间的一些，而别的定律和物理常数也可以与某种生命相容。我们往往没有（或不能）弄清楚其他的那些宇宙能让我们做些什么。此外，即使宇宙的创造者也不能够随意挑选自然定律和物理常数。至于哪些自然定律和物理常数可以供人选择，我们对这个问题顶多只有一点零碎的了解。

进一步说，我们无法了解任何一个可供挑选的假想宇宙。我们没有验证人择假设的实验方法。即使由公认的理论（如量子力学或引力理论）确定有这类宇宙存在，我们还不能确定是否有更好的理论预示并没有其他可供选择的宇宙。在那个时刻来临（如果会有这一天的话）之前，我认为要相信作为人类中心论或唯一论的论据的人择原理仍为时过早。

　　最后，即使宇宙是有意识地为生命或智慧的出现而创造的，在数不清的世界上还会有其他生灵。如果真是这样，这对认为我们是栖息在容许生命与智慧存在的极少数宇宙之一中的人类中心论者来说，无疑是一种使人气馁的安慰。

　　关于人择原理的说法，有些地方狭隘得令人吃惊。是的，只有个别自然定律和物理常数与我们这种生命相适应。但是，一块岩石的形成基本上也需要同样的定律和常数。因此，为什么不说宇宙是为了有一天出现岩石而设计的呢？为什么不说"强石择原理"和"弱石择原理"？如果岩石也能进行哲理推究，我想"石择原理"也会成为知识的新领域。

　　根据目前正在创建的一些宇宙模型，整个宇宙也没有什么特殊之处。林德（Andrei Linde，以前在莫斯科列别捷夫物理研究所工作，现在在斯坦福大学工作）就把当代的强核力和弱核力以及量子物理学的理论纳入一种新的宇宙模型。林德所设想的是一个浩瀚的宇宙，它比我们的宇宙要大得多——也许在空间和时间两方面都无限延伸，它拥有的不是区区 150 亿光年的半径和 150 亿年的年龄。这样的宇宙和我们通常了解的宇宙一样，也有一种"量子云絮"[1]。在它的里面，比电子小得多的结构在到处形成、变形和消散，并且空空如也的空间中的起伏形成了基本粒子对，如电子与正电子。在量子泡组成的泡沫中，绝大部分量子泡是亚微观的，但是有小部分膨胀、变大，并达到可观的宇宙尺度。它们离我们太远，比我们通常承认的宇宙尺度（150 亿光年）要远得多。因此，即使它们存在，也似乎是完全无法触及和发现的。

---

[1]　原文为"quantum fluff"。——译者

这些宇宙大多在膨胀到最大尺度后会坍缩，收缩成一个点，永远消失。别的一些宇宙会振荡，还有一些宇宙会无限制地膨胀。在不同的宇宙中，有不同的自然定律。林德主张我们所栖息的宇宙的物理规律对于宇宙的增大、暴胀、膨胀以及星系、恒星、行星、生命来说都是相宜的。我们设想自己的宇宙是唯一的，但它不过是大量（也许是无穷多个）同样确凿、同样独立、同样孤立的宇宙中的一个。有些宇宙中有生命，而另一些宇宙中没有。这样看来，可观测宇宙正是一个非常大、无限古老、完全观测不到的大宇宙中新近形成的穷乡僻壤。如果类似的想法是对的，那么连我们自认为生活在唯一宇宙中这一点残留的骄傲（它应当是奄奄一息的了）也被否定了。

无论现在有无依据，也许某一天人类会研制出一种工具来窥视邻近的宇宙，那里的物理定律大不相同，于是我们将了解到还可能有什么别的天地。也许邻近宇宙中的居民也能窥视我们的宇宙。当然，这种猜想已经远远超越了知识的界限。但是，如果真有林德式的大宇宙，那么就还有一种令人惊讶的、毁灭性的反狭隘地方主义在等待我们。

我们的能力还远不能在近期创造出新的宇宙。强人择原理的想法还无法被证实（虽然林德的宇宙确有某些可以检验之处）。且不谈地外生命，如果说人类中心论的自我安慰性主张现已退却到不接受检验的地步，那么一系列（至少是大部分）反对人类沙文主义的科学论战似乎都赢了。

哲学家康德（Immanuel Kant）总结出了人们长期信奉的观念，即"没有人……整个宇宙便只是一片荒芜，一切都是虚空，并且没有最后的结局"，现在我们发现这是自我放纵的傻话。一种"平庸原理"似乎适用于我们的一切环境。人类在过去无法预见到,经过反复和彻底检验的证据会与人类位于宇宙中心的论断水火不容。大部分争论现在已得到最终的解决,尽管结论令人痛苦,但是它肯定支持这句简练的话:在宇宙戏剧中,我们不是主角。

也许别的某种智慧生命是主角,也许根本就没有主角。对于这两种情形,我们都有充足的理由保持谦虚。

第 **4** 章

并非为我们造的宇宙

我们不可能永远幸福地停留在一无所知的状态中。

信念之海浩瀚，

昔日环绕岸边。

层层巨浪翻卷，

我今倾听忧伤。

怒涛起伏往返，

屏息思绪万千。

晚风吹拂远方，

卵石裸露世间。

——阿诺德（Matthew Arnold）[1]

《多佛滩》（1867 年）

　　我们常说，"落日真美"或"日出前我已起床"。无论科学家有什么论断，在日常谈话中我们往往不理睬他们的发现。我们不说地球在旋转，而说太阳升起和落下。采用哥白尼式的说法，难道你会讲"比利（Billy），在地球转得够多，把太阳遮掩到此处地平线下的时候，你就回家吧"？你还没说完这句话，比利早就转身走掉了。我们甚至还没有找到一种优雅的习惯用语来准确地表达日心说的见解。我们是在中心，而一切天体都围绕我们运转，这在我们的语言中已经根深蒂固了，我们也这样教孩子。我们是披着哥白尼外衣的顽固守旧的地心说信徒。[1]

---

[1]　英国诗人（1822—1888）。——译者

1633 年，罗马天主教廷谴责伽利略宣扬地球环绕太阳旋转。现在让我们比较详细地了解这场著名的辩论。伽利略在他对比两种假设（地心宇宙与日心宇宙）的著作的序言中写道："通过对天文现象的研究，哥白尼的假说会得到证实，它最后必然取得绝对的胜利。"

后来，他在该书中承认："我还不能充分钦佩（哥白尼及其追随者），他们全靠智慧的力量就强行违反自己的知觉，而选择理智的推论，摒弃直觉明明白白地向他们显示的经验……"

教廷在对伽利略的起诉书中宣称："认为地球既不是宇宙的中心，又并非静止不动，而是有周日自转，这种学说是荒谬的。从心理学和神学两方面来说，它都是虚假的，至少是一个信念错误。"

伽利略回答说："地球在运动而太阳固定不动的学说受到谴责，根据是《圣经》中多处说太阳在运动而地球固定不动……诚心诚意地说，《圣经》不会说谎。但是谁也不能否认它往往深奥难解，它的真义难以发现，并且超越单纯的书面含义。我想在讨论自然界的问题时，我们不应当从《圣经》出发，而应从实验与论证出发。"

但是在伽利略的认罪书（1633 年 6 月 22 日）中，他被迫说道："承宗教法庭告诫：要完全摒弃太阳是不动的宇宙中心，而地球在动且并非宇宙中心的错误见解。……我已经……怀疑以前持有和相信过的太阳是不动的宇宙中心，而地球在动且并非宇宙中心的异端邪说。……我怀着赤诚之心和真实的信念发誓，我诅咒并痛恨那一类谬误邪说，以及违背神圣天主教廷的一切错误和任何教派。"

直至 1832 年，教会才把伽利略的著作从天主教徒禁读书目中撤销（谁要是阅读禁书，谁就会受到极严厉的惩罚）。

从伽利略的时代以来，教皇对近代科学感到的焦虑不安已经减退和消失了。在近代历史上，在这方面达到高潮的标志是 1864 年庇护九世颁布的《批谬纲领》。这位教皇还主持了梵蒂冈教廷会议。在他的坚持下，教廷首次公布了教皇一贯正确的训示。下面是一些片段：

"神的启示是完美的，因此它不需要接连不断和无限期地发展，以便适应人类理智的进步……在理智光芒的指引下，任何人都不能不信奉和立誓加入他真诚信仰的宗教……教廷有权断然确定天主教为唯一真正的宗教……甚至在今天仍然需要确认天主教是唯一的国教，并取缔一切其他形式的信仰……民间对每一种信仰的自由选择，以及给所有人公开发表意见与想法的充分权利，很容易造成民众的道德和心灵的腐败……罗马教皇不能够也不应该与进步、自由主义以及近代文明达成和解或表示赞同。"

虽然这太迟了，并且很勉强，教廷为了维护它的信誉，在 1992 年否定了它对伽利略的谴责。即便如此，它也不能完全认清自己这样做的意义。教皇约翰·保罗二世在 1992 年的一次演讲中辩解道：

"从启蒙时代开始直到今天，伽利略案件一直是一种'虚构的故事'，从事件中捏造出来的形象与真实情况大不一样。依照这种看法，伽利略案件象征着天主教廷被假定为抵制科学进步，或'武断地'用愚民政策来反对对真理的自由探索。"

但是当宗教法庭把年老体弱的伽利略带进教廷的地牢并向

他展示刑具时，这无异于承认并要求有这样的理解。这只不过是对科学的警告和压制，一直到诸如周年视差这样的令人不得不信服的证据已经取得的时候，才勉强改头换面。这也是对讨论与争辩的恐惧。对不同观点进行审查，并恐吓、迫害其支持者，这暴露出教会宗旨本身对表面上要予以保护的教区居民并不信任。为什么要对伽利略进行威胁和软禁？难道真理在谬误面前不能捍卫自己吗？

即便如此，教皇继续补充道："当时的神学家在坚信地球的中心地位时出了错，这在一定程度上是从《圣经》的字面意义来了解物理世界的结构所造成的。"

这里确实有相当大的进步，虽然原教旨主义信念的拥护者在听教皇说《圣经》在字面上并不总是对的时候会感到垂头丧气。如果《圣经》并非每处都对，那么哪些部分是神授的，而哪些部分难免有错且是人为的呢？一旦我们承认《圣经》有谬误（或者退一步承认当时的愚昧），那么《圣经》怎么能成为伦理和道德的绝对正确的指南呢？现在能否让某些教派和个人把《圣经》中他们所喜欢的部分当成真实可靠的，而把引起麻烦和累赘的部分扬弃呢？举例来说，禁止凶杀对社会是重要的，但是如果认为神未必会惩罚凶手，那么会不会有更多的人认为他们杀了人可以不受惩罚？

许多人认为哥白尼和伽利略不怀好意，破坏了社会秩序。实际上，无论何方对《圣经》字面真理的挑战都会有这样的下场。我们容易看到科学怎样开始使人们紧张不安。那些长期传播神话的人不受批评，而对神话提出怀疑的人成为众矢之的。

我们的祖先从自身的经历来推测宇宙的起源。难道他们还有别的办法吗？因此，宇宙是从一枚宇宙之蛋里孵化出来的，或者是一位母神与父神交配而生的，或者是造物主作坊的一种产品——也许是多次有缺陷的试制中最后一次的成品。因此，宇宙比我们所看见的大不了多少，比我们的书面记录或口头传说古老不了许多，并且与我们所知道的相差无几。

我们的宇宙学说倾向于采用熟悉的事物，尽管尽力探寻，但并无太多创新。在西方，天国是安静和松软的，而地狱就像一座火山的内部。在许多传说中，这两个领域都由以天神或魔鬼为首的统治集团管理。有神论者谈论王中之王，每一种文化都把管理宇宙的政治体系设想得与人间的颇为相似，很少有人认为这种相似是值得怀疑的。

后来科学发展起来，并让我们了解到自己的观念并非一切事物的准则，有我们想象不到的奇异事物。另外，宇宙也不一定像我们所想的那样舒适与合情合理。我们已经知道我们的常识有某些特异性质。科学已经把人的自我意识推进到一个更高的水平。这肯定是进步的过程，也是走向成熟的一步。这与哥白尼之前的观念之幼稚和自我陶醉形成了强烈的对比。

但是，为什么我们一定要设想宇宙是为我们创造的？为什么这个想法如此令人神往？为什么我们要培育它？是不是我们的自尊心太强烈，因此除了接受一个为我们定做的宇宙之外就不行？

当然，这种想法所仰赖的是我们的虚荣。狄摩西尼（Demosthenes）[1] 说："一个人需要什么，他就把它想成真实的。"阿奎那高兴地承认："信念之光让我们看见自己所相信的东西。"

---

[1]　古雅典雄辩家和民主派政治家（前 384—前 332）。——译者

但是，我想还会有别的东西。灵长类动物有一种种族优越感。无论我们出生于哪一个小的群体，我们都对它怀着热爱和忠诚，而认为其他群体的成员微不足道，应当被排斥与仇视。在一个旁观者看来，同一种族的两个群体实际上是一模一样的，很难找出差异。对于动物王国中与我们最相近的亲戚——黑猩猩来说，情况正是这样。德鲁扬和我曾谈论过，在几百万年前，从这个观点来看待世界会形成多么强大的演化意识，然而今天这就变得很危险了。当时以狩猎、采集为生的群体成员（他们的技能与我们目前全球文明的技术水平相差何其大也）也都正正经经地把他们所在的那一个小团伙说成"人们"。他们之外的任何人都是异类，甚至不是人。

如果这是观察世界的一种自然方式，那么我们每一次对自己在宇宙中的地位做出一种朴素的判断（没有经过仔细和严格的科学检验的判断）时，几乎总是选定自己的群体与所处的环境是中心，这就不足为奇了。进一步说，我们总要相信这是客观事实，而不是哗众取宠。

这样看来，一群饶舌的科学家滔滔不绝地向我们宣讲"你是寻常的，你并不重要，你不配有特权，你并没有什么了不起"，这并不令人太感兴趣。听得多了，连不易激动的人都会对这种咒语以及坚持说教的人产生厌烦情绪。看来科学家正在从贬低人类中获得某种奇怪的满足。为什么他们不能找到我们优越的地方？让我们兴高采烈吧！吹捧我们吧！在这些辩论中，科学以让人泄气的曼陀罗 [1] 使人感到它是冰冷的、令人疏远的、冷漠无情的、孤独的、对人类的需求毫无反应的。

---

[1]　古印度宗教的祈祷词或咒语。——译者

再说，如果我们并不重要，不在中心，不是上帝的宝贝，那么我们根据神学建立的道德准则有什么意义呢？关于人类在宇宙中的真实地位的发现长期以来一直遇到激烈的对抗，至今仍有许多争议的残迹，地心说的支持者的用心有时昭然若揭。试举一例，下面是英国评论性刊物《观察家》在 1892 年刊登的一篇未署名的评议：

"很清楚的事情是行星的日心运动的发现，使我们的地球在太阳系中退化到它固有的'卑不足道'的地位，也促使地球上占优势的种族迄今受指导和约束的道德准则退化到一个类似的'微不足道'而远非固有的地位。许多奉命撰稿的作家笔下的自然科学并非一贯正确，而是错误百出，这便过分地动摇了人们对他们的道德伦理和宗教学说的信任，这无疑是造成道德准则退化的部分因素。但是更多的仅仅是由于人类完全认识到自身的'微不足道'，因为他们发现自己栖息的场所只是宇宙的一个偏僻角落，而不是太阳、月球和星星都绕着旋转的中心世界。人类无疑会感到且早已经常感到自己要成为任何特殊的神灵培育或关注的对象，太不够格了。如果把地球当作一座蚁山，将人的一生看作从许多小洞里进进出出寻找食物与阳光的蚂蚁的一生，那么十分肯定，对人类一生的责任不必太重视，并且可以用一种深刻的宿命论和绝望，而不是抱着新希望来看待人类的追求……

"至少就目前而言，我们的视界已经够广阔了……直到我们对已有的无限广阔的视界感到习以为常，我们在思考它时才不会像通常一样心烦意乱，而渴望得到更为广阔的视界还为时过早。"

我们想从哲学和宗教中得到什么？是缓解剂、治疗，还是安慰？我们要不要再次相信无稽之谈，或者了解我们的真实处境？如果我们因为宇宙和自己的一厢情愿不符合而心灰意冷，这似乎太孩子气了。你不难想到，把这种失望写下来并付印，对成年人来说真是难为情。时新的做法不是责怪宇宙——它似乎真是空洞洞的，而是责怪我们了解宇宙的工具——科学。

萧伯纳（George Bernard Shaw）在他的剧本《圣女贞德》的序言中描写过科学消灭我们所轻信的观念，把一个陌生的世界观强加给我们，并恫吓我们的信仰。他说：

"在中世纪，人们相信大地是平的，对此他们至少有自己的知觉可以作证。现在我们相信它是圆的，并不是因为有百分之一的人能够为这个古怪的信念提供物理依据，而是因为近代科学已经说服我们，凡是明明白白的事物，没有哪一件是真的，而不可思议的、不大可能的、异常的、庞大的、微观的、无情的或者荒谬绝伦的事物是科学的。"

一个更新近和十分有启发意义的例子是英国新闻工作者阿普尔亚德（Bryan Appleyard）所写的《了解现在：科学和当代人的灵魂》。这本书阐明了全世界许多人感觉到而又难以说出来的东西。阿普尔亚德的坦率使人耳目一新。他是一个真正的信徒，他不愿让我们陷入近代科学与传统宗教之间的矛盾的泥沼中。

他痛惜地说："科学夺走了我们的宗教。"他渴望得到的是哪一种宗教呢？在他所要的宗教中，"人类是整个体系的要害、心脏和最终目的。它肯定把我们自己置于整个世界之上"。"我们是终点、目的，也是伟大的太空圆穹绕着旋转的合理枢轴"。

他渴望有一个"天主教正统的宇宙"，在它的里面"可以看出整个世界是为演出一场救世戏剧而制造的一台机器"。阿普尔亚德的用意是尽管有明确的指令，但一个女人和一个男人违令吃了一个苹果，这种反抗行为把宇宙转换成控制他们后代子孙的一种机构。

相比之下，近代科学认为"我们是偶然出现的。我们是宇宙的产物，而不是宇宙的目的。当代人最后什么也不是，他们在宇宙中不起作用"。科学是"精神上的腐蚀剂"，"它激起人们对古代权威和传统的仇恨。它不能和任何事物真正共存"。

"科学不知不觉地说服我们抛弃自我，我们真正的自我"。它揭示"缄默、异样的自然界景象"……"人类不能和这样揭示的事物共存，遗留下来的仅有的德行便是自慰的谎言"。人类很渺小，这是一个让人难以忍受的负担，想到它比什么都使人难堪。

在缅怀庇护九世的一段文字中，阿普尔亚德甚至诋毁这样的事实："可以指望一个近代的民主社会容纳若干个互相抵触的宗教信仰，它们不得不遵从一定数量的共同禁令，但没有别的限制。它们不得相互烧毁对方的教堂，但是它们可以否认甚至辱骂对方的上帝。这是有效的、科学的行动方式。"

但是，还有什么选择？把一个难以确定的世界执拗地说成可以确定的？采用一种自慰的信仰体系，不管它与事实相差多远？如果我们不知道什么是真的，怎么能面对现实呢？由于实际原因，我们不能过多地生活在幻想的世界中。我们要不要审查彼此的宗教并烧毁彼此的教堂呢？我们怎么能够认定在数以千计的人类信仰体系中哪一个是没有争议的、无所不在的和非信不可的呢？

这些引文表明，面对宇宙（它的宏伟和华丽，尤其是它的冷漠），我们多么缺乏胆量。科学告诉我们，因为我们有欺骗自己的才能，所以主观性不能任意支配一切。这是阿普尔亚德如此不信任科学的一个理由。科学似乎太理性化，太按部就班，也太不顾个人情感了。它的结论都来自对自然界的疑问的解决，而全然不是为满足人们的需要而预先设计的。阿普尔亚德为中庸的主张感到痛惜。他向往绝对正确的教义，主张废除审判，以及履行信仰而不是质询的义务。他不领会人们难免会出差错。他认为，无论是在我们的社会组织里还是在对宇宙的认识中，都不需要把改正错误形成制度。

这就是当父母不在时婴儿的生气哭泣。但是大多数人终于弄清楚了事情的真相，原来父母本会绝对保证婴儿不受伤害，但是有人要父母去办事时，他们不得不痛苦地走开。大多数人终于找到了适应宇宙的办法，尤其是在掌握思考工具的时候。

在科学的年代，阿普尔亚德抱怨说："我们传授给自己孩子的只是这样的信念：包括培育我们的文化在内，没有一样东西是真实的、不可更改的或持久的。"对于我们的遗产的不足之处，他的话何等正确。但是把没有根据的必然事物加进去，它是否会变得更加丰富？他嘲笑"认为科学和宗教是可以轻易分开的独立领域这种虔诚的希望"。与此相反，"就目前的情况来说，科学与宗教绝对是水火不容的"。

然而，阿普尔亚德是否真的要说，现在有些宗教对世界的本质发表直言不讳的错误声明而想不引起争议是难以办到的？我们认识到，即使备受尊敬的宗教领袖（他们是他们那个时代的产物，正像我们是我们这个时代的产物一样）也可能出了差错。各个宗教之间有矛盾，这不仅体现在琐碎的小事（比如走进礼拜堂时应该戴帽还是脱帽，是否应当吃牛肉而不吃猪肉，或可吃猪肉而不能吃牛肉，等等）上，还体现在最重要的问题（比如有没有神灵，是只有一个上帝还是有许多神）上。

科学把我们中的许多人带入霍桑（Nathaniel Hawthorne）[1] 所描绘的梅尔维尔的心情，"他既不能信教，又不能为他的无信仰感到宽慰"。或者如卢梭（Jean-Jacques Rousseau）[2] 所说的，"他们没有说服我，但他们使我烦恼。他们的论证震动了我，但从来没有令我信服……要阻止一个人去相信他渴望得到的东西是困难的"。由于世俗和宗教的权威所倡导的信仰体系都被破坏了，因此一般来说，对权威的尊重大概会遭到侵蚀。教训是明明白白的：连政治领袖也必然会对接受错误的教条留神。这不是科学的失误，而是它的一个恩惠。

当然，世界观的一致是令人宽慰的，而意见冲突会使人不安，并要求我们付出更多。但是除非我们不顾一切证据，坚持认为我们的祖先是十全十美的，否则知识的进步要求我们重新组合他们所达成的一致。

在某些方面，就引起敬畏的程度来说，科学远远超过宗教。任何一个主要的宗教几乎都不会审视科学并得出结论说："这比我们想象的更好！宇宙比我们的先哲们所说的更大、更宏伟、更精巧、更优美。上帝必然比我们想象的更伟大。"这是为什么呢？与此相反，他们会说："不，不，不！我的神是一个很小的

---

[1]　美国小说家（1804—1864）。——译者

[2]　法国启蒙思想家、哲学家、文学家（1712—1778）。——译者

神，我要他以后还是这样。"近代科学揭示出宇宙的宏伟壮丽。一个强调宇宙如此宏伟壮丽的宗教，无论是老的还是新的，也许都能博得传统信仰很难得到的尊重与敬畏。这样的宗教迟早会出现。

　　如果你活在两三千年以前，那么坚持认为宇宙是为我们而创造的就不是一桩丢脸的事情。这是与当年人们所知的任何事物都符合的有吸引力的命题，这是当年人们中间最有学问的人毫无保留地宣讲的学说。但是从那时以来，人类已有许多发现。今天还捍卫这样的见解就是存心不顾证据和毫无自知之明。

　　然而，对许多人来说，消除认知上的这种狭隘观念依然令人痛恨。即使它不能主宰一切，也会削弱信心——不像早期随社会功利而起伏的、以人类为宇宙中心的信念那样走运。我们是为了一个目的才渴望待在这个位置上的，至于证据，除了自我欺骗之外一点也没有。列夫·托尔斯泰（L. Tolstoy）曾写道："生活中毫无意义的荒唐事便是人类能够取得的仅有的无可争辩的知识。"我们的自高自大接连被戳穿，这使我们的时代背着累积而成的沉重包袱。我们是后来者，我们生活在宇宙的荒野中，我们来自微生物和污泥，猿猴是我们的远亲，我们的思想和感觉并不完全由自己控制，其他地方可能还有更灵巧的、大不一样的生灵。除了这一切之外，我们正在把自己的行星搅得一团糟，并正在对自己构成威胁。

　　我们脚下的陷阱之门打开了。我们发现自己正在坠入无底深渊。我们迷失在一大片黑暗之中，谁也不会派人来搜寻。面对如此严峻的现实，我们总想闭上眼睛，假装我们待在安全和舒适的家里，而认为下坠只不过是一场噩梦。

　　我们对自己在宇宙中的地位缺乏共识。对于我们的种族的目标，并没有一个公认的长远见解——也许除了单纯地求生存。在艰苦岁月里，我们极度渴望得到鼓励，不愿接受接连不断的大降级和希望破灭，而非常乐意听到我们是特殊的——即使证据薄得像一张纸也并不在意。如果用一点神话和宗教仪式就能让我们度过漫漫长夜，我们之中的谁又会不同情和理解呢？

　　但是，如果我们的目标是获得深奥的知识，而不是肤浅的信念，那么从这个新前景中所得到的东西会远远超过失去的。我们一旦克服了由于人类渺小而产生的恐惧，就会发现自己站在一个辽阔的和令人敬畏的宇宙的入口处，这个宇宙使曾让我们的祖先感到惬意的以人类为中心的舞台在时间、空间和潜力上都绝对相形见绌。我们透过数十亿光年的空间去观察大爆炸之后不久的宇宙，并探索物质的精细结构。我们窥视我们的这颗行星的核心，以及我们的恒星炽热的内部。我们通过解读遗传密码来了解地球上的每种生灵的不同技能和习性。我们揭示记录人类自身起源的隐秘篇章，并怀着一定的痛苦更好地了解我们的本性与前景。我们发展和改良农业。如果没有农业，我们几乎都会饿死。我们发明了医药和疫苗来拯救亿万人的生命。我们用光速进行通信，并且一个半小时就可以绕行地球一圈。我们已经向 70 多个星球发送了数十个飞行器，并向恒星发射了 4 艘空间飞船[1]。我们有权为自己的成就而欢欣鼓舞，为人类能看得这样远和评价自己的价值而感到自豪。我们能够这样做，在

---

[1]　正在飞往冥王星的"新视野号"探测器是第五个注定会离开太阳系而飞往星际空间的人造航天器。——译者

一定程度上靠的正是戳穿我们自命不凡的科学。

　　对我们的祖先来说，自然界中有许多可怕的东西，如闪电、暴风雨、地震、火山、瘟疫、旱灾、长冬等。宗教之所以出现，部分是因为当时人们对大自然暴乱的一面不甚了解，试图抚慰和控制它。科学革命让我们隐约看到一个潜在的有秩序的宇宙，它具有天体朴实的和谐［开普勒（Johannes Kepler）的用语］。如果我们了解大自然，就有希望控制它，或至少减轻它造成的祸害。在这个意义上，科学带来了希望。

　　大多数反狭隘地方主义的争论起初没有考虑它们的实际意义。热情而好奇的人类希望了解他们的真实环境，了解他们及其世界是怎样独一无二或平淡无奇的，了解他们的最初来源和命运，了解宇宙如何运转。奇怪的是，有一些这样的争议产生了最深刻的实际效果。正是牛顿用来解释行星绕太阳运行的数学推理方法催生了现代世界的大部分技术。尽管工业革命有种种缺点，但它仍然是农业国家摆脱贫困的全球模式。这些争论在国计民生方面具有重要效果。

　　也可能是另外一种情况。人类也可能不愿接受，或总的来说，并不想了解一个令人不安的宇宙，也不愿意对流行的学识见解提出挑战。尽管在每一个时代都有人反对这种挑战，但是值得大加赞扬的是我们仍让自己根据证据得出一个乍看起来令人沮丧的结论：宇宙非常庞大，极为古老，而相比之下，我们个人和历史的经历都显得渺小和低下；在这个宇宙中每天都有若干太阳诞生和若干天体湮灭；在这个宇宙中新近出现的人类只是依附在一团暗黑的泥土上。

　　如果我们被安置在一个为我们定造的花园里，而园内别的物件可以供我们随心所欲地使用，这该是多么惬意啊！西方传说中有一个与此相似的著名故事，只是花园里并非每样东西都是供我们使用的。有一株特殊的树不能让我们分享，那就是智慧之树。在这个故事里，知识、理解和智慧对我们来说都是禁物，我们注定一无所知，但是我们毫无办法。我们渴求知识，你可以说我们生来就是知识饥饿者。这是我们的一切苦难的根源。特别要谈到，正是由于这个缘故，我们不再住在花园里面，我们找到的东西太多了。我想，只要我们没有好奇心，也很恭顺，我们便可以用自高自大和中心地位来安慰自己，并告诉自己宇宙就是为我们创造的。然而，当好奇心开始使我们着迷时，要探索、了解宇宙的真相，我们就把自己赶出了伊甸园。手持闪闪发光的宝剑的天使在伊甸园门口站岗，阻止我们回去。园丁们就成了流放犯和浪荡者。有时我们会为那个失掉的世界而悲痛，但我认为这是感情脆弱和多愁善感的表现。我们不可能永远幸福地停留在一无所知的状态中。

在这个宇宙中，想起来好像许多东西是专门设计出来的。每一次碰到它们，我们都会宽慰地松一口气。我们永远都希望找到或者至少有把握地推断出一位设计者。但是事与愿违，我们一次又一次发现自然过程（例如星球碰撞、基因的自然选择，甚至一壶开水的对流）能够从紊乱中获得秩序，并引诱我们去推断并不存在的目的。在日常生活中（在青少年的卧室里或国家的政治中），我们常常感到紊乱是自然而然的，而秩序是上面强加的。宇宙的规律性比我们针对普通境况常说的秩序更为深刻。所有的秩序，无论是简单的还是复杂的，似乎都来自大爆炸（或更早）时创立的自然定律，而不是一位不完美的神祇干预迟了所造成的结果。"上帝可以在琐事中找到",这是德国学者瓦尔堡（Aby Warburg）的一句名言。但是除了高度的优美和精确外,生活中的琐事,甚至宇宙还显示出随意、临时应急的事先安排和大量的计划不周。我们该怎样弄明白这件事情:一幢大厦在建造早期就被建筑师抛弃了?

至少现有的证据以及自然规律都不需要一位设计师。也许有一位,但是他藏而不现,极不愿意被发现。这似乎往往是一种非常渺茫的希望。

于是,我们的生活以及我们的脆弱行星的意义只能靠我们自己的智慧与勇气来决定。我们是生活意义的守护神。我们渴望有一位天父来照管我们,宽恕我们的谬误,从我们的幼稚错误中挽救我们。但是,获取知识比无知更为可取,令人难堪的真理比叫人开心的无稽之谈要好得多。

如果我们需要某种宇宙的目的,那么就让我们为自己找一个有意义的目的吧。

第 5 章

地球上有智慧生命吗

我们对宇宙的影响几乎等于零，宇宙对我们也毫无所知。

> 他们旅行了一段很长的时间，并没有发现什
> 么东西。最后他们察觉到一个小光点，这就是地
> 球……（但是）他们没有丝毫的理由会猜想到，
> 我们和这个星球上的同胞们有生存的荣誉。
>
> ——伏尔泰
> 《微型巨人》（1752 年）

在我们的大城市及其周围的一些地区，天然的景观几乎都
消失了。你可以认出大街、小巷、汽车、停车场、广告牌以及
用玻璃和钢铁建造的纪念碑，但是看不见一棵树和一片绿地，
也见不到任何动物——当然除人以外。人是很多的。只有当你
穿过摩天大楼之间的峡谷，抬头仰望时才能认出一颗星星或看
到一片蓝天。它们提醒你在人类出现之前老早就有些什么东西
了。但是，大城市明亮的灯光使星光变得暗淡了，甚至蓝天有
时也不见，工业污染把它变成褐色的了。

我们每天在这样的地方上班，不难取得这样的印象。我们
为了自己的利益和方便，已经使地球改变了多少啊！但是，在
几百千米之上和之下都没有人烟。除了在地球表面有一个薄薄
的生命层，偶尔有一艘勇猛的宇宙飞船，以及一些无线电干扰
之外，我们对宇宙的影响几乎等于零，宇宙对我们也毫无所知。

你是一位外来的探险家，经过在漆黑的星际空间中的漫

长旅行后进入太阳系。你从远处考察这颗平凡恒星的一小撮行星——有的是灰色的，有的是蓝色的，有的是红色的，有的是黄色的。你感兴趣的是它们是什么样的世界，它们的环境是稳定的还是在变化，尤其想知道的是它们的上面有没有生命和智慧。你预先对地球并无所知。你刚刚才发现它的存在。

让我们设想出一条天界规则：只能看，不能摸。你可以从这些天体旁边飞过，可以绕它们飞行，但严禁在它们的上面着陆。受这样的限制，你能否判断地球上有什么样的环境，以及是否有什么人在它的上面生活？

你接近地球时，最初对它的整体印象是白色的云、白色的极冠、褐色的大陆以及掩盖 2/3 表面的某种蓝色物质。当你凭它发射的红外辐射来测量这个世界的温度时，你发现大多数纬度地区的温度在冰点之上，而极冠的温度在冰点之下。水是宇宙中的一种很丰富的物质，因此你认为极冠由固态水组成，云由固态水和液态水组成，这些都是合理的猜测。

蓝色物质是大量的液态水——深达几千米，这个想法也会使你感兴趣。但是至少对太阳系来说，这种联想是奇特的，因为液态水组成的海洋在其他任何天体的表面都不存在。如果通过可见光和近红外光谱找到表征地球化学成分的若干特征，你就肯定会发现极冠中的水冰，以及空气中形成云的大量水蒸气。水蒸气的数量必然很大，其实这是因为由液态水组成的海洋会蒸发。奇怪的假设就这样被证实了。

用光谱仪进一步发现地球上的空气中约有 1/5 是氧气。太阳系中的其他行星上没有这样大量的氧气。那么，氧气从何而来？太阳的强紫外光把水分解成氧气与氢气，而氢气是最轻的气体，它很快就逃逸到太空中去了。这肯定是氧气的一个来源，可是还不足以说明为什么有如此大量的氧气。

另外一个可能性是太阳发射的大量普通可见光使地球上的水发生分解——只是如果没有生命，还不知道有什么方法能这样做。为此，必须有植物——含有能强烈吸收可见光的色素的生物，它们用所储存的两个光子的能量把一个水分子分解，保留氢元素，排出氧气，然后用分离出来的氢元素去合成有机分子，而植物必须分布在地球上的许多地区。针对这些事情，可以提出许多问题。如果你是一个优秀的、善于发现问题的科学家，就会了解到这样多的氧气还不足以证明生命存在，但是这肯定可以成为猜测的依据。

有了这么多氧气，你发现大气里有臭氧就不足为奇了，这是因为紫外光可以把氧气变成臭氧，然后臭氧吸收危险的紫外辐射。因此，如果说氧气来自生命，那么就有一种奇妙的感觉，即生命在保护它们自己。但是这里谈到的生命也许仅是能进行光合作用的植物，而不包括具有高级智慧的生物。

当你更仔细地查看大陆时，就会发现大致说来有两类地区：一类展现出在许多行星上可找到的普通岩石与矿物的光谱；另一类显示的是某种不寻常的东西，那是一种覆盖辽阔区域并强烈吸收红光的色素（太阳发射出的当然是各种颜色的光，但它发射黄光的能力最强）。这种色素可能正是必需的作用剂，它使普通的可见光能够把水分解并形成空气中的氧气。这是又一条说服力稍强的了解生命的线索。由这种色素形成的并不是到处都有的病菌，而是行星表面的丰沛生命。这种色素实际上是叶绿素，它吸收蓝光和红光，这是植物呈绿色的原因。你看见的是一颗长满了植物的行星。

因此，我们发现地球至少拥有在这个太阳系里独有的 3 种东西——海洋、氧气和生命。不难想象它们相互有关，海洋是丰富多彩的生命出现的地方，而氧气是生命活动的产物。

如果你仔细看看地球的红外光谱，就会发现空气中的一些次要成分。除水蒸气外，空气中还有二氧化碳、甲烷和别的气体，它们吸收地球在夜间向太空散发的热量。这些气体使地球变暖。要是没有它们，地球各处便都在冰点之下。于是，你发现了地球的温室效应。

甲烷与氧气在同一个大气层中共存，这是一件奇怪的事情。化学原理很清楚：氧气过多时，甲烷应当全部转变成水与二氧化碳。这个过程的效率很高，因此地球大气层中不应有一个分子是甲烷。与此不同，你却可以发现每一百万个分子中就有一个是甲烷。这是多么大的差异。这意味着什么呢？

唯一可能的解释是甲烷进入地球大气层的速度非常快，它与氧气的反应速度跟不上。甲烷又来自何处？也许甲烷是从地球深处散逸出来的，但是从定量角度来看，这种看法似乎靠不住，何况火星与金星上都没有这样多的甲烷。仅有的其他说法都是生物学的，所得结论不要求对生命的化学过程做任何假设，也不管生命看起来像什么，而只需了解甲烷在含氧气的大气层中为何不稳定。实际上，甲烷来自沼泽中的细菌、稻谷的栽培、植物的燃烧，来自油井中的天然气以及牛的肠胃胀气。在含氧气的大气层中，甲烷是生命的一个征兆。

从行星际空间可以察觉牛体内的肠道活动，这件事使人感到有一点难堪，尤其是在我们珍视的许多事物实际上并非如此的时候。但是，一位从地球旁边飞过的外星科学家目前还不能推断出沼泽、稻谷、火焰、石油和牛。他能推断出的只是生命。

到这里为止我们所讨论的一切生命征兆都属于比较简单的形态（牛的瘤胃中的甲烷是由该处寄生的细菌产生的）。如果你的航天器在 1 亿年以前飞经地球（那时还是恐龙的时代，没有人，也没有技术），你仍然会看到氧气、臭氧、叶绿素，以及多得多的甲烷。然而，现在你的仪器发现的不仅是生命的征兆，而且是高科技的信号——甚至在 100 年前这种信号还不可能被检测到。

现在你检测到了一种来自地球的特别的无线电波。无线电波不一定象征生命和高级智慧。许多自然过程也可以发射无线电波。你已经发现了显然无人栖息的行星发出的无线电辐射，这是由行星的强磁场所俘获的电子产生的，也可以由分隔这些磁场与行星际磁场的冲击波前的混沌运动产生，还可能由闪电产生（无线电哨声一般由高音调延伸到低音调，然后重新开始）。这些无线电辐射有的是连续的，有的是周期性的，有的持续几分钟后就消失了。

但这是不一样的，来自地球的一部分无线电辐射的频率正是无线电波开始从地球的电离层泄漏出来的频率，而电离层是平流层上面能反射与吸收无线电波的带电区域。每一种辐射都有一个固定的中心频率，叠加在它的上面的是调制信号（复杂的、断断续续的信号序列）。磁场中的电子、冲击波和闪电都不能产生与此类似的现象，唯一可能的解释似乎是这是高级智慧生命的行为。无论断断续续的无线电信号意味着什么，你认为无线电辐射源于地球上的技术这一结论总是成立的。你不需要译出电文就可以肯定这是一份电报（我们不妨假定这份电报真的是美国海军传送给远处的核潜艇的）。

　　因此，作为一位来自外星的探险家，你会知道地球上至少有一种生物已经掌握了无线电技术。这是哪一种生物呢？是不是制造甲烷的生物？是产生氧气的生物？是用色素把大地染成绿色的生物？或者是其他生物，更灵巧的生物，在突然降落的宇宙飞船上无法用别的方法发现的生物？为了搜寻这种具有高度发达的技术的生物，你也许要以越来越高的分辨率来查看地球——即使你寻求的不是那些生物本身，至少也是他们制造的物品。

　　你起先用一架小型望远镜进行观察，这时你能分辨的最小细节的尺度为 1 ~ 2 千米。你认不出雄伟的建筑、奇特的物体、大地上人工改造的痕迹，也看不见生命的形迹。你看见的是不断运动的稠密大气。充沛的水源一定会蒸发，然后形成降雨。月球上明显可见的古老的撞击坑在相距不远的地球上几乎完全没有。因此，应当有一系列过程使新的陆地产生，然后又被侵蚀掉。这些变化过程所需的时间比地球的年龄短得多。不用说，流水是有的。如果你用越来越高的分辨率进行观察，就会发现山脉、河谷以及表示我们的行星在地质上很活跃的许多其他迹象。也有被植物环绕的奇怪地方，但是它们本身没有植被，它们看起来就像风景画上褪色的污点。

　　当你用大约 100 米的分辨率来查看地球时，一切就变样了。你发现这颗行星上覆盖着直线、正方形、长方形和圆环，它们有的在河边挤成一团，有的偎依在低缓的山坡上，有的伸展在平面之上，但在沙漠和高山上很少见，在海洋中绝对没有。对于它们的规律性、复杂性及分布，除了用生命和智慧，很难加以解释，虽然对它们的功能与目的的更深刻的理解可能是难以捉摸的。也许你只能得出这个结论：处于统治地位的生物同时热衷于占有领土和欧几里得几何图形。用这样的分辨率，你不能看见他们，更不用说了解他们了。

你会发现许多没有植被的小块区域具有棋盘状的基本几何图形，这些是这颗行星上的城市。不仅在城市中，而且在大部分土地上面也有为数众多的直线、正方形、长方形和圆环。你会发现城市的暗黑区域都高度几何化了，只有少数有植被的地段（它们本身具有高度规则的边界）还保持原状，偶尔有三角形，在一个城市里甚至有五角形。

当你用 1 米或更高的分辨率拍照时，就会发现城市中纵横交错的直线以及把这些城市与其他城市连接起来的长直线上都布满流线型的、五彩缤纷的、几米长的物体。它们在一个长长的有秩序的行列中，一个接一个地彬彬有礼地缓慢行进。它们很有耐心，一列物体停下来，让另一列物体在垂直方向上继续移动。按一定的周期，这种关照又反过来。在夜里，它们打开前面的两盏亮灯，这样它们可以看清方向。少数特别的物体开进小房子里，工作日结束了，它们在晚上便休息了。大多数无家可归，就在街道上睡觉。

终于弄清楚了！你已经找到了一切技术的源泉，就是这颗行星上占统治地位的生命形态。城市的大街和乡间的道路显然都是为它们的利益修建的。你可以相信你正在真正开始了解地球上的生命，并且你也许是对的。

如果分辨率再稍加提高，你就会发现那种会偶然进入和离开占统治地位的生物体的微小寄生物。它们发挥着某种更深刻的作用，这是因为这种静止不动的生物在被寄生物再次感染后往往就会重新启动，并且在寄生物被排出之前会再次停止。这是令人费解的，但是谁也没有说过地球上的生命很容易了解。

你到目前为止所查看过的图像都是靠被反射的太阳光，即在地球的白昼一面拍摄的。当拍摄夜晚的大地时，你就会发现一件最有趣的事情——地球被照亮了。最明亮的地区靠近北极圈，它是由北极光照亮的。这种光不是由生物制造的，而是在地球磁场的作用下向下流动的、来自太阳的电子与质子所产生的。你所见到的其他一切东西都来自生物。灯光清晰地勾画出你在白天看到的陆地，许多陆地和你已经测绘出的城市相对应。城市集中在靠近海岸线的地方，而在大陆内部较为分散。也许占统治地位的生物极想得到海水，也许航船对商业和移民一度很重要。

然而，有些光点并非来自城市。例如，在非洲北部、中东和西伯利亚的一些比较荒芜的土地上有一些非常明亮的光点，它们原来是正在燃烧的油井和天然气井。在日本海，在你首次观看的那一天，有一个奇怪的三角形的明亮区域。在白昼看来，它位于空旷的大海上。它不是城市，而会是什么呢？事实上，它是日本的鱿鱼捕捞船队，用光彩夺目的灯光吸引鱿鱼群入网。在别的日子，这个明亮的图案在太平洋上移动，到处捕鱼。就实际效果来说，你在这里发现的是寿司。

我认为让人头脑清醒的是，你从太空中很容易发现地球上生物的一些零星行为，比如反刍动物肠胃的活动、日本的烹饪以及能毁灭 200 个城市的潜艇的通信。然而，我们的许多宏伟建筑、最伟大的土木工程、我们的相互关心几乎完全看不见，这值得深省。

　　到此为止，可以认为你的地球探险是极为成功的。你已经概略地认识了环境，察觉了生命，发现了高级智慧生命。你可能已经证认出占据统治地位的种族，他们与几何图形结下了不解之缘。这颗行星肯定值得进行更长期与更仔细的研究。这正是你现在把你的太空飞行器驶入环地轨道的原因。

　　俯视这颗行星，你会发现新的疑团。在地球各处，大烟囱正在把大量二氧化碳和有毒的化学制品排放到空气中，在道路上奔驰的统治这颗行星的生灵也是这样做的。二氧化碳是一种温室气体，正如你所看到的，它在大气中的含量年复一年地持续增长。甲烷及其他温室气体也都是如此。如果这种状况持续下去，这颗行星的温度将不断升高。你还能用光谱方法发现另一种注入空气的分子，那就是氯氟烃。它不仅是温室气体，还会严重破坏起保护作用的臭氧层。

　　你更仔细地查看南美洲的中部地区，现在知道这是一大片雨林。每天晚上，你都会看见几千处大火。在白天，你发现这个地区烟雾缭绕。数年后，你看到整个地球上的森林越来越少，而长着稀疏灌木的沙漠越来越多。

　　你往下看，望见大海岛马达加斯加。它的河流都呈褐色，在周围的大海中产生大片的污垢。这是正被冲刷入海的表土层，冲刷的速度很快，再过几十年，全部表土层都会流失。你会注意到同样的事情发生在这颗行星上的各个河口。

　　没有表土层就意味着没有农业。21 世纪，人们将吃什么？他们将呼吸什么？他们将怎样对付不断变化的、更为危险的环境？

通过环绕地球观察，你可以看到有的东西显然搞错了。占据统治地位的生物体（不管它们是谁）费了很大的劲儿来改造地面，同时也在摧毁它们的臭氧层和它们的森林，侵蚀它们的表土层，并且正在对自己行星上的气候进行大规模的、无法控制的试验。它们是否注意到了正在发生的是什么事情？它们对自己的命运会漠不关心吗？难道它们不能齐心协力来维护好养育它们全体的环境吗？

你想，也许现在是再次断定地球上是否有智慧生命的时候了。

寻找其他地方的生命：一次校准

从地球上出发的空间飞船现在已经飞过几十颗行星、卫星、彗星和小行星。飞船上装有照相机、测量热量与无线电波的仪器、测定化学成分的光谱仪，以及一大批其他装置。我们在太阳系中的任何其他地方都没有找到生命的迹象。你也许会怀疑我们检测出其他地方的生命（尤其是与我们所知道的不一样的生命）的能力。直到不久以前，我们还从来没有进行过一次明显的校准试验：让一艘现代化的行星际空间飞船飞近地球，看看我们能否检测出我们自己。1990 年 12 月 8 日，这一切都改变了。

"伽利略号"是美国国家航空航天局设计的一艘宇宙飞船，用于探测木星这颗巨行星，以及它的卫星和光环。它以一位英勇的意大利科学家的名字来命名，这位科学家为推翻地心说发挥了核心作用。正是他第一个看清了木星的面貌，并且发现了它的 4 颗大卫星。为了到达木星，这艘宇宙飞船需要从金星（一次）和地球（两次）的旁边飞过，并靠这些行星的引力来加速，否则它没有足够的力量到达它的目的地。这种必要的轨道设计使我们破天荒第一次从外空系统地观察地球。

"伽利略号"从地表上空仅 960 千米处飞过。除了少数例外情况（包括所显示物体尺度小于 1 千米的图片以及地球的夜间照片），本章描述的宇宙飞船所得到的许多资料实际上是"伽利略号"取得的。用它获取的资料，我们能够推断出含氧气的大气、云、海洋、极地积冰、生命以及智慧。我们用为探测其他行星而研制的仪器与设计的方案来监视我们自己的行星的环境卫生（美国国家航空航天局正在认真地做这项工作），航天员赖德（Sally Ride）称之为"对行星地球的使命"。

在用"伽利略号"检测地球生命的美国国家航空航天局的科研小组里，和我一道工作的其他成员有康奈尔大学的汤普森（W. Reid Thompson）博士、喷气推进实验室的卡尔森（Robert Carlson）博士、艾奥瓦大学的格尼特（Donald Gurnett）博士以及科罗拉多大学的霍德（Charles Hord）博士。

我们事先对于地球上必定有何种生命不做任何假设，用"伽利略号"成功地检测到了地球上的生命。这使我们增强信心，认为我们在其他行星上找不到生命这个否定性的结果是有意义的。难道这个判断是人类为宇宙中心论的、地心论的或狭隘地方主义的？我认为并非如此。我们并不只是在寻找和我们同样的生命。任何分布很广的光合作用色素、任何与大气中其他气体显著不平衡的气体、任何地表上高度几何化的图案、处于夜半球上的任何稳定的灯光构形、任何非天体物理的无线电发射源都可以表示生命的存在。我们在地球上找到的当然只是我们的类型，但是在其他地方原本会检测到许多其他类型。我们没有发现它们。对第三颗行星（即地球）的这种考察强化了我们的无把握的结论，即在太阳系的一切天体中，只有我们的地球有幸拥有生命。

我们刚开始搜寻。也许有生命隐藏在火星、木星、木卫二或土卫六的上面，也许像地球这样生命丰富多彩的世界在银河系中比比皆是，也许我们即将获得这样的发现。但是就现实的知识来说，目前地球是唯一的，我们还不知道别的天体上有微生物，更不用说科技文明了。

第 **6** 章

『旅行者号』的胜利

科学技术是改善人类生活的工具，而不是一支指着我们的脑袋一触即发的枪。

> 有人坐船下海，在大水上经营事务；这些人
> 看见永恒主的所为、永恒主在深海上所行奇事。
> ——《旧约圣经》诗篇 107(约公元前 150 年)[1]

　　我们给孩子们提出的理想会影响他们的未来。重要的问题是那是一些什么样的理想。那往往是一些靠自己的能力能达成愿望的预言。梦想即是图像。

　　我并不认为描绘最可怕的未来是不负责任的。如果我们想避免它们出现，就必须知道它们是可能的。可是哪些是可供选择的办法？哪些是发挥促进与鼓舞作用的梦想？我们渴望把使我们引为自豪的世界的现实图像交给孩子们，可是描绘人类目标图像的人在哪里？关于充满希望的未来的理想在哪里？科学技术是改善人类生活的工具，而不是一支指着我们的脑袋一触即发的枪。那么关于科技的理想又在何方？

　　美国国家航空航天局在其常规工作中提出了这样的理想，但是在 20 世纪 80 年代与 90 年代初期，许多人把美国的太空计划视为一系列灾难：在执行一项以放置一颗通信卫星为目的的任务时，7 位勇敢的美国人丧生了，而这颗卫星本来可以成本较低且不需要任何人冒风险的方式发射；一架价值 10 亿美元的望远镜在分辨率很低的情况下被送入太空；向木星发射的一艘太

---

[1]　原文为: They that go down to the sea in ships, that do business in great waters; these see the works of the Lord, and his wonders in the deep.

空飞船的主天线（它对于向地面发回资料是必不可少的）打不开；一个探测器在快要绕火星运转时丢失了。

美国国家航空航天局曾把几名航天员送入 320 千米高处的一个小密封舱，无穷无尽地绕地球旋转，什么地方都去不了。每当这被说成探测时，有些人畏缩了。和遥控探测装置的光辉成就相比，载人飞行取得的基础科学发现少得令人吃惊。除了修配研制失误和发生故障的卫星，以及发射原本恰好也可用无人火箭助推器送上天的卫星之外，自 20 世纪 70 年代以来，载人航天飞行似乎没有取得与所花代价相称的成就。也有一些人把美国国家航空航天局看作为实现把武器送入太空的奢侈计划而使用的一匹掩蔽用的假马[1]，全然不顾在许多情况下环地飞行的武器只是一只坐以待毙的鸭子[2]。于是，有许多症状显示美国国家航空航天局是一个衰老的、动脉硬化的、谨小慎微的、没有雄心壮志的官僚机构。也许这种动向正在开始逆转。

但是这些批评（它们中的许多肯定是正确的）不应让我们对同一时期美国国家航空航天局的成就视而不见：对天王星和海王星系统进行首次探测，对哈勃空间望远镜在其运转轨道上进行检修，证明星系的存在与大爆炸理论相符，对小行星进行首批近距观测，从南极到北极对金星进行勘测，对臭氧的损耗进行监测，证明在一个近邻星系的中心存在一个质量为太阳的 10 亿倍的黑洞，与俄罗斯进行历史性的联合太空作业。

太空计划具有深远的、梦幻般的甚至革命性的内涵。通信卫星把我们的行星联成一体，成为环球经济的中枢，并且经常

---

[1] 意即掩饰用的借口。——译者

[2] 意即容易受到攻击的目标。——译者

通过电视体现我们生活在一个全球性的大家庭里这样一个重要的现实。利用气象卫星预报天气，可以减少飓风和龙卷风造成的人员伤亡，避免每年数十亿美元甚至上百亿美元的农产品损失。用于军事侦察与限制武器等的条约核实卫星使各个国家以及全世界的文明变得更为安全；在一个拥有成千上万枚核武器的世界上，它们让各方面头脑发热的狂人镇静下来；它们是让一颗苦难的和难以捉摸的行星能够生存下来的主要工具。

现在全球定位系统已经在运转，因此可以借助几颗卫星通过无线电三角测量定出你的位置。手上拿着像现在的短波收音机那样小的仪器，你就可以精确地读出你所在的经纬度。将要坠毁的飞机、陷入浓雾或浅海中的船只、在陌生城市中开汽车的人都绝不会再因迷失方向而遭殃。

天文卫星以前所未有的清晰度从环地轨道向外凝视，就可以研究近邻恒星拥有行星的可能性乃至宇宙的起源与命运等种种问题。行星探测器对我们的太阳系中千姿百态的其他天体进行近距观察，把它们的命运与我们的地球进行对比。

所有这些活动都是有远见的、大有希望的、激动人心的，也是节省费用的，它们不需要使用载人航天器。美国国家航空航天局未来所面临的，也是本书所讨论的一个关键问题，便是有关方面就载人空间飞行所做出的辩解是不是有道理和可行的，是否值得为它付出那样大的代价。

但是，首先让我们考虑在行星之间航行的遥控空间飞行器所展现的大有希望的前景。

"旅行者 1 号"和"旅行者 2 号"是为人类敞开太阳系并

为子孙后代开辟新途径的两艘飞船。在它们分别于 1977 年 8 月和 9 月发射之前，我们对太阳系中的其他行星几乎一无所知。在发射后的 12 年间，它们向我们提供了第一批关于许多新星球的详尽资料与特写镜头，而过去在地面望远镜的目镜中，这些新星球有的看起来是模糊的圆面，有的仅是光点，我们甚至连其中一些的存在都没有想过。这两艘飞船现在还在发回大量资料。

这两艘飞船让我们了解其他世界的奇观、我们世界的唯一性和脆弱性，以及宇宙的起源和终结。它们使我们接近太阳系的大部分区域——就范围的广度与天体数量的众多来说都是这样。正是这两艘飞船首先探测了也许会成为我们未来的家园的天体。

目前美国的运载火箭威力都不够大，难以单靠火箭的推进在几年里把一艘这样的太空飞船送达木星或更远处。但是我们是聪明的（也是幸运的），还有别的办法。我们能够（像"伽利略号"做过的那样）飞到一个天体的近旁，让它的引力把我们推向下一个天体，这叫作引力支援。除了别出心裁，我们几乎没有花费什么。这有点像玩旋转木马，在它转过来时抓住它上面的一根柱子，就会使你加速并转到某个新方向。飞船的加速被行星绕太阳运动的减速抵消掉一部分。但是因为与飞船相比，行星的质量要大得多，因此行星几乎一点也未慢下来。每一艘"旅行者号"太空飞船都依靠木星的引力获得近 64000 千米 / 时的速度提升。反过来，木星绕太阳的运动则变慢了。这种影响有多大呢？从现在算起，50 亿年之后，当我们的太阳膨胀成一颗红巨星时，木星与 20 世纪后期"旅行者号"尚未飞越它时的情况相比，将向太阳移近 1 毫米。

"旅行者 2 号"利用罕见的"行星连珠"天象飞到木星近旁，受到加速而驶向土星，再由土星到天王星，从天王星到海王星，然后经海王星飞向太阳系外的恒星。但是你并不能在你希望的任何时候都这样办，这种"行星连珠"天象上一次出现在杰斐逊（Thomas Jefferson）[1] 当总统的时候。那是人们在马背上、独木舟里和帆船上进行探测的时期（当时汽船是即将出现的新设备）。

由于缺少资金，美国国家航空航天局的喷气推进实验室仅承担得起建造最远到达土星时仍能工作的飞船，超过土星就一筹莫展了。然而，卓越的工程设计（事实上，用无线电把指令发往飞船的喷气推进实验室的工程师们具有非凡的才能，他们及时排除了飞船的故障）使得这两艘飞船都能继续前进，去探测天王星和海王星。目前，它们正在从已知距太阳最远的行星之外的空间，把它们的发现用信号发送回来。

我们听到的往往多是探险取得的辉煌成果，而不是运载它们的船只，也不是造船工人。情况总是这样，甚至那些使人醉心于哥伦布（Christopher Columbus）航行的历史著作对"尼尼亚号""平塔号"和"圣玛丽亚号"帆船的建造者以及这些轻快的帆船的工作原理都谈得不多。这些太空飞船，以及它们的设计者、建造者、导航员和操纵人员，都是为了很明确的和平目标而发展的科学技术能够取得成就的关键。那些科学家和工程师都是为美国追求卓越成就和国际优势地位的模范人物，应当被印在邮票上。

对于木星、土星、天王星和海王星这 4 颗巨行星中的每一

---

[1] 美国第三任总统（1743—1826），于 1801—1809 年连任两届。——译者

颗，上述两艘或其中一艘太空飞船探测了它本身及其环带和卫星。1979 年，它们在木星附近经受了被木星俘获的带电粒子的袭击，这些带电粒子的辐射剂量为致死剂量的 1000 倍。在这种辐射的完全包围中，它们发现了这颗最大的行星的若干个环，在地球之外首次看到了一些活火山，发现了一个没有空气的星球上可能存在地下海。此外，还有许多惊人的发现。1980 年和 1981 年，它们在冰暴袭击中幸免于难，并且发现了不是几个而是几千个新的环。它们考察了相对来说不久之前曾神秘融化了的冰冻卫星，以及一个可能拥有液态碳氢化合物海洋（上面飘浮着有机物质云）的大天体[1]。

1986 年 1 月 25 日，"旅行者 2 号"进入天王星系统并报道了一系列奇异事件。这次会合只持续了几小时，但是"旅行者 2 号"如实传回地球的信息颠覆了我们对这颗蓝绿色行星（包括它的 15 颗卫星、漆黑的环系和俘获的高能带电粒子带）的认识。1989 年 8 月 25 日，"旅行者 2 号"掠过海王星系统，并观察到在遥远太阳的微弱照耀下千变万化的云彩图案；还发现了一颗古怪的卫星，稀薄得令人惊异的大气中的风在它的上面吹起有机微粒的卷流。到 1992 年，两艘"旅行者号"飞船已经飞越了已知最外面的行星，还接收到了无线电辐射。这些辐射被认为来自更遥远的太阳风层顶——太阳风让位给恒星风的地方[2]。

因为我们栖息在地球上，我们不得不通过一个使图像变形的大气海洋凝视遥远的天体。它们所发射的大部分紫外光、红

[1] 这里指土星最大的卫星——土卫六提坦，土卫六上存在液态碳氢化合物湖泊现已得到证实。——译者
[2] "旅行者 1 号"已经飞离了太阳风层顶。——译者

外光和无线电波不能穿透我们的大气。因此，我们容易理解为什么我们的太空飞船已经革新了对太阳系的研究：我们升到彻底透明的、像真空一样的太空，像"旅行者号"那样接近我们的目标，从它们的旁边飞过，或者绕它们运转，甚至在它们的表面着陆。

这些飞船已经向地球发回了 4 万亿比特的信息，这大约相当于 100000 卷百科全书。我在《宇宙》中描述了"旅行者 1 号"和"旅行者 2 号"与木星系统的会合。下面我要谈谈它们与土星、天王星及海王星的会合。

在"旅行者 2 号"正要与天王星系统会合之前，任务设计人员已设定好了最后的一个操纵动作，让飞船上的推进系统短暂点火，以校正它的位置，使它在飞驰的卫星之间按照预定的航线穿过。但是，实际情况是这种航线改正已经不必要了。在沿一条弧形路径飞行 50 亿千米之后，飞船还在离预定航线 200 千米的范围之内，其精度大致相当于抛出一根针，让它穿过 50 千米之外的另一根针的针眼，或者在华盛顿开枪，击中达拉斯的一头牛的眼睛。

行星蕴含的珍贵信息由无线电传回地球，但是离地球毕竟太远，地面上的射电望远镜接收到海王星的信号时，其功率只有 10^{-16} 瓦（在小数点与 1 之间有 15 个 0）。这种微弱的信号与一盏普通台灯的功率相比，有如一个原子的直径与地月之间的距离相比。要收到这样的信号，就像听到一只变形虫的"脚步声"。

"旅行者号"的任务是在 20 世纪 60 年代后期提出的，1972 年获得第一笔经费，但是直到两艘飞船完成对木星的探测后，这项任务（包括与天王星和海王星的会合）才得到最后的批准。

两艘飞船的发射升空用的是一个不能再度使用的"大力神／半人马"助推火箭组合。每艘"旅行者号"飞船重约 1 吨，可以塞满一间小屋。每一艘的功率约为 400 瓦（比一个普通美国家庭的能耗少得多），它由一台把放射性钚转换成电力的发电机提供能量（如果必须依靠太阳能，那么当飞船离太阳越来越远时，它所能得到的能量就会迅速减少。如果不是用了核能，"旅行者号"也许除了从木星发回一点点资料外，就根本不能向地球传回外太阳系的资料）。

飞船内部有电流通过，会产生颇强的磁场，足以干扰用于测量行星际磁场的灵敏仪器。因此，磁强计位于一根长吊杆的末端，远离会产生不良影响的电流。这根吊杆与其他伸出来的部件使"旅行者号"看起来有点像一头豪猪。照相机、红外和紫外光谱仪以及一架称为照相偏振测量仪的仪器都被放在一个扫描平台上，此平台按指令绕支架转动，使各种装置对准所观测的天体。只要天线的指向是正确的，飞船就必定知道地球在何方，因此信息可以被传送回来。它还需要知道太阳以及至少一颗亮星的位置，从而确定自己在三维空间中的方位，并正确地指向任何一个从附近通过的天体。如果不能把照相机对准目标，飞船就无法把几十亿千米外的图像很好地传送回来。

每一艘飞船的成本大致都和一架现代战略轰炸机一样高。但是和轰炸机不一样，"旅行者号"一旦发射出去，就不能被收回库房进行修配。因此，飞船上的计算机及电子仪器都设计得很累赘。许多关键部件（包括主要的无线电接收机在内）至少有一个备件——一旦需要就可投入使用。每当"旅行者号"出现故障时，计算机就使用树形逻辑的分支进行处理。要是这不能解决问题,飞船就发电报回家求救。

太空飞船离地球越来越远,无线电信号往返传递的时间也越来越长。当"旅行者号"在海王星附近时,所需时间接近 11 小时。因此,一旦出现紧急情况,飞船需要知道怎样让自己进入等待地球指令的安全待命状态。随着飞船的老化,它的机械部件和计算机系统失灵的次数会越来越多。然而直到现在,它还没有出现过严重的记忆衰退和某些自动装置的阿尔茨海默病。

这并不是说"旅行者号"完美无缺。严重威胁探测任务的令人神经极度紧张的事故确实出现过,每一次都有一批工程师(有的人从一开头就参加了"旅行者号"计划)组成一个特别小组来"处理"问题。他们研究有关的科技资料,利用他们关于失灵部件的经验,用从未发射过的完全一样的"旅行者号"上的设备做试验,甚至制作许多失灵的部件,对它们的失灵方式进行某种统计研究。

1978 年 4 月,在发射将近 8 个月之后,飞船正在接近小行星带。这时遗漏了一条地面指令(这是一个人为的差错),使"旅行者 2 号"上的计算机未与主无线电接收机连接,而误连到它的备用接收机上了。接下来地面向飞船发送指令时,备用接收机未能锁住来自地球的信号,这是因为一个叫作跟踪环形电容器的部件失灵了。在"旅行者 2 号"完全失联 7 天之后,它的故障警戒软件突然命令备用接收机断开,并让主接收机接通。然而,主接收机在片刻之后神秘地失灵了,再也听不到它的声音了(直到今天,谁也不知道究竟为什么)。为了完成任务,飞船上的计算机此刻愚蠢地坚持使用已经失灵的主接收机。就这样，由于人为的和计算机的一连串不幸的差错，飞船现在处于真正的危险之中。谁也想不出一种办法让"旅行者 2 号"恢复使用备用接收机。即使这办到了，由于电容器失效，备用接收机也不能收到来自地球的指令。许多设计人员曾经担心这样一来一切都完蛋了。

在一个星期对地球指令完全置之不理之后，飞船终于接收了两个接收机之间自动转换的指令，并将其编入了这台反复无常的船载计算机的程序中。也就在那个星期，喷气推进实验室的工程师们设计出了一款创新的指令频率控制程序，以保证受过损伤的备用接收机也能理解主要的命令。

工程师们现在至少能够初步和飞船恢复联系了，不幸的是备用接收机很不稳定，它对飞船上各个部件通电和断电时散发的热量极为敏感。在随后的几个月中，喷气推进实验室的工程师们通过自己设计与进行的一些试验，彻底弄清楚了飞船的大多数操作模式受热量影响的情况（哪些因素会阻碍备用接收机工作，哪些因素容许它接收来自地球的指令）。

有了这样的知识，就完全解决了备用接收机的难题。此后，它收到了地球上发出的关于如何收集木星、土星、天王星与海王星系统资料的全部指令。这样，工程师们保障了飞行任务的完成。（为了保障安全，在"旅行者 2 号"后来的大部分飞行中，在它与下一颗行星会合之前，总是先把一套按计划进行的收集资料的程序存储在船载的计算机中。这样一来，即使飞船再次收不到来自地球的请求，也不碍事。）

另一个令人痛心的失败发生在 1981 年 8 月，"旅行者 2 号"刚从土星背面出现（在地球上看来）后，扫描平台发疯似的摇摆不定,它在靠近土星的十分短暂的时间内指向各处,有时指向土星环,有时指向土星本身,有时指向它的卫星。突然,扫描平台被卡住了。扫描平台卡住不动是一个让人急得发疯的困境。要知道飞船正在飞越我们从来没有看见过的奇景,今后好几年或几十年我们将再也不能看见它们了,而对此漠不关心的飞船一直向外望着太空,什么也没有看到。

扫描平台由带齿轮组的执行器驱动。喷气推进实验室的工程师们在一次模拟试验中使用一个同样的执行器,它转动 348次后失灵了,而"旅行者 2 号"上的执行器转动 352 次后失灵了。问题原来出在润滑失效上。知道这一点是好的,可是怎样解决问题呢?很清楚,无法给"旅行者 2 号"追加一个加油器。

工程师们考虑,用交替加热和冷却的办法能否使失灵的执行器再次起动呢?也许由此产生的热应力会引起执行器的部件以不同的速率膨胀和收缩,从而使其松动。他们在实验室里用特制的执行器验证这个设想,然后兴高采烈地发现这个办法可以让扫描平台在太空中重新启动。设计人员还想出办法及早诊断执行器失灵的任何迹象,因而有足够的时间围绕这个问题开展工作。此后,"旅行者 2 号"的扫描平台运作得十分完美。由于这项工作,我们才有了在天王星与海王星系统中拍到的全部图片。工程师们又取得了一次胜利。

"旅行者 1 号"和"旅行者 2 号"按设计都只用于探测木星系统与土星系统。它们的轨道确实能让它们经过天王星和海王星,但是美国国家航空航天局从来没有正式公开宣布把这两颗行星也作为"旅行者号"的探测目标。这是因为我们希望"旅行者 1 号"能够飞到土卫六这个神秘世界的附近,在土星引力的影响下，它将进入一条再也不能碰到任何一个已知天体的飞行路线。飞越天王星和海王星并取得辉煌成就的正是"旅行者 2 号"。这些天体离我们都很遥远，那里的太阳光越来越暗淡，"旅行者 2 号"发回地球的无线电信号也越来越微弱。这些都是意料中的事，但仍是喷气推进实验室的工程师和科学家们所要解决的非常严重的问题。

由于天王星与海王星都很暗淡，因此"旅行者号"的电视摄像机不得不进行长时间的曝光。但是"旅行者号"在飞驰（例如，经过天王星系统时，它们的速度约为 56000 千米 / 时），因此图像便会变得模糊不清。作为补偿，在曝光期间需要转动整个飞船来抵消这种影响，这就像你在一辆行驶的汽车上拍摄街景照片时向相反方向转动镜头那样。这件事说起来容易做起来难，因为我们必须抵消最单纯的运动。在失重的情况下，即使飞船上的磁带记录仪的启动和停止都会使飞船轻轻摇晃，达到使图像模糊的程度。

解决这个问题的办法是向飞船上极为灵敏的小型火箭发动机（称为推进器）发出指令。在每次开始和结束收集数据时，让推进器喷出一点气体，使整个飞船稍微转动一点，这样就可以补偿磁带记录仪的轻微摇晃。为了解决在地球上接收的无线电信号太微弱的问题，工程师们设计出一种更有效的新办法来记录和传送资料，并把地面上的各架射电望远镜用电子线路连接起来，以提高灵敏度。整个说来，通过用许多判据进行评估，我们发现照相系统在拍摄天王星和海王星时的工作状况比拍摄土星甚至木星时都要好一些。

"旅行者号"的探测还没有结束。当然，某个至关重要的子系统明天可能就会失灵，但是就钚元素的放射性衰变来说，两艘"旅行者号"飞船大概一直到 2015 年都能向地球传送资料[1]。

"旅行者号"是一种有智能的存在物，它们的一部分智能是自动机械的人工智能，另一部分是人的智能。它们把人的知觉扩展到遥远的天体。对于简单问题和短期任务来说，它们依仗的是自觉的智能；但是对于复杂问题与长期任务而言，它们就须依赖喷气推进实验室的工程师们的集体智慧及经验。这种动向肯定还会发展。两艘"旅行者号"飞船体现了 20 世纪 70 年代早期的技术水平。如果在今天为同样的使命设计太空飞船，我们就会采用人工智能、微型化、快速数据处理、自行诊断与修配等技术，充分吸取以前的经验和教训。此外，成本还会低得多。

就许多对人过于危险的环境（无论是在地球上还是在太空中）来说，未来属于机器与人的合作，而"旅行者号"可以被视为这方面的前例和先驱。在此不妨提几个有潜力的应用领域——核事故处理、矿井救灾、海底探测与考古发掘、火山内部探测以及家务劳动。对这些行业来说，有一支由灵巧、机动、便携和听人指挥的机器人组成的特种预备部队来诊断和修复它们自身的故障，情况就大不一样了。在不久的将来，这样的部队很可能会越来越多。

由政府制造的任何东西都会成为一场灾难，这在现今已经

---

[1] 得益于航天工程师对飞船的精准操控，比如及时关闭不再能获得科学数据的探测仪器以节约能源，"旅行者号"上的钚核电池有望保证那些仍在开机的科学仪器工作到 2025 年。21 世纪 30 年代中期，钚核电池的能量将彻底耗尽，在此之前人类可能会最后一次接收到"旅行者号"回传给地球的无线电信号。然后，它们将作为宇宙漂流瓶，靠惯性继续朝银河系深处飞去。——译者

是美国人习以为常的看法了。可是两艘"旅行者号"飞船是由政府（与同样吓唬人的学术界合作）研制的。它们按价、按时制成，大大超出原来设计的规格以及研制者最美好的梦想。这些优良的机器并不是要控制、威胁、伤害或者摧毁什么东西，它们代表我们的本性中想寻根究底的成分，想要自由自在地遨游太阳系和更遥远的太空。这种技术所发现的宝藏属于世界各地的人们，可为全人类所利用。有人厌恶美国的大部分政策，也有人赞同它的一切。近几十年来，美国政府的所作所为只有少数受到普遍一致的赞誉，太空探测技术便是其中的一项。从发射到与海王星会合，"旅行者号"每年的花费平摊到每一个美国人身上不到一分钱。我认为行星探测是我们对美国和全人类做过的最好的事情之一。

第 7 章

在土星的众多卫星之间

我们这些迷恋水的生物难以想象没有水的生命。

你让自己像君主一样端坐在土星的卫星之间。

——梅尔维尔（Herman Melville）

《白鲸》第 107 章（1851 年）

有这样一个天体，它的大小介于月球与火星之间，它的上层空气带电并起伏波动（空气是从邻近的典型的带环行星那里流进来的，行星上永恒的多云的褐色天空带有一种奇特的赭橘色，而真正的生命物质从天空掉到下边未知的表面上）。这个天体太遥远了，太阳发出的光要经过一个多小时才能射到它的上面，而航天器从地球上飞到那里就要好些年。它在许多方面还是个谜，包括它是否拥有海洋。然而我们所了解的情况足以说明，在可达宇宙中的某个地方可能有某些变化过程目前还在进行，而早在洪荒时代它们就已经在地球上出现过了，正是这些过程导致了生命的诞生。

我们的星球上正在进行着一个持久的（在某些方面来说是十分成功的）物质演化试验。已知最古老的化石的年龄大约为36 亿年。当然，早在这以前很久生命就开始出现了。但是在 42 亿年或 43 亿年以前，地球还在遭受形成过程的最后阶段的折磨，那时生命不可能存在。剧烈的碰撞使地球表面熔化，把海洋化为蒸汽，并且把自最后一次撞击以来聚积的大气驱赶到太空中去。因此，大约在 40 亿年前有一个相当短暂的时间窗口——大约只有 1 亿年。此时，我们最远代的祖先出现了。一旦条件许可，生命就以某种方式很快滋长起来。

最早的生物很可能是笨拙的，远逊于今天还活着的最低级的微生物，它们也许只能勉强为自己制造粗糙的复制品。但是，首先由达尔文有条有理地描述的自然选择这一重要过程是一种威力巨大的工具，它把最幼稚的生物体演变成千姿百态和绚丽多彩的生物世界。

在一个无生命的地球上，受物理与化学规律驱使而自然产生的若干碎片、成分和基本单元形成了最早的生物体。地球上构成一切生命的基本单元叫作有机分子，即以碳为主要元素的分子。在可能存在的多得不可胜数的有机分子中，只有极少数与生命有关。最重要的有两类，即氨基酸（蛋白质的构成单元）和核苷酸（核酸的构成单元）。

但是，在生命出现之前，这些分子从何而来呢？只有两种可能性——来自地球之外和地球内部。我们知道，比现在多得多的彗星和小行星曾经撞击过地球。这些小天体是复杂有机分子的宝库，而在碰撞时有些这样的分子幸存下来了。现在我要谈的不是外来的，而是地球上自生的有机体，即在原始地球的大气与水域中产生的有机分子。

不幸的是，我们对早期大气成分的了解不太多，而在某些大气中有机分子远比在其他大气中更容易形成。早期大气中不可能有大量的氧气，这是因为氧气是由绿色植物产生的，而那时还没有任何绿色植物。很可能以前氢气要多一些，因为氢气在宇宙中的含量极丰，并且氢气比其他任何气体都更容易从地球的高层大气中逃逸到太空中去（由于氢气很轻）。如果我们能够设想出若干种可能的早期大气，就可以在实验室里进行复制，输入一些能量，看看会产生哪些有机分子以及它们有多少。近年来，这类实验是饶有趣味和大有指望的。但是我们对原始大气的情况一无所知，很难找到它们之间的关系。

　　我们所需要的是一个真实的天体，它的大气中仍然保存着那样丰富的氢气，它在其他方面要与地球甚为相似，现在还在产生大量构成生命的有机物。通过它，我们可以找到自己的起源。太阳系里只有一个这样的天体 1，那就是土星的大卫星土卫六。它的直径约为 5800 千米，比地球的一半略小一点。它绕土星运转一周大约需要 16 个地球日。

　　没有哪个星球会与其他星球一模一样。土卫六至少有一个重要方面与原始地球大不相同：它离太阳太远，表面极为寒冷，温度约为零下 200 摄氏度，远低于冰点。生命刚刚出现时的地球和现在一样，表面上主要是海洋，但土卫六上面根本不可能有液态水构成的海洋（我们以后会谈到，由别的物质形成的海洋是另外一回事）。然而低温也是有利的，这是因为分子一旦在土卫六上合成，它们往往便固定不变。温度越高，分子就分离得越快。在过去的 40 亿年间，分子像雨点一般落在土卫六上，有如从天而降的吗哪（manna）[1]，它们可能还在那里，大部分没有变化，处于深冻状态，等待着地球上的化学家去研究。

　　在 17 世纪，由于望远镜的发明，许多新天体被发现了。1610 年，伽利略首次观察到木星的 4 颗大卫星。它们就像一个小型太阳系，小月球们绕着木星旋转，犹如哥白尼所设想的行星绕着太阳旋转一样。这对地球中心主义者来说是又一次打击。

---

[1]　基督教《圣经》中所说的古以色列人经过旷野时获得的神赐食物。——译者

45 年后，著名的荷兰物理学家惠更斯（Christianus Huygens）发现有一颗卫星[1]在绕土星运动，并给它取名为提坦[2]。它是 15 亿千米外的一个光点，因反射太阳光而微弱可见。从发现它之时（那时欧洲男人披着长长的卷发）起，到第二次世界大战（那时美国男人流行短发），除了知道它有一种奇特的黄褐色外，我们对这颗卫星几乎没有任何新的发现。从原理上来说，地面望远镜几乎不可能认清它的神秘面目。20 世纪初期，西班牙天文学家索拉（J. Comas Sola）报告说，有微弱和间接的证据表明它有大气。

从某种意义上说，我的成长与土卫六有关。在芝加哥大学学习时，我在柯伊伯（Gerard P. Kuiper）的指导下撰写博士学位论文，而这位天文学家明确地发现土卫六有大气。柯伊伯是荷兰人，因此可以说他是惠更斯在学术上的嫡系传人。1944 年，柯伊伯在对土卫六进行光谱观测时惊奇地发现了甲烷气体的光谱特征。当他把望远镜指向土卫六时，甲烷的特征出现了[3]；把望远镜移开时，这种特征就一点也没有了。但是，我们不能认为卫星有相当可观的大气，地球的卫星——月球就肯定没有大气。柯伊伯认为，虽然土卫六的引力比地球的小，但是它还能保留大气，这是因为它的高层大气非常冷。这样一来，分子运动不够快，不会有大量分子达到逃逸速度并向太空散失。

柯伊伯的学生丹尼尔·哈里斯（Daniel Harris）断定土卫六是红色的。也许我们看见的是一个像火星那样的铁锈色表面。如果你想更多地了解土卫六，不妨测量它所反射的太阳光的偏振。一般的太阳光是非偏振光。现在我在康奈尔大学的同事韦

---

[1]　按后来的编号，这颗卫星即土卫六。——译者

韦尔卡（Joseph Veverka）是以前我在哈佛大学的研究生，因此也可以说他是柯伊伯的徒孙。韦韦尔卡在他于 1970 年前后完成的博士学位论文中测量了土卫六的偏振，并发现偏振随土卫六与太阳、地球的相对位置的变化而变化。但是，这种变化与其他天体（如月球）的偏振情况大不一样。韦韦尔卡的结论是这种变化的特征与土卫六上面有范围很大的云或雾相符。在我们用望远镜观察土卫六的时候，看不见它的表面。我们对它的表面情况一无所知，根本不知道它的表面离云层有多远。

因此，在 20 世纪 70 年代初期，可以认为从惠更斯开始的学术传人的一项成就是我们至少知道了土卫六拥有甲烷含量丰富的稠密大气，此外它大概被一层淡红色的隆云笼罩着或被气雾包围着。但是，什么样的云会是红色的呢？当时，我和同事哈雷（Bishun Khare）在康奈尔大学做了一些实验。我们用紫外光和电子使甲烷含量丰富的各种气体发光并产生红色或褐色固体，这些物质沾在我们做实验用的玻璃器皿的内表面。我认为，如果富含甲烷的土卫六大气有红褐色的云，这些云就会很像我们在实验室里制造出来的东西。我们用希腊语中的"泥土"把这种物质称为"索林"（tholin）。我们起先对它的成分了解得很少。它是由实验所用的分子分裂而形成的有机混合物，是由碳原子、氢原子、氮原子和分子碎片重新组合而成的。

"有机"这个词在生物学中并没有特殊的含义。在一个多世纪的时间里，它在化学中只描述由碳原子构成的分子（除了少数像一氧化碳和二氧化碳这样的简单分子）。因为地球上的生命以有机分子为基础，并且过了一段时间之后地球上才有生命，所以在第一个有机体出现前，我们的地球上必定有某种制造有机分子的过程。我认为类似的过程今天也许正在土卫六上发生。

在我们对土卫六的认识中，具有划时代意义的事件是"旅行者 1 号"和"旅行者 2 号"分别于 1980 年和 1981 年到达土星系统。

"旅行者号"的紫外、红外与无线电探测器测量出了土卫六大气（从隐而不见的表面到太空边缘）的压强和温度，我们弄清楚了土卫六的云层顶部有多高。我们发现土卫六的大气和今天的地球大气一样，主要由氮气组成。正如柯伊伯发现的，另一种重要成分是甲烷，就是以碳为基础的有机分子在那里产生的起始物质。

我们还找到了一些气体的简单分子，主要是碳氢化合物和腈。它们中间最复杂的有 4 个"重"原子（碳原子和 / 或氮原子）。碳氢化合物是仅由碳原子与氢原子组成的分子，对此我们熟悉的有天然气、石油和蜡（它们与糖及淀粉这类碳水化合物完全不同，后者含有氧原子）。腈是由一个碳原子、一个氮原子及其他原子以某种特殊方式结合而成的分子。最著名的腈是氰化氢（HCN），它是一种致命的气体。但是，氰化氢参与了地球上生命的形成过程。

在土卫六的高层大气中找到这些简单的有机分子（即使其含量只有百万分之一或十亿分之一）是发人深省的。原始地球的大气与此相似吗？土卫六大气的浓度约为现今地球大气浓度的 10 倍，而早期的地球也可能拥有比现在更稠密的大气。

除此之外，"旅行者号"还在土星周围发现了由行星磁场所俘获的高能电子与质子形成的一个大区域。土卫六绕土星运转时，在这个磁层中进出。电子束（加上太阳的紫外光）射到土卫六的高层大气中，正像原始地球的大气中发生的情况一样。

　　因此，用紫外光和电子在很低的压力下照射氮气与甲烷的特定混合物，并找出由此形成的更为复杂的分子，就是一个自然而然的想法了。我们能否模拟出正在土卫六高层大气中进行的过程？在康奈尔大学的实验室里，我和同事汤普森（一位关键人物）一起复制出了土卫六上产生的一些有机气体。土卫六上最简单的碳氢化合物是在太阳发射的紫外光的作用下产生的。在实验室里最容易用电子制造的其他一切气态物质都与"旅行者号"在土卫六上发现的相对应，并且成分相同。二者一一对应。关于我们在实验室中找到的气体，将在以后对土卫六的研究中设法寻找。我们制造出的最复杂的有机气体分子拥有 6 ~ 7 个碳原子和 / 或氮原子。这些分子可以形成索林。

　　在"旅行者 1 号"接近土卫六时，我们曾经希望天气转好。从远处看去，土卫六像一个小圆盘；靠得最近时，我们的照相机视场只能显示它的一个小区域。如果雾和云有一个裂口（即使只有几千米），我们在扫描圆面时就会看到一部分隐蔽的表面，可是缺口连一点踪迹也没有。这个世界被封闭了。地球上没有人知道土卫六的表面有什么东西。如果那里有一个观测者，他在普通可见光的波段内抬头仰望，根本看不见云层之上的壮观景象，也看不到土星及其宏伟的光环。

　　通过"旅行者号"、环地轨道上的国际紫外探测器以及地面望远镜的探测，我们对掩盖土卫六表面的橙褐色雾粒子已经了解得相当多了，比如它们吸收的是哪些颜色的光，它们允许哪些颜色的光大量通过，它们使通过的光线偏转了多少，以及它们有多大（它们中的大部分和香烟喷雾中的粒子一样大）。"光学性质"当然和雾粒子的成分有关。

哈雷和我与美国田纳西州橡树岭国家实验室的荒川（Edward Arakawa）合作，研究了索林的光学性质。我们发现原来它与土卫六上的雾极为相似。没有其他的待选物质（无论是矿物还是有机物）与土卫六的光学性质相符。因此，我们可以明确地宣称已经弄清楚了土卫六上的雾的底细。雾在土卫六大气的高层形成，然后缓慢坠落，并在它的表面大量积聚。这种物质是由什么东西组成的呢？

要想知道一种复杂的有机固体的确切成分是非常困难的。举例来说，虽然长期以来我们的经济发展离不开煤，但我们对煤的化学组成还没完全弄清楚。我们已经对索林有所了解，它含有地球上生命的许多重要组成材料。的确，如果你把索林滴入水中，它就会形成大量的氨基酸（蛋白质的基本成分）、核苷酸盐基，以及脱氧核糖核酸（DNA）与核糖核酸（RNA）的组成成分。这样形成的氨基酸在地球生物的体内分布得很广。其他的物质属于完全不同的种类。此外，还有一大批其他的有机分子，其中有些与生命有关，有些则无关。在过去的 40 亿年中，大量的有机分子从大气中沉积到土卫六的表面。如果在以往的漫长岁月中，它们都处于深冻和不变的状态，那么积累的物质应该有 30 多米厚，最多厚达 1 千米。

你也许会认为，在零下 180 摄氏度时，氨基酸绝不会形成。把索林滴入水中可能对研究早期的地球有重大意义，但对土卫六的研究来说似乎不同。彗星和小行星偶尔会撞击土卫六的表面（土星的其他近距卫星上面有大量撞击坑，而土卫六的大气层并没有厚到足以阻止巨大的、高速运动的物体落到它的表面上）。虽然我们从来没有看见过土卫六的表面，可是行星科学家对它的成分有所了解。土卫六的平均密度在冰和岩石的密度之间。邻近天体上的冰与岩石都很丰富，有的几乎纯粹由冰构成。如果土卫六的表面是冰，一次高速的彗星碰撞便会使冰层暂时融化。汤普森和我估计，土卫六表面的任何一处都有 50% 以上的机会曾经一度融化过，而每次碰撞后冰层的融化状态几乎要平均保持 1000 年。

这样就形成了一种大不相同的经历。地球上的生命大概是在海洋或潮汐浅塘里出现的，主要在水的作用下形成，水在物理和化学两方面都起了重大作用。的确，我们这些迷恋水的生物难以想象没有水的生命。地球上生命的诞生过程经历了不到 1 亿年的时间，而在土卫六上是否只需要 1000 年呢？有了掺和到液态水中的索林，甚至只需 1000 年，土卫六的表面就可能会以比我们想象的要大得多的步伐向生命的出现演进。

我参加了欧洲空间局在法国图卢兹主办的一场关于土卫六的学术讨论会，回家时不禁这样想：尽管有了这些认识，我们对土卫六的了解仍然少得可怜。虽然土卫六上不可能有液态水的海洋，但存在液态碳氢化合物的海洋就是另外一回事了。在土卫六表面之上的低空中，估计有甲烷云，而甲烷是土卫六上最多的碳氢化合物。次多的碳氢化合物乙烷在土卫六表面凝结（表面温度一般介于冰点与乙烷的熔点之间），这就像水蒸气在地球表面变成液态水一样。在土卫六存在期间，应当已经积聚出液态碳氢化合物的浩瀚海洋，它们可能远在雾与云之下。但是，这并不意味着它们对我们来说是完全无法触及的，因为无线电波容易穿过土卫六的大气以及悬浮在它里面的、正在缓慢下落的细小粒子。

在图卢兹，加利福尼亚理工学院的米勒曼（Duane O. Muhleman）向我们讲述了一项技术难度非常大的重大成果：用加利福尼亚州莫哈韦沙漠中的射电望远镜将一组无线电脉冲射向土卫六，穿过雾和云直达它的表面，然后这组无线电脉冲被反射到太空中并返回地球。在新墨西哥州索科罗附近的一个射电望远镜阵列接收到了大为减弱的信号。这真了不起！如果土卫六有一个由岩石或冰覆盖着的表面，那么由它反射的无线电脉冲在地球上应当能够被检测到。假如碳氢化合物海洋掩盖着土卫六的表面，米勒曼就什么也看不到，因为液态碳氢化合物吸收这些无线电波的能力很强，于是就不会有回波返回地球。事实上，当土卫六的某些经度区转向地球时，米勒曼的射电望远镜阵列就会接收到回波，但是并非所有的经度区都是这样。不错，你可以说土卫六表面既有海洋也有大陆，而把信号反射回地球的是大陆。如果土卫六与地球相似，某些经线主要经过陆地，而另一些经线经过的基本上是大海，那么我们必定碰到另外一个问题：土卫六绕土星运行的轨道并不是一个正圆。这个轨道显然是扁的，或者说呈椭圆形。如果土卫六拥有广阔的海洋，那么它绕着旋转的巨行星土星就会在土卫六上引起显著的潮汐，由此产生的潮汐摩擦定会使土卫六的轨道在远短于太阳系年龄的时间内变成正圆。德莫特（Stanley Dermott）和我在 1982 年发表的一篇题为《土卫六海洋的潮汐》的学术论文中论证道，由于这个原因，土卫六的表面要么全部是海洋，要么完全为陆地。

如果不是这样，浅海地区的潮汐摩擦就会起作用。虽然湖泊和岛屿可以存在，但是别的就没有了，于是土卫六的轨道就会和我们现在看到的大不一样。

这样一来，我们就有三种学术观点：第一种观点认为土卫六几乎完全被碳氢化合物的海洋所覆盖；第二种观点认为土卫六表面有大陆与海洋，二者兼而有之；第三种观点要求我们选择土卫六表面是辽阔的海洋或者全是陆地。知道答案是什么，是一件很有趣的事[1]。

我上面讲述的是科学进展，明天可能会有新的发现，将这些谜团和矛盾全部澄清。也许米勒曼的探测结果有某个差错，但我们很难查出错在哪里；也许德莫特和我在计算潮汐对土卫六轨道的影响时出了错，可是至今还没有人发现任何错误。此外，难以解释土卫六表面的乙烷怎么能够免于凝固。尽管温度很低，但也许几十亿年来仍有某种化学变化；也许从天而降的彗星撞击与火山喷发或其他地质结构变化结合起来，加上宇宙射线的作用，可以使液态碳氢化合物凝结成某种能把无线电波反射回太空的复杂有机固体；也许反射无线电波的有机物只是漂浮在海面上。可是液态碳氢化合物的密度很小，因此每一种已知的有机固体（除非是泡沫极多的）都会像石头那样沉入土卫六的海洋中。

现在德莫特和我怀疑，当我们设想土卫六表面有大陆与海洋时，是否过分拘泥于我们在自己的星球上得到的经验，我们的思考是否过于受地球沙文主义的影响了。土星系统中其他卫

---

[1]　经过"卡西尼号"探测器及"惠更斯号"着陆器对土卫六的探测，现已确定土卫六的大部分表面由"陆地"构成，但两极地区存在液态海洋或者湖泊。——译者

星的表面尽是破损、凹陷的地带，还有大量的撞击坑。我们可以想象液态碳氢化合物在这样的星球上缓慢地聚积起来，于是出现的不是布满全球的海洋，而是互相隔离的、并没有完全装满液态碳氢化合物的大塘。许多圆形的石油海分布在卫星的表面，有的直径超过 160 千米。但是远处的土星不会激起可以让人察觉的波浪，我们惯常会想到那里没有船，没有游泳的人，没有玩冲浪的人，也没有人钓鱼。按我们的计算，在这种情况下，潮汐摩擦可以忽略不计，因而土卫六的被拉长的椭圆轨道不会变成圆形。在开始得到土卫六表面的射电或近红外图像之前，我们无法了解确切的情况，但是可以认为我们目前遇到的难题的答案大概是土卫六拥有许多充满液态碳氢化合物的圆形大湖泊，在有些经度上多一些，在有些经度上少一些。

我们是否应当指望有一个覆盖着深厚索林沉积物的冰冻表面；一个碳氢化合物海洋，其上各处有一些载满有机物的岛屿；一个布满坑状湖泊的世界；或者其他什么我们想不到的更微妙的东西？这不只是一个学术问题，因为一艘将要飞往土卫六的太空飞船正在设计中。如果一切顺利，一个由美国国家航空航天局和欧洲空间局联合研制的、名为"卡西尼号"的探测器将于 1997 年 10 月发射。这个探测器将两次飞经金星，一次飞经地球，一次飞经木星，以便实现引力加速。在航行 7 年后，它将进入环绕土星的轨道。这个探测器每一次到达土卫六附近时，将用包括雷达在内的一整套仪器探测这颗卫星。因为"卡西尼号"会离土卫六近得多，所以它能够分辨出土卫六表面用米勒曼的地面仪表（这是土卫六探测的先驱）无法察觉的许多细节。表面情况还可以用近红外光进行探测。在 2004 年夏天的某个时候，我们手里可能会有土卫六隐而不现的表面图。

"卡西尼号"还携带一个进入土卫六大气的探测器，它的名字很恰当，叫"惠更斯号"。它将与"卡西尼号"的主体分离，并垂直降落到土卫六的大气中。一个大降落伞会打开，仪器包会穿过有机物形成的雾和甲烷云层，缓慢地坠入低层大气。它在降落时将考察有机物。如果在着陆时没有坠毁，它还将考察这个天体的表面[1]。

一切都无法担保，但是飞行任务在技术上是可行的，硬件正在制作。一批志同道合、令人难忘的专家（包括许多年轻的欧洲科学家）正在埋头苦干，并且似乎有关各国对待这个项目都很认真。"惠更斯号"大概会实现。或许在不太遥远的将来，穿越 16 亿千米的行星际空间后，"惠更斯号"将会传来土卫六在拥有生命的道路上已经走了多远的信息。

---

[1]　"惠更斯号"成功了，软着陆在土卫六的表面，使得土卫六成为人类迄今为止实现探测器软着陆的最遥远的一个星球。——译者

第 8 章

第一颗新行星

和那种无与伦比的浩瀚相比，任何事物都是微不足道的。

> 我恳求你，你不会希望有理由说明为何有这
> 样多的行星吧？你会吗？这个烦恼已经有人解决
> 了……
>
> ——开普勒
> 《哥白尼天文学概要》第四卷（1621 年）

在人类创造出文明之前，我们的祖先主要过着露天生活。在制造出人工光源、出现大气污染以及有了现代的各种夜间娱乐之前，人们经常观察星星。当然，编制历法的实际需求是有的，但还有更多的原因。即使在今天，城市里精疲力竭的居民一旦望见无数闪闪发光的星星装点的晴朗夜空，就会为之振奋。许多年来，每次看到这种景象，我都会感到兴奋。

在每一种文化里，天象与宗教神话总是交织在一起。我躺在旷野里，苍穹环绕着我。它的规模令我折服，它是多么浩瀚，多么悠远。相比起来，我就显得很渺小，可是我并不感到自己被天国遗弃了。我是它的一部分——肯定是微小的一部分，但是和那种无与伦比的浩瀚相比，任何事物都是微不足道的。当我全神贯注地思考恒星、行星及其运动时，我无法抑制地感到这是一种机械的、时钟式的、高度精密的运作。无论我们的抱负多么伟大，它的规模总使我们显得很渺小和微不足道。

在人类历史上，大多数伟大的发明（从石制工具与火的利用到文字）是无名的恩人做出的。我们对远古事件的记忆是很

差的。我们不知道首先察觉行星与恒星不一样的祖先叫什么名字，他应当活在几万年甚至几十万年以前。但是全世界的人终于了解到装点夜空的明亮光点中有 5 个（只有 5 个）的步伐与别的光点不一致，在一年中的几个月内它们的运行有些古怪，好像它们有自己的主见。

和这些行星一样，太阳和月球也有奇怪的视运动。这样一来，在天界中这般漫游的天体总数为 7。这 7 个天体对古人都很重要，因此他们用神灵的名字给它们命名，不是随便哪些古老的神，而是主要的、为首的那些神，是指点其他神灵（以及世间凡人）如何行动的那些神。巴比伦人把其中一颗明亮而移动缓慢的行星[1]用马杜克（Marduk）来命名，斯堪的纳维亚人用奥丁（Odin）来命名，希腊人用宙斯（Zeus）来命名，罗马人用朱庇特（Jupiter）来命名，他们都是神中之王。罗马人把暗淡、移动快速和离太阳不远的一颗行星[2]叫作墨丘利（Mercury），意为众神的使者；把最亮的一颗行星[3]称为维纳斯（Venus），即爱情和美丽之女神；将一颗血红色的行星[4]称为战争之神，即马尔斯（Mars）；其中一颗行动最迟缓的[5]叫萨图恩（Saturn），即时间之神。这些是我们的祖先所能提出的最好的隐喻和暗示。他们除了肉眼之外，没有科学仪器；他们被局限在地球上，并且根本不知道地球也是一颗行星 1。

到了要制定星期的时候（星期这个时间间隔与日、月和年

---

[1]　指木星。——译者
[2]　指水星。——译者
[3]　指金星。——译者
[4]　指火星。——译者
[5]　指土星。——译者

都不一样，没有真实的天文含义），人们把它定为 7 天，每一天都用夜空中这 7 个反常的天体之一来命名。我们不难找到这种定名的痕迹。在英语中，星期六（Saturday）是土星（Saturn）日，星期日（Sunday）和星期一（Mo[o]nday）已经够清楚了 [1]，星期二至星期五是用撒克逊人与其同种族的条顿人的神来命名的。举例来说，星期三（Wednesday）是奥丁（Odin）［或沃丁（Wodin）］的日子，如果我们按现在的拼写方式把它说成"韦恩的日子"（Wedn's Day）就更清楚了；星期四（Thursday）是雷神（Thor）的日子；星期五（Friday）是爱情女神（Freya）的日子。一个星期的最后一天仍用罗马神灵的名字命名，其余的都已变成德语了。

在罗曼语族的所有语言（如法语、西班牙语和意大利语）中，这种联系更为明显。这是因为它们都起源于古拉丁语，而在这种语言里，一个星期的日子（从星期天开始）是依次用太阳、月球、火星、水星、木星、金星和土星来命名的。（太阳日成为上帝的日子。）人们原本可按相应的天体亮度来为一个星期的日子定名，即按太阳、月球、金星、木星、火星、土星与水星的次序排列，但是他们没有这样做。如果一个星期的日子是按与太阳的距离的远近来排列的，就会成为 Sunday、Wednesday、Friday、Monday、Tuesday、Thursday、Saturday。然而回溯到为行星、神灵和星期取名的时候，谁也不知道行星的这种次序。一个星期中 7 天的排列次序似乎是任意的，虽然可能承认了太阳的首要地位。

7 个神灵、7 个日子和 7 个天体（太阳、月球与 5 颗漫游的

[1]　星期日是太阳（Sun）日，星期一是月球（Moon）日。——译者

行星）的这种结合在世界各地广为流传。"7"这个数字开始取得神奇的含义。以前人们认为有 7 重天，即以地球为中心的 7 个透明球壳，它们使天体运转。最外面的球壳即第七重天，是假想中的"恒"星居留的地方。一共有 7 个创世日（如果我们把上帝的休息日也包括在内），人的头上有 7 窍，世间有 7 项美德和有 7 宗罪恶[1]，苏美尔[2]神话里有 7 个恶魔，希腊字母中有 7 个元音（每一个都属于一位行星之神），炼金术士认为有 7 位主管命运的神，摩尼教有 7 本巨著，基督教有 7 次圣餐，古希腊有 7 位圣人，此外还有 7 种炼金的"丹源"（金、银、铁、汞、铅、锡和铜，金至今还与太阳有关，银与月球有关，铁与火星有关，等等）。第 7 个儿子的第 7 个儿子具有超自然的魔力。7 是一个"幸运"数字。《新约全书》中的《启示录》谈到，把一卷圣谕的 7 张封条打开时，7 只喇叭就会一起吹响，7 个碗一起盛满。圣奥古斯丁含糊地论证过 7 的神秘的重要性。他的理由是，3 是"第一个为奇数的整数"（那么 1 算什么呢？），"4 是第一个偶数"（2 又算什么呢？），并且"它们合起来便是 7"，如此等等。今天，这样的穿凿附会还在流传。

有人不相信伽利略发现的木星的 4 颗卫星（还不是行星呢）的存在，理由是这损害了 7 这个数字的优越地位。随着哥白尼体系逐渐为人们接受，地球进入行星的行列，而太阳和月球被去掉了。这样一来，似乎只有 6 颗行星（水星、金星、地球、火星、木星与土星）。于是有人杜撰出学术依据来论证为什么必须是 6 颗。举例来说，6 是第一个完全数，等于除它本身之外的因

---

[1] 宗教认为该罚入地狱的 7 宗重罪，指骄、贪、欲、怒、馋、妒、懒。——译者
[2] 古代幼发拉底河下游地区。——译者

数之和（6=1+2+3），这就是证明。另外，无论如何只有 6 个创世日，而不是 7 个。人们找出各种理由来迎合行星由 7 颗变成 6 颗。

到了那些善于玩弄数字神秘主义的人也接受哥白尼体系的时候，这种自欺欺人的思维模式便从行星转移到卫星。地球有一颗卫星，木星有 4 颗伽利略卫星，加在一起是 5 颗，显然还缺了一颗（请不要忘记 6 是第一个完全数）。当惠更斯在 1655 年发现土卫六时，他和其他许多人都确信这是最后一颗了。6 颗行星，6 颗卫星，而上帝在他的天国里。

哈佛大学的科学史学家科恩（I. Bernard Cohen）指出，惠更斯确实放弃了对其他卫星的探寻，这是因为根据上述论证再也没有其他卫星了。16 年以后，令惠更斯啼笑皆非的是他在场时，巴黎天文台的卡西尼[2]发现了第七颗卫星，即土卫八。它是一个古怪的天体，它的一个半球是黑的，而另一个半球是白的。它的轨道在土卫六之外。不久后，卡西尼又发现了土星的另一颗卫星，即土卫五。这是一颗轨道在土卫六之内的卫星。

对于玩弄数字游戏的人来说，又一个机会来了。这一次是专门用于阿谀奉承恩主的。卡西尼把行星数（6）与卫星数（8）相加，得到 14。当时碰巧的是，为卡西尼兴建天文台并支付薪金的人是法国的路易十四，号称太阳王。这位天文学家急急忙忙地把这两颗新卫星"奉献"给他的君王，并宣称路易十四已经"征服"了太阳系的尽头。谨言慎行的卡西尼于是中断了对其他卫星的探寻。科恩认为，他大概害怕再发现一颗卫星会触犯路易十四。这是一位不能被嘲弄的君王，他可以粗暴地把他的臣民定为叛逆的新教徒并投入地牢。尽管如此，12 年后，卡

西尼重新进行探索，并发现（无疑是战战兢兢地）了另外两颗
卫星（幸好人们没有一脉相承地这样做，否则法兰西波旁王朝
就会有 70 多个叫路易的国王，那就麻烦了）。

18 世纪后叶，当新天体陆续被发现时，这种玩弄数字论证
的势力大为削弱了。然而在 1781 年，当人们听说用望远镜发现
了一颗新行星的时候，仍然有一种发自内心的惊奇之感。相比
之下，新卫星不太引人注意，尤其是在前面的 6 颗或 8 颗被发
现之后。但是，还有新的行星可以发现，并且人们创制出了发
现它们的工具，这两件事既令人惊异又使人感到是理所当然的。
如果有一颗前所未知的行星被发现，就可能还有许多颗——在
我们的太阳系以及其他恒星附近都会如此。谁也不知道在漆黑
的天空里究竟还有多少尚未发现的新世界。

这次发现并不归功于职业天文学家，而是由威廉·赫歇
尔（William Herschel）做出的。他是一位音乐家，他的家人跟
另一位英国化了的德国人（也就是后来美洲殖民地的压迫者英
王乔治三世）的家庭一同来到英国。赫歇尔希望用他的庇护人
的名字来命名这颗行星，称它为乔治（实际上是"乔治之星"）。
然而幸运的是，这个名字并没有流传下来（天文学家似乎都
热衷于讨好君王）。赫歇尔发现的这颗行星后来被称为天王星
（Uranus，这是每一代讲英语的 9 岁的孩子都听不厌的故事）。它
以古代天神的名字命名，而按希腊神话，这位天神是萨图恩（土
星的名字）的父亲，因此他是奥林匹亚众神的祖父。

我们不再把太阳和月球当作行星，并且（忽略相对不重要
的小行星与彗星）把天王星认作按与太阳的距离远近排列的第

七颗行星（水星、金星、地球、火星、木星、土星、天王星、海王星、冥王星）。它是古人不知道的第一颗行星。外面的 4 颗行星（类木行星）与 4 颗类地行星原来是大不相同的。冥王星是一个独特的例子。

随着岁月的推移和天文仪器性能的改进，我们对遥远的天王星开始了解得较多了。它向我们反射暗淡太阳光的不是固体表面，而是大气与云，正如土卫六、金星、木星、土星及海王星那样。天王星的空气主要由氢气和氦气这两种最简单的气体组成，还有甲烷与其他碳氢化合物。地球上的观测者看得到的云层之下就是厚实的大气，它含有大量的氨、硫化氢，尤其是水。

在木星和土星的大气深处，压力大到把原子中的电子挤出，并使空气呈金属性。在质量较小的天王星上似乎没有出现这种情况，这是因为它的大气深处的压力小一些。然而，只有通过天王星对其卫星的微妙引力，才可以研究根本看不到的更深处，发现在上面大气的巨大压力下，那里是一个岩石般的表面。那是一颗隐而不现的、与地球相似的庞大行星，它被大量气体掩盖和包裹起来。

地球表面的温度是由地球拦截的太阳光保持的。太阳一旦离去，地球很快就会冷却——远不只是像南北两极那样冷，也不是只有海洋会冻结，而是严寒使空气凝固，形成覆盖整个地球的 10 米厚的氧与氮的冰层。从炽热的地球内部渗透出来的一点点热量不足以融化这些隆冰。对木星、土星和海王星而言，情况就不一样了。从它们的内部倾泻而出的热量与它们从太阳辐射中获得的热量大致相等。把太阳"关掉"，它们所受的影响并不是很大。

但是天王星就是另一回事了，它在类木行星中是反常的。天王星像地球，真正从内部渗透出的热量很少。我们不了解为什么会是这样，为什么在许多方面与海王星很相似的天王星缺少一个强大的内部热源。由于这个以及别的原因，我们不能说已经了解这些巨大天体内部深层的情况。

天王星几乎是"躺着"绕太阳旋转的[1]。在 20 世纪 90 年代，它的南极受太阳照射，20 世纪末地球上的观测者观测天王星时，他们所见到的正是这个极。天王星绕太阳运转一周需要 84 个地球年。因此，在 21 世纪 30 年代，其北极将朝向太阳（也是朝向地球）；到 21 世纪 70 年代，南极会又一次对着太阳。在中间的这段时期，地球上的天文学家所看见的主要是它的赤道区域。

所有其他行星都是"直立着"在轨道上自转的。谁也不能确定天王星反常自转的原因。最有可能的假说是，在它的早期历史上的某个时候（几十亿年之前），一颗在很扁的轨道上运行的、大小与地球差不多的凶猛行星撞上了它。如果这样的碰撞曾发生过，一定早就使天王星系统乱成一团了。这一场古代的浩劫总应该留下一些别的痕迹让我们去发现，但目前这并不确定。天王星太遥远，要揭开它的奥秘并非易事。

1977 年，由埃利奥特（James Elliot，当时在康奈尔大学）领导的一批科学家偶然发现天王星也像土星那样有环。当时这些科学家为观测天王星掩一颗恒星，乘美国国家航空航天局特制的一架飞机（柯伊伯机载天文台）飞越印度洋。（正因为天王星相对于遥远的群星在缓慢地移动，这种掩星现象才常常发生。）观测者大吃一惊，他们发现恒星在运行到天王星及其大气

---

[1]　天王星的自转轴几乎在黄道面上。——译者

背后之前闪烁了几次，它从天王星及其大气背后出现后又闪烁了几次。因为在掩星前后闪烁的情况是一样的，所以这次的发现（以及后来的大量工作）表明天王星拥有 9 个很薄很暗的环，于是天王星在天空中看起来像有若干黑圈环绕着的一个靶心。

地球上的观测者了解到这些环的外面是当时已知的 5 颗卫星的同心轨道。这 5 颗卫星都是用莎士比亚（Shakespeare）的《仲夏夜之梦》和《暴风雨》以及蒲柏（Alexander Pope）的《夺发记》中的人物命名的。具体来说，天卫五是米兰达（Miranda），天卫一是阿里尔（Ariel），天卫二是乌姆柏里厄尔（Umbriel），天卫三是泰坦尼亚（Titania），天卫四是奥伯龙（Oberon）。它们之中有两颗是赫歇尔本人发现的。5 颗卫星中最里面的一颗，即天卫五，直到 1948 年才由我的老师柯伊伯发现[3]。回想一下，当时人们认为发现天王星的一颗新卫星是一项多么了不起的成就。后来，人们通过被反射的近红外光连续发现 5 颗卫星的表面都有一般水冰的光谱特征。这不足为奇，因为天王星距离太阳太远了，它在正午的亮度还不如日落后地面的亮度，温度极低，任何水都必然结成冰。

我们对天王星系统（这颗行星、它的光环和它的卫星）的认识，在 1986 年 1 月 24 日开始有了一场革命。在那一天，"旅行者 2 号"飞行了八年半之后到达离天卫五很近的区域，并"击中"了天空中的靶心——天王星。于是，天王星的引力把它推向海王星。这艘太空飞船发回了 4300 张天王星系统的近距照片以及大量其他资料，还发现天王星周围有一个强辐射带，它由该行星磁场俘获的电子和质子形成。"旅行者 2 号"穿过辐射带，顺便测量它的磁场及其俘获的带电粒子的强度。它还检测出被俘获的电子加速运动所产生的无线电波发出的不和谐声音，其音色、和声及细节都在不断变化，但"旅行者 2 号"收听到的主要是最强音。类似的现象在木星与土星上都曾被发现，后来在海王星上也被发现，但每颗行星始终都有其特定的主旋律和对位特征。

地球磁场的南北极与地理南北极很靠近。天王星的磁轴和自转轴有约 60° 的交角，还没有人了解为什么会是这样的。有人曾认为我们正好赶上天王星磁场的南北两极在对调，这种情况在地球上定期发生。还有人提出这也是古代那次猛烈碰撞的后果，天王星改变了自转轴的方向。但是，我们不知道孰是孰非。

天王星发射的紫外光远比它从太阳那里接收到的要强，这很可能是由磁层泄漏的带电粒子冲击高层大气所产生的。太空飞船从天王星系统里的一个有利位置观察到一颗亮星在通过天王星的环时所发生的闪烁。从地球上看，飞船运行到天王星背后，因此它发送回来的无线电信号在切线方向上穿过天王星的大气，这可用来探测直到甲烷云层之下的大气。有人由此推断，有一个也许由深达 8000 千米的超热液态水所构成的浩大深邃的海洋在空气中飘浮。

"旅行者 2 号"与天王星会合的最辉煌的成就是拍到的照片。用"旅行者 2 号"上的两部电视摄像机，我们发现了 10 颗新卫星，测定了天王星上一天的长度（约为 17 小时），还研究了一打左右的环。最为壮观的是这次为过去知道的天王星的五大卫星拍到了照片，其中最小的一颗（即柯伊伯发现的天卫五）的照片尤为突出。它的表面布满了断裂的山谷、平行的山脊、悬崖峭壁、低矮的山脉、撞击坑以及一度熔化的表面物质形成的河流（显然早已凝固）。对于一个远离太阳的小而冰冷的天体来说，我们很难预料到会有这种混乱的景观。这个表层也许是在好久以前的某个时代熔化后重新形成的，那时天王星、天卫五与天卫一之间的引力共振从该行星里面汲取能量并注入天卫五的内部。或许我们看到的是那次使天王星改变自转轴方向的原始碰撞所留下的痕迹，或许（只是凭想象）天卫五一度被一颗猛撞上来的天体完全摧毁并爆裂成一大堆碎块，许多碎块仍留存在天卫五的轨道上。这些碎块缓慢地相互碰撞，由于万有引力而相互吸引，于是重新聚合成今天这样一个乱糟糟的、破烂不堪的、未经修补的天卫五。

看到黑乎乎的天卫五的照片时，我感到甚为震惊，因为我清楚地记得它只是一个几乎被天王星的光芒掩蔽了的微弱光点，多亏天文学家的本领和耐心，克服了很大困难才发现它。仅仅过了半代人的时间，它就从一个未经发现的世界变成一个太空探测的目的地，它的那些古老而奇特的奥秘至少有一部分已被揭示出来了。

第 **9** 章

太阳系边缘的一艘美国飞船

它们将怀着对这个不复存在的星球的追忆，仍然继续飞行。

......在特里顿[1] 湖的岸边......

我愿倾诉心中的秘密。

——欧里庇得斯（Euripides）[2]

《伊翁》（约公元前 413 年）

在"旅行者 2 号"穿越太阳系的宏伟征途中，海王星是最后一站。一般认为它是倒数第二颗行星，冥王星是最外面的一颗。但是因为冥王星的轨道是很扁的椭圆，所以近年来海王星变成了最外面的行星，一直到 1999 年都是这样。由于海王星离太阳非常远，它的云层上部的典型温度约为零下 240 摄氏度。如果没有来自内部的热量，它还会更冷一些。海王星沿星际夜空的边缘滑行。它太遥远了，以至于在它的天空中太阳只不过是一颗极亮的恒星而已。

究竟有多远呢？它太遥远了，甚至从 1846 年被发现之后，到现在它还没有绕太阳运行一整圈，即一个海王星年还没有过完呢 1。它太遥远了，以至于我们用肉眼看不见。它太遥远了，以至于比其他任何东西都跑得快的光线也要用 5 个多小时才能从海王星传到地球。

1989 年，当"旅行者 2 号"飞经海王星系统时，它的照相机、光谱仪、粒子与磁场探测器以及其他仪器全都发疯似的

---

[1] 特里顿也是本章要详细讨论的海卫一的名字。——译者。

[2] 古希腊三大悲剧作家之一（约前 485 —约前 406）。——译者

忙着考察这颗行星及其卫星和环。这颗行星本身和它的姊妹星——木星、土星与天王星一样，是一颗巨行星。每颗行星的核心都与地球相似，但是这4个庞大的气团都披上了复杂而笨重的伪装。木星和土星都有辽阔的大气层和相对说来较小的、由岩石及冰块组成的内核。而天王星和海王星则基本上由岩石与冰块组成，它们被稠密的大气包裹起来，不让我们看见。

海王星的半径约有地球的4倍大。当向下看它那冷峻的蓝色外表时，我们只看到大气与云层，而看不见固态表面。和天王星相似，海王星的大气主要由氢气与氦气组成，有少量的甲烷以及一点点其他碳氢化合物，也可能有些氮气。大概是由甲烷晶体组成的亮云飘浮在成分未知的、更深厚的云层之上。我们根据云的运动发现有强劲的风，其速度接近当地的声速；还发现了一个大暗斑，奇怪的是它所处的纬度几乎与木星的大红斑相同。蔚蓝的颜色看来对这颗以海神的名字命名的行星是相宜的。

这个暗淡、寒冷、多风暴和遥远的星球周围也有一系列环，每一个环都由无数沿轨道运行的物体组成。这些物体小到似烟灰中的微粒，大到犹如小型卡车。和其他行星的环相比，海王星的环似乎是短命的。计算表明，引力和太阳辐射会使它们在远短于太阳系年龄的时间内瓦解。如果它们被很快毁掉，而我们偏偏又看见了它们，只能是因为它们在不久以前才形成。可是，这些环是怎样形成的呢？

海王星系统中最大的卫星是海卫一[2]。它绕海王星运转一周几乎需要6个地球日，它的运转方向与其母行星的自转方向相反（如果我们把海王星的自转方向说成逆时针，那么海卫一绕海王星运转的方向就是顺时针）。在太阳系的大卫星中，这种情况是独一无二的。海卫一拥有含氮量丰富的大气，这与土卫六颇为相似。但是由于海卫一的大气和雾要稀薄得多，因此我们可以看见它的表面，其表面的景观是多样的、宏伟壮丽的。这是一个冰的世界（有氮冰、甲烷冰），也许下面还有我们较为熟悉的水冰及岩石；表面上有撞击水潭，它们似乎被液体淹没后再冻结起来（因此海卫一的上面曾经有过湖泊）；还有撞击坑、纵横交错的狭长山谷、覆盖着新降氮雪的辽阔平原、像甜瓜表皮似的起皱的地形，以及大致平行的、长而暗黑的条纹。这些条纹似乎是由风刮出来的，然后留存在冰冻表面上，虽然海卫一的大气十分稀薄，其厚度大约只有地球的万分之一。

　　海卫一上面的坑全保持原始状态，它们好像是由一个巨大的铣床铣出来的。海卫一的上面没有陡峭的断壁和隐约可见的起伏地形，虽有定期降雪和积雪蒸发，但似乎几十亿年来这里没有受到侵蚀。因此，这颗卫星形成时的撞击坑想必已经由于某种早期全球表面的改变而被填满和掩盖了。海卫一绕海王星运转的方向与海王星的自转方向相反，这与地月系统以及太阳系里的大多数大卫星的情况不一样。如果海卫一是由形成海王星的同一个旋转着的盘状星云产生的，那么它绕海王星旋转的方向就应当与海王星的自转方向相同。因此，海卫一不是由形成海王星的那个原始星云产生的，而是在其他某个地方（也许远在冥王星之外）产生的，然后在偶然运动到离海王星很近的地方时被海王星的引力俘获。这个事件应该在海卫一上面引起巨大的固体潮，于是海卫一的表面熔化，并使地形完全改观。

　　海卫一表面的一些地方就像地球上的南极洲新降的雪那样

明亮和洁白（因此这是整个太阳系中可能供滑雪运动员大显身手的绝无仅有的地方），而其他地方有别的颜色——从粉红色到褐色。一种可能的解释是：新降的由固态氮、甲烷与其他碳氢化合物构成的雪受到太阳紫外光的辐射，也受到海卫一在穿过海王星磁场时所俘获的电子的辐射。我们知道，这种辐射会使雪（和相应的气体一样）转化成复杂的、暗黑中泛着微红的有机沉积物，即冰冻的索林。海卫一上面并没有产生生物体，但也含有与40亿年前地球上生命起源有关的某些分子相似的成分。

那里的冬天，冰雪层层堆积（感谢上苍，我们的冬季只有海卫一的 4% 那样长）。到了春天，它们缓慢变化，越来越多的淡红色有机分子被聚积起来。在夏季，冰雪蒸发掉了，由此释放出的气体穿越半个星球，迁移到正处于冬天的半球，并在那里又一次变成冰雪，把表面掩盖起来。但是淡红的有机分子不会蒸发，因而也不转移地方，它们成为滞留的沉积物，到下一个冬季又被新雪掩盖，新雪再受到辐射。于是，第二年夏天淡红色的有机分子的堆积层更厚了。随着时间的推移，大量有机物在海卫一的表面堆积，这可能就是它的表面有精致的彩色条纹的原因。

这些条纹发端于小而暗的源区，也许是春夏两季的热气使海卫一表面之下的积雪挥发了。当那里的积雪挥发时，气体像喷泉一样流出，把不太容易挥发的表面积雪及暗黑的有机物吹走。占优势的低速风把暗黑的有机物带走，有机物在稀薄的空气中慢慢地下沉并积聚在海卫一的表面，于是形成条纹状的地貌。这至少是海卫一近期历史上的一种可能情景。

海卫一大概拥有由光滑的氮冰构成的季节性大极冠，它的下面有若干层暗黑的有机物。氮雪似乎在不久前才降落到赤道地区。对于大气如此稀薄的一个天体来说，降雪、气体喷泉、由风吹起的有机尘埃以及高纬度地区的薄雾都是过去人们完全预料不到的。

为什么大气这样稀薄？因为海卫一离太阳太远了。假如你能够用某种方法把这个天体搬进绕土星旋转的轨道，那么氮冰和甲烷冰就会很快蒸发，于是形成一个由气态氮与甲烷构成的稠密得多的大气层，并且会产生一层不透明的索林雾。它就会成为一个很像土卫六的世界。如果你把土卫六移到绕海王星旋转的轨道上，它的大气会几乎完全被冻结成雪与冰，索林会落下，而不再进入大气，空气将变得透明，我们用普通光就可以看见其表面。它也就会变成一个与海卫一非常相似的世界。

这两个天体并非一模一样。土卫六内部所含的冰似乎远多于海卫一所含的，而岩石少得多。土卫六的直径约为海卫一的1.4倍。尽管如此，如果把它们放到离太阳同样远的地方，它们看起来就像一对姊妹。西南研究所的斯特恩（Alan Stern）提出，它们是在太阳系中早期形成的一大群富含氮与甲烷的小天体里的两个成员。尚待太空飞船去访问的冥王星看起来也是这个天体群的一个成员，在冥王星外面还可能有更多的小天体等待我们去发现。所有这些天体的稀薄大气和冰冻的表面都受到辐射（如果没有其他东西，至少受到了宇宙线的辐射），并且富含氮元素的有机物正在形成。看来构成生命的物质不仅存在于土卫六的上面，而且遍布太阳系中寒冷和暗淡的外围地区。

近来人们又发现了另外一类小天体，它们的轨道使它们至少有一部分时间位于海王星与冥王星之外。它们有时被称为小行星，更可能是不活动的彗星（当然没有尾巴，在离太阳这样远的地方，它们的冰块不容易升华）。但是，它们比我们所知道的一般彗星要大得多。它们可能是从冥王星轨道到最近恒星的一半距离处的一大批小天体的先驱。这些新天体可能是奥尔特云的成员，而奥尔特云里面的区域用我的导师柯伊伯的名字命名，称为柯伊伯带，因为他第一个指出它的存在。像哈雷彗星这样的短周期彗星就是在柯伊伯带内产生的。它们受引力牵引，掠过太阳系的内区，它们的尾巴变大，并为我们的天空增添光彩。

回溯 19 世纪后叶，这些天体的构成材料（这在当时只是假设）称为"星子"（planetesimal）。我认为这个词与"无穷小"（infinitesimal）甚为相似：你需要无穷多个无穷小的东西才能制作一件像样的东西。诚然，并不是说形成一颗行星真的需要无穷多个星子，但确实需要数量极多的星子。举例来说，要用几万亿个 1 千米大小的物体才能聚积成一颗质量和地球一样的行星。过去有一段时间，太阳系的行星区域中曾经出现过大量的小天体。现在它们大多消失了——被抛入星际空间，落进太阳里面，或者变为构成卫星与行星的材料。但是在海王星和冥王星的外面，没有聚积起来的、被遗弃的及剩余的小天体留存下来，少数稍大的约为 100 千米，而数目多得惊人的、大小约为 1 千米和更小的物体像雨点一般洒向太阳系的外围，一直到奥尔特云的边缘。

从这个意义上说，海王星和冥王星外面还有行星，但是它们不像类木行星那样大，甚至比不上冥王星。但是在冥王星之外的空间中，可能会有隐藏在黑暗中、理所当然地应被称为行星的更大的天体，也说不准呢[1]！它们离我们越远，我们便越难察觉它们。然而，它们不会刚好在海王星外面，否则它们的引力便会明显改变海王星和冥王星的轨道，以及"先驱者 10 号""先驱者 11 号""旅行者 1 号"和"旅行者 2 号"的轨道。

　　新近发现的彗天体（就像 1992QB 和 1993FW 那样的）并不是这个意义上的行星。如果我们的检测极限刚好把它们包括在内，那么它们中间很可能还有更多停留在太阳系外围等待我们去发现。它们太遥远了，我们从地球上很难看到它们；它们太遥远了，飞船要飞行很长距离才能接近它们。我们有能力研制出到达冥王星及更远处的小型快速飞船。向冥王星及其卫星发射一艘飞船是很有意义的。如果办得到，就让它近距飞越柯伊伯带的一个成员[2]。

　　天王星和海王星的与地球类似的岩石内核似乎是首先吸积而成的，然后它们从形成行星的太古星云中用引力吸取大量的氢气和氦气。它们最初存在于雹暴中。它们的引力只够在冰冻小天体靠得太近时把它们赶跑，赶到行星区域之外很远的地方，使其进入奥尔特云。同样的过程也使木星和土星成为富含气体的巨行星。可是它们的引力太强，因而不能使奥尔特云增长。这是因为冰冻小天体走到它们附近时，就被它们的引力完全赶出太阳系，于是它们注定要在恒星之间漆黑的茫茫太空中永远漂泊。

　　可爱的彗星有时使人类感到迷惘和产生敬畏，它们使类他行星与外太阳系的卫星表面遍布撞击坑，也常会危害地球上的生

---

[1]　天文学家在冥王星外已经发现了多个大小与冥王星不相上下的星球，其中一个甚至比冥王星大，这也导致冥王星在 2006 年被踢出了太阳系行星的行列，降级为矮行星。——译者

[2]　已经飞向冥王星的"新视野号"飞船就肩负着这一使命。——译者

命。如果天王星和海王星在 45 亿年前没有成为巨行星，那么我们就不会知道彗星，也不会感到它们的威胁了。

说到这里，我想简短地谈谈远在海王星与冥王星之外的行星，即其他恒星的行星。

许多近邻恒星的周围有绕它们旋转的气体和尘埃薄盘，薄盘往往延伸到距所属恒星几百天文单位 [1] 的地方（太阳系最外围的行星，海王星离太阳约 30 天文单位，冥王星离太阳约 40 天文单位）。比起较老的恒星，比较年轻的类太阳恒星更可能有盘。在某些情况下，盘的中央有一个洞，就像唱片那样。洞边离恒星也许有 30 天文单位或 40 天文单位。举例来说，环绕织女星和波江座 ε 的盘就是如此。围绕绘架座 β 的盘中央的洞的边缘离该恒星只有 15 天文单位。确有可能，这些没有尘埃的内区已经被不久前在该处形成的行星清扫干净了。实际上，已经有人预料到我们的行星系在早期历史上会有这种清扫过程。随着观测技术和方法的改进，我们也许会看到含尘埃区域与无尘埃区域的能够泄露内情的细微结构，这会显示出因太小、太暗而难以被直接看见的行星的存在 [2]。光谱资料表明，这些盘状物受到了剧烈扰动，它们的物质落向中心恒星。这些物质大概来自在盘内形成的彗星，看不见的行星使彗星偏离原来的轨道，而彗星会在距中心恒星太近的地方升华。

由于行星小，靠反射的光线发光，因此它们往往会隐藏在中心恒星的光芒中。尽管如此，天文学家正在努力寻找在近邻恒星周围已经完全成形的行星。办法是：当暗黑的行星位于恒星与

---

[1]　1 天文单位等于太阳与地球之间的平均距离，即约为 1.496 亿千米。——译者
[2]　在上述恒星周围均已明确发现系外行星的存在。——译者

地球上的观测者之间时，观测者可以察觉星光会短暂变暗；或者探测恒星在受到一颗看不见的绕行伴星有时这样有时那样的吸引而产生的微小摆动。航天技术的灵敏度要高得多。在一颗近邻恒星附近绕行的类木行星的亮度约为该恒星的十亿分之一。新一代的地面望远镜可以补偿地球大气的闪烁，在短短几小时的观测时间内很快探测出这样的行星。而一颗近邻恒星的类地行星的亮度会是其类木行星的百分之一，但是现在看来，一艘在地球大气层之上飞行的、造价比较低的太空飞船也许就能探测到其他类地行星。这样的研究至今还没有任何一项获得成功，可是我们显然快能探测到绕近邻恒星运转的、至少与木星一般大的行星了，假如有这样的行星可供我们去发现的话 [1]。

最近的一项最重要也是碰运气的发现，是在一颗约 1300 光年之外的难以想象的恒星周围找到了一个真正的行星系，而使用的是意料不到的技术。编号为 B1257+12 的脉冲星是一颗快速自转的中子星，一颗密度大得难以置信的恒星，一颗大质量恒星在一次超新星爆发后的残骸。它的自转周期的测量精度令人惊异，它每 0.0062185319388187 秒转动一周，就是说这颗脉冲星每分钟大约自转 1 万次。

它的强磁场所俘获的带电粒子产生的无线电波射向地球，每秒闪烁约 160 次。目前在宾夕法尼亚大学工作的沃尔兹森（Alexander Wolszczan）于 1991 年对闪烁频率有极小而仍可被察觉的变化提出了尝试性的解释：由于行星的存在，脉冲星才会有微小的反复运动。1994 年，他研究了几年间微秒量级的计时

---

[1] "开普勒号"探测器便实现了这一想法，它在地球大气层之上监测一小片天空中的几十万颗恒星，已经发现了上千颗围绕系外恒星运转的行星。——译者

残差，证实了预料中的这些行星之间的引力相互作用。这是一些真正的新行星，而不是中子星表面的"星震"（或其他什么东西），现有的证据是确凿无疑的，或者如沃尔兹森所说，是"无可辩驳的"。一个新的太阳系被"毫不含糊"地证实了。和其他技术不一样，脉冲星计时法用于发现邻近的类地行星比较容易，而更远的类木行星难以探测出来。

质量约为地球 2.8 倍的行星 C 在距离脉冲星 0.47 天文单位处，每 98 天绕后者旋转一周。具有大约 3.4 倍地球质量的行星 B 距离脉冲星 0.36 天文单位，它的一年为 67 个地球日。更小的行星 A 离脉冲星更近（0.19 天文单位），质量约为地球质量的 1.5%。粗略地说，行星 B 到脉冲星的距离大致相当于水星到太阳的距离，行星 C 到脉冲星的距离在水星和金星到太阳的距离之间，而行星 A 比这两颗行星都更靠里，质量大致与月球的一样，而它到脉冲星的距离是水星至太阳的距离的一半左右。我们不知道这些行星是由产生脉冲星的超新星爆发中不知怎的幸存下来的一个早期行星系遗留下来的，还是由继超新星爆发后出现的星周吸积盘形成的？无论是哪一种情况，我们现在都已经知道宇宙中还有其他地球。

脉冲星 B1257+12 辐射的能量约为太阳的 4.7 倍。但是和太阳不同，它的大部分能量不是可见光，而是带电粒子形成的猛烈风暴。设想这种粒子撞击行星并使它们受热，于是在 1 天文单位处，行星表面的温度会比水的正常沸点高约 280 摄氏度。

这些暗黑和灼热的行星似乎不适合生命存在，但是离脉冲星 B1257+12 更远的其他一些行星可能适合生命存在（由观测资料推断，在 B1257+12 系统中至少还有一颗更靠外的较冷的行星）。当然，我们甚至还不知道这些天体是否保留着它们的大气。也许超新星爆发（如果它们当时就已存在）把所有大气都赶跑了。看起来我们确实探测出了一个可以认识的行星系。在未来几十年中，围绕着一般的类太阳恒星、白矮星、脉冲星和其他处于恒星演化最后阶段的天体，我们可能还会发现更多的行星系。

最后，我们会有一个行星系清单。也许每个行星系都有类地行星、类木行星，或许还有新类型的行星。我们要用光谱方法和其他方法来考察这些新世界。我们要寻找新的地球与其他生命。

"旅行者号"飞船在太阳系外围的任何一个天体上都没有发现生命的征兆，更不用提智慧生命了。它们找到了大量有机物（这也许是构成生命的原料，也是存在生命的预兆），但是就我们迄今所知道的情况来说，没有发现生命。这些天体的大气中没有氧气，也没有远离化学平衡的气体（如地球大气中的甲烷）。许多行星世界有着微妙的色彩，但是没有哪一个具有特别的、鲜明的吸收征兆，就像覆盖地球表面的叶绿素那样。"旅行者号"能够分辨出极少数天体上小到 1 千米的细节。按这样的标准，即使我们自己的科技文明已经被移植到太阳系外围，"旅行者号"也不会察觉。但是值得提到的是，我们没有发现有规则的图案，没有几何形象，没有对小圆环、三角形、正方形或长方形的偏爱。在夜半球上，没有稳定光点的集合。在任何这些天体的表面，都找不到被科技文明改造过的征兆。

类木行星能够发射丰富的无线电波。一部分无线电波来自它们的磁场俘获的大量带电粒子束，一部分无线电波来自闪电，还有一部分无线电波来自它们炽热的内部。但是，任何这种辐射都不具备智慧生命的特征——大概这方面的专家都这样看。

当然，我们的思路也许太狭窄，我们可能遗漏了某种东西。比如，土卫六的大气中有少量二氧化碳，这会使它的含有氮气和甲烷的大气偏离化学平衡。我想二氧化碳可能来自不断噼噼啪啪地落进土卫六大气的彗星，但也许并非如此。或许在富含甲烷的天体表面上有某种我们难以理解的东西在产生二氧化碳。

天卫五和海卫一的表面与我们所知道的其他卫星的表面都不一样。它们的上面有广阔的锯齿状地形以及十字形交叉的直线，甚至头脑清醒的行星地质学家也一度开玩笑似的把它们说成"公路"。我们（勉强地）把这些地形理解为断层和地壳碰撞的结果，但是我们当然可能出错。

天体表面的有机物斑点（有时像海卫一表面的那样，有精细的花纹）来自带电粒子在简单碳氢化合物冰块中引起的化学反应，由此产生较为复杂的有机物，而这一切都与生命的媒介作用无关。但是，我们当然可能出错。

我们从 4 颗类木行星那里都接收到了形态复杂的天电干扰、爆音和啸声，一般来说可用等离子体物理和热辐射来解释（大量细节还不太清楚）。当然，我们也可能出错。

在几十个天体中，还没有找到像"伽利略号"太空飞船经过地球时所发现的明显的、引人注目的生命迹象。生命是当作最后一招的假设，你只是在没有别的办法来解释你看到的事物时才借助它。如果让我来裁判，我会说我们研究过的任何一个世界上都没有生命（当然，我们自己的世界除外）。但是，我可能弄错了。不管是对是错,我的判断只适用于太阳系。也许在某一次新的探测中,我们会发现某种不一样的、令人吃惊的、用行星科学的一般手段完全无法解释的事物。于是,我们就会战战兢兢、小心翼翼地向生物学解释慢慢转移。然而,就目前的情况来说,还没有任何东西要求我们走这一步。到现在为止,太阳系中仅有的生命就是来自地球的生命。在天王星与海王星系统中,唯一的生命迹象便是"旅行者号"本身。

在确认其他恒星的行星,以及发现大小和质量都与地球大致相当的其他世界的时候,我们会仔细考察那里是否有生命存在。在一个我们从未想到的世界上,甚至会有能被检测到的稠密含氧大气。对地球来说,有氧气便是有生命的征兆。含氧气的大气以及可以被察觉到的甲烷,就像经过调制的无线电波一样,几乎可以肯定是生命的象征。有朝一日,我们在早晨喝咖啡的时候可能会听到新闻——科学家从我们的探测或对另一个行星系的探测中发现了生命。

"旅行者号"空间飞船是飞往恒星的。它们从太阳系逃逸出来,每天几乎要沿轨道飞驰 160 万千米。木星、土星、天王星和海王星的引力场都以很高的速度把它们抛射出去,使它们终于摆脱太阳引力的约束。

它们是否已经脱离了太阳系?答案与你怎样定义"太阳王国"的边界有密切关系。如果太阳系的边界是最外面的相当大的行星的轨道,那么"旅行者号"早已跑出去了,因为大概没有尚未被发现的、和海王星大小相近的行星。假如你指的是最外面的行星,那么在海王星与冥王星之外很远的地方,可能还有和海卫一相似的其他行星。要是这样的话，"旅行者 1 号"和"旅行者 2 号"仍然在太阳系之内。如果你把太阳系的边界定为太阳风层顶（在此处，行星际粒子与磁场被恒星际粒子与磁场所取代），那么两艘"旅行者号"飞船都还没有离开太阳系 [1]。再过不长的几十年，它们可能会飞出去 ³。但是，如果你把太阳系的边界定义为太阳不再能控制天体在轨道上绕它运转的距离，那么"旅行者号"在几百个世纪内都不会离开太阳系。

在天空的任一方向上都有被太阳引力轻轻抓住的数以万亿计甚至更多的彗星，它们聚积成浩大的群体，这就是奥尔特云。两艘太空飞船要再过大约 20000 年才能穿过奥尔特云。在这之后，它们终于要向太阳做漫长的告别，摆脱曾经把它们和太阳束缚在一起的引力的羁绊。此后，两艘"旅行者号"飞船才会驶向更遥远的星际空间。只有到那个时候，它们的第二阶段探测才算开始。

那时，它们的无线电发射机早已失效。在漫长的岁月中，它们将在宁静、寒冷而又漆黑的星际空间漫游，几乎没有任何东西会侵蚀它们。一旦飞出太阳系，它们在 10 亿年甚至更长的时间内会保持完好无损，它们将绕银河系的中心运行。

我们不知道在银河系里是否还有其他智慧生命在从事太空探测。如果他们确实存在，我们不知道他们有多少，更不知道他们在何方。但是至少有一次机会，在遥远未来的某个时候，一艘"旅行者号"飞船会被外星人的飞船截获并加以考察。

由于这个缘故，当每艘"旅行者号"飞船离开地球飞向行星与恒星时，它都携带着一张唱片，唱片被装在一个镀金的、

---

[1]　2013 年 9 月，美国国家航空航天局宣布"旅行者 1 号"已经离开太阳风顶层。——译者

亮如明镜的封套内。尤其值得提到的是，唱片上录有下列信息：59 种人类语言和一种鲸语音的问候语；一段 12 分钟的声音集成，包括亲吻、婴儿啼哭，以及一位热恋中的青年女子静思时的脑电波图像；116 张被编码的图片，内容包括人类的科学、文明和我们自身；还有 90 分钟地球上最流行的音乐——东方的和西方的，古典的和民间的，包括纳瓦霍人[1]的夜间颂歌、日本大戏的片段、俾格米[2]少女的成人礼歌曲、秘鲁的婚礼歌、一首 3000 年前谱成的中国古琴曲《流水》，以及巴赫（Bach）、贝多芬（Beethoven）、莫扎特（Mozart）、斯特拉文斯基（Stravinsky）、路易斯·阿姆斯特朗（Louis Armstrong）、威利·约翰逊（Willie Johnson）、查克·贝里（Chuck Berry）等音乐家的作品。

　　太空几乎是空无一物的，因此任何一艘"旅行者号"飞船实际上都没有机会进入另一个太阳系。即使宇宙中每一颗恒星都有行星伴随，情况也是如此。只有在遥远的将来，当某个地方的外星人在星际空间的深处发现"旅行者号"飞船时，我们自认为用容易了解的科学符号书写在唱片封套上的说明书才会有人阅读，唱片的内容也才会有人了解。两艘"旅行者号"飞船将永远绕银河系中心运转，唱片有足够长的时间让人发现（如果有外星人来发现的话）。

　　我们不知道他们会了解多少唱片内容。可以肯定，他们听不懂问候的话，但是可能听得出来问候的意思（我们认为见面时不说一声"你好"是不礼貌的）。我们假想中的外星人必定和我们不大一样，因为他们是从另一个世界独立演化出来的。我

---

[1]　美国西南部的印第安人。——译者
[2]　中非、东南亚和大洋洲的一个身材矮小的民族。——译者

们是否真正相信他们能够了解我们送去的全部信息？每次听到人们所关心的这些事情，我都感到不安。然而，我还是宽慰自己：不管"旅行者号"飞船携带的唱片有多少内容弄不懂，任何一艘发现它的外星飞船上的外星人都会用另一种标准来评估我们。每艘"旅行者号"飞船本身就是信息。它们具有探险精神，它们追求自己的崇高目标，它们完全无意伤害别人，它们的设计和性能出众，这两个机器人替我们诉说这一切。

但是，那些外星人一定是比我们高明得多的科学家与工程师，否则他们绝对不能在星际空间中找到并回收这两艘小小的、无声的太空飞船。也许他们会毫无困难地了解镀金唱片所传达的信息，也许他们会认识到我们的社会的不稳定性，以及我们的技术与我们的智慧多么不相称。他们可能会猜想，我们在发射"旅行者号"飞船之后是已经毁灭了自己，还是继续从事更伟大的事业。

也许这些唱片永远不会被截获，也许在 50 亿年内谁也不会碰到它们。50 亿年是漫长的岁月。在 50 亿年中，全体人类想必都已灭绝，或者演化成其他生灵，不会有什么人造的东西留存在地球上，想必大陆已完全变样或毁灭，而太阳的演化已把地球烧成焦土或者把它转化成一大堆紊乱的原子。

到那个时候，两艘"旅行者号"飞船远离家乡，不会受到这些远方事件的影响。它们将怀着对这个不复存在的星球的追忆，仍然继续飞行。

第 10 章

神圣的黑色

探测者将在无穷无尽的漆黑的太空中履行他们的使命。

　　　　　　在一切视觉印象中，深邃的天空和感情最为
　　接近。
　　　　　　　　——柯尔律治（Samuel Taylor Coleridge）[1]
　　　　　　　　　　　　　　　　《札记》（1805 年）

　　5 月晨空晴朗无云的蔚蓝色，以及海上日落的红色和橙色，都会引起人们的惊奇、诗兴，并激励他们去钻研科学。无论我们生活在地球上的什么地方，不管我们操何种语言，有什么习俗和政治观点，我们都拥有同一片天空。我们中间的大多数人企盼的是蔚蓝色的天空。如果有一天早上日出时醒来，发现一丝云彩没有的天空是漆黑的、黄的或者绿的，我们都会理所当然地大吃一惊。（洛杉矶和墨西哥城的居民对褐色天空已经渐渐习以为常，而伦敦与西雅图的市民习惯于看见灰色天空，但是连他们也仍然认为蔚蓝色天空才算是正常的。）

　　可是确实有一些天体，它们的天空是黑的或黄的，甚至可能是绿的。天空的颜色是一个世界的特征。如果把我扑通一声扔到太阳系中的任何一颗行星上面，不让我去感受它的重力，不让我看看地面，只许我匆匆地瞧一下太阳和天空，我想本人就能够相当满意地告诉你我在何处。熟悉的蓝色天幔上点缀着洁白的羊毛状云团，这就是我们的世界的特征。法语中的常用

[1]　英国浪漫主义诗人和文艺批评家（1772—1834）。——译者

语"*sacre-bleu*"的大致意思是"天哪",直译出来便是"神圣的蓝色"。真的,假如地球有一面正式的旗帜,它就应该是这种颜色的。

鸟儿在蓝天上飞翔,云彩飘浮在蓝天上,人们赞美蓝天并经常穿过它,太阳和星星的光线照射它。但它是什么?它是由什么构成的?它的边缘在哪里?它有多大?它的蓝色从何而来?如果全人类共享同一片蓝天,如果它是我们的世界的象征,那么我们就应当对它有所了解。蓝天是什么呢?

1957 年 8 月,人类第一次上升到蓝天之上并四处眺望。一位退休的空军军官、内科医生西蒙斯(David Simons)成为到那时为止上升到最高处的人。他独自驾驶一只气球,飞到 30 千米之上,并且透过气球的厚玻璃窗瞥见一片不同的天空。西蒙斯回忆说,那是暗黑和深紫色的天空。他已经到达地面上看见的蓝色被太空的完全漆黑所取代的过渡区域。

自从西蒙斯那次几乎被人们遗忘的飞行以来,许多国家的人飞到过大气层之上。人们(以及机器人)多次在太空中的直接体验清楚地说明,即使在白昼,天空也是黑的。太阳把飞船照得亮堂堂,下面的地球也是一片明亮,可是上面的天空像夜晚一样漆黑。

下面是加加林(Yuri Cagarin)关于 1961 年 4 月 12 日驾乘"东方 1 号"飞船进行人类第一次太空飞行的回忆,他说:

"天空是漆黑的,在黑色天空的背景上,星星看起来要亮一些,也更为清楚。地球有一个很特别的、很美丽的蓝色晕圈,你观察地平线时,可以很清楚地看见它。色彩平稳地转变,从嫩蓝色到蓝色,再到深蓝色,又到紫色,然后变成太空的漆黑。

这个转变太美了。"

白昼天空的蔚蓝色，显然与大气有某种关系。可是当你向餐桌对面望去时，你的同伴不会是蓝色的。天空的蓝色必定不是一点点空气，而是大量空气造成的。如果你从太空中仔细地观察地球，就会看到一条薄薄的蓝带把地球围住，这便是低层大气。在这条蓝带的顶部，你可以看到蓝天逐渐消退成漆黑的太空。这就是西蒙斯第一次进入和加加林第一次从上面观察到的过渡区。在常规的太空飞行中，你从蓝带的底层出发，起飞后几分钟就能完全穿过它，然后进入无边无际的空间。如果没有精心研制的生命维持系统，在那里连吸一口空气也办不到。人类生命的存在实在有赖蓝天，我们说它是柔和的、神圣的，这完全正确。

我们在白天看见天空是蓝色的，这是因为我们头上和周围的大气在反射太阳光。在一个无云的夜晚，天空是黑的，这是因为没有一个很强的光源被大气反射。不知怎的，大气总喜欢向我们反射蓝光。这该如何说呢？

太阳的可见光包含多种颜色——紫、蓝、青、绿、黄、橙、红，它们对应于波长各不相同的光（波长是波在空气或空间中传播时从一个波峰到下一个波峰的距离）。其中，紫光的波长最短，而红光的波长最长。我们看到的颜色便是我们的眼睛和头脑"读"出的光的波长（我们也许可以合理地把光的波长转换成可以听到的音调，而不是看得见的颜色，可是我们的感官演化的结果并非如此）。

当光谱中所有的颜色像在太阳光里面那样混合起来时，就几乎成为白光。这些光波在 8 分钟内穿越 1.5 亿千米，一起从太阳传到地球。它们射进主要由氮气和氧气组成的大气，有些波被空气反射回太空，有些在到达地面之前被反射到各个方向，并且可以被肉眼看见（也有一些被云层或地面反射回太空）。大气对光波的这种全方位反射叫作"散射"。

但是，空气中的分子对各种光波的散射情况是很不相同的。波长比分子尺度大得多的光波被散射的机会较少，它们把分子遮掩住了，几乎不受分子的影响。波长与分子尺度相近的光波被散射得多一些。波不容易绕过和它们的尺度差不多的障碍物（根据码头上的木桩散射的水波或水龙头的滴水在澡盆里形成的波碰上橡皮小鸭时的情况，你就可以了解波被物体挡住的情形了）。相对于波长较长的光（如橙光与红光），波长较短的光（如紫光和蓝光）容易被散射。当在无云的白昼抬头仰望并赞美蓝天时，我们看到的是被优先散射的短波太阳光。这种散射称为瑞利散射，以纪念首先对这种现象做出合理解释的英国物理学家瑞利（Lord Rayleigh）。香烟的烟雾呈蓝色，因为烟雾中的粒子小到与蓝光的波长大致相当。

落日为什么是红色的呢？大气把阳光中的蓝色成分散射掉后，剩下的便是落日的红色了。大气层是固态地球用引力吸引在其四周的一个气体薄层。在日落和日出时，太阳光斜穿大气层要比在中午直穿大气层经过更长的路程，其中紫光与蓝光在更长的路程上被散射得更多。我们望着太阳时看到的只是剩余的部分，即太阳光中几乎没有被散射的波段，尤其是橙光和红光。（中午的太阳看来有些偏黄，这一方面是因为太阳发射的黄光稍多于其他颜色的光，另一方面是由于太阳当头时，地球大气仍然散射掉了太阳光中的一些蓝光。）

有人说科学家不懂得浪漫，他们对推理的偏好使世界丧失了美丽与神秘。但是了解世界究竟是如何运转的，难道就不激动人心吗？白光是由各种颜色的光合成的；颜色是我们识别光的波长的方式；透明的空气会反射光，并在反射时把不同波长的光区分开来。天空的蓝色与落日的红色是由同样的因素造成的。难道这些不令人兴奋吗？对落日有所了解并不损害人们对于它的浪漫情调。

因为大多数简单分子的大小相差无几（大致是 1 厘米的一亿分之一），所以地球上天空的蓝色与大气成分的关系不大——只要大气不吸收光。氧气分子和氮气分子都不吸收可见光，它们只把光散射到其他方向上去。然而，有些分子能"吞食"光。汽车发动机和工业上燃烧产生的氮的氧化物真的会吸收光，因此这是烟雾呈暗棕色的缘由。吸收和散射一样，也能使天空变色。

其他天体，如水星、月球以及其他行星的大多数卫星很小。它们的引力很微弱，因此它们不能保留自己的大气，于是大气会慢慢地向太空散逸。这样一来，近乎真空的空间会延伸到它们的表面。太阳光在传播途中既不被散射也不被吸收，会毫无阻拦地射到它们的表面。这些天体的天空是漆黑的，甚至在正午也是这样。迄今为止，只有 12 个人，即"阿波罗 11 号""阿波罗 12 号""阿波罗 14 号""阿波罗 15 号""阿波罗 16 号"和"阿波罗 17 号"的登月航天员目睹过这种情景。

下面列出在撰写本书时已知的太阳系内所有卫星的清单（它们中的几乎一半是由"旅行者号"发现的）。它们的天空都是漆

62 个世界：按与各自所属行星（和一颗小行星）的距离排列的已知卫星

地球 （1 颗卫星）	火星 （2 颗卫星）	第 243 号 小行星艾达 （1 颗卫星）	木星 （16 颗卫星）	土星 （18 颗卫星）	天王星 （15 颗卫星）	海王星 （8 颗卫星）	冥王星（1 颗卫星）
月球	火卫一	艾卫	木卫十六	土卫十八	天卫六	海卫三	冥卫一
	火卫二		木卫十五	土卫十五	天卫七	海卫四	
			木卫五	土卫十六	天卫八	海卫五	
			木卫十四	土卫十七	天卫九	海卫六	
			木卫一	土卫十一	天卫十	海卫七	
			木卫二	土卫十	天卫十一	海卫八	
			木卫三	土卫一	天卫十二	海卫一	
			木卫四	土卫二	天卫十三	海卫二	
			木卫十三	土卫三	天卫十四		
			木卫六	土卫十三	天卫十五		
			木卫十	土卫十四	天卫五		
			木卫七	土卫四	天卫一		
			木卫十二	土卫十二	天卫二		
			木卫十一	土卫五	天卫三		
			木卫八	土卫六	天卫四		
			木卫九	土卫七			
				土卫八			
				土卫九			

黑的，但是土卫六，也许还有海卫一，是例外。这两颗卫星很大，因此它们有大气。所有小行星的天空也都是漆黑的。

金星大气层的厚度大约为地球大气层的 90 倍。它的大气层不像地球的大气层那样主要为氧气和氮气，而是二氧化碳。但是，二氧化碳也不吸收可见光。如果金星没有云层，从金星表面望见的天空会是什么样子呢？经过这样厚的大气层，不只是紫光和蓝光，绿光、黄光和橙光等也被散射掉了。大气层太厚了，几乎没有一点蓝光会射到金星的表面，一层又一层的大气把蓝光反射回太空。这样一来，射到金星表面的光应该非常红——整个天空就像地球上的落日景色那样。此外，高处云层中的硫会把天空染成黄色。苏联的"金星号"着陆器拍摄的照片证实，金星的天空是橙黄色的。

火星就是另外一回事了。它是一个比地球小的天体，所拥有的大气要稀薄得多。事实上，火星表面的气压大致与西蒙斯在地球的平流层中到达的高度的气压相等。因此，我们可以预料火星的天空是漆黑的或深紫色的。1976 年 7 月，美国的"海盗 1 号"着陆器（在这颗红色行星上成功着陆的第一艘太空飞船）首次从火星表面拍摄照片，并将数字资料准确地从火星传回地球，然后这些数字资料被计算机合成为彩色照片。让所有的科学家（而不是别人）大吃一惊的是，向新闻界发布的第一张照片显示火星的天空是令人舒适的、像地球一样的蓝色。这对于大气十分稀薄的行星来说是不可能的，总有什么事情弄错了。

彩色电视机上的图像是三种单色图像混合后的效果，它们各有各的颜色——红色、绿色和蓝色。你通过投影式彩色电视机就可以了解这种颜色合成方法：三个镜头分别放映红色、绿色和蓝色图像，然后形成全彩（包括黄色）图像。要得到合适的颜色，你需要正确地混合或调节这三种单色图像。如果你把一种颜色（如蓝色）的亮度调高了，合成的图像就偏蓝。从太空传送回来的任何照片都要进行类似的调色。有时计算机分析人员有相当大的权力决定如何进行调色。"海盗号"的资料分析人员不是行星科学家，他们在处理火星的第一张彩色照片时，把色彩调到看起来"可以"为止。人们习惯运用自己在地球上取得的经验，当然认为蓝色天空是"可以"的了。

这张照片的颜色很快被改正过来，办法是使用太空飞船上为此设置的颜色校准系统的数据。这样得到的合成照片上根本就没有蓝天，更确切地说，天空的颜色介于赭色与粉红色之间，不是蓝色，但也并非黑色和深紫色。

这正是火星天空的颜色。火星表面上大部分是沙漠，而红色来自沙土的铁锈色。火星上不时有猛烈的沙尘暴，风把地面上的细小沙尘吹到高空。沙尘要过好久才会落下来。在天空完全晴朗之前，又一场沙尘暴出现了。几乎在每一个火星年中，都会发生全球性或接近全球性的沙尘暴。因为铁锈色的沙尘经常悬浮在火星的天空中，所以未来出生并终生居住在火星上的人的后代会认为鲑鱼肉色的天空是自然的和人人熟悉的，正如我们认为地球的天空是蔚蓝色的那样。只要在白天瞧一下天空，他们大概就能说出上一次沙尘暴是在多久以前发生的。

太阳系外围的行星（木星、土星、天王星与海王星）的情况就不同了。它们是庞大的星球，拥有主要由氢气和氦气组成的深厚大气。它们的固态表面隐藏在大气深处，太阳光根本照射不到。在那里向上望，天空是漆黑的，我们看不见日出的美景（从来就没有过）。也许偶尔有一次闪电才会照亮渺无星星的漫漫长夜。可是在太阳光能够照射到的大气较高处，美丽得多的景色等待着人们去观赏。

在木星的高空，在一个由固态氨（而不是冰）的粒子形成的高雾层之上，天空几乎是漆黑的。在这下面的蓝天范围内，有一些彩色的云——呈浓淡程度不同的黄褐色，其成分未知（可能存在的物质有硫、磷和复杂的有机分子）。再往下，天空看起来是红褐色的，云层的厚度不一，在云层薄的地方可以看到一小片蓝天。在云层厚的地方，又逐渐回到永恒的长夜。土星大气的状况与此颇为类似，只是颜色比木星大气的淡得多。

天王星，尤其是海王星，有一种古怪的、朴素的蓝色。高速的风使云团（其中有些云稍白）在蓝天上浮动。太阳光照射着主要由氢气与氦气组成且富含甲烷的、比较干净的大气。在很长的光程上，甲烷把黄光，尤其是红光吸收掉了，而让绿光与蓝光通过。一层碳氢化合物的薄雾吸掉一点蓝光。也许在某个深度，天空是淡绿色的。

按常理推断，天王星和海王星的蓝色是由甲烷吸收以及在深层大气中太阳光所受的瑞利散射的联合作用造成的。但是喷气推进实验室的贝恩斯（Kevin Baines）对"旅行者号"传回的资料进行了分析，结果似乎说明这些理由不充分。显然，在大气中很深的地方（可能是在假定存在的硫化氢云附近）有一种含量丰富的蓝色物质，但迄今为止还没有人能够确定那是什么。自然界中的蓝色物质很罕见。科学研究中常常出现这种情况，老的奥秘刚刚被揭开，新的奥秘又出现了。我们迟早会找到这个问题的答案。

天空不是黑色的所有行星都有大气。如果你站在一颗行星的表面上，看见它有一个很厚的大气层，就可能有办法飞越它。我们现在正在发射探测器，让它们在其他行星的颜色各异的天空中飞翔。总有一天，我们自己会飞往那些地方。

我们已经对金星与火星的大气实施了降落伞探测，按计划还会对木星与土卫六进行这样的探测[1]。1985 年，法国和苏联联合研制的两只气球在金星的黄色天空中飞行。"维佳 1 号"是一只直径约为 4 米的气球，它用 13 米长的绳索吊着一包仪器。气球在夜半球上充足了气，飘浮在金星上空大约 54 千米处，并在几乎两个地球日的时间里发回了资料，直到它的电池耗尽能量为止。在这段时间里，它在金星的低空中飞行了 11600 千米。"维佳 2 号"的外形几乎与"维佳 1 号"的一样。金星大气也已用来作为空气制动器——稠密大气的摩擦力改变了"麦哲伦号"太空飞船的轨道。这对于将来把高速飞过火星的飞船减速到可以绕火星旋转或在火星上登陆来说是一项关键技术。

一项由俄罗斯牵头制订的火星探测计划准备在 1998 年把一个庞大的法国热气球发射到火星上。这只热气球看起来像一只名为"葡萄牙军舰"[2]的非常大的水母。按设计，它会在每个寒冷的黄昏下落到火星表面，在第二天由于受到太阳光加热，又会上升到高空。火星上的风力很强，如果一切顺利，这只热气球每天可以飞行几百千米，并蹦蹦跳跳地飞越北极。每天清晨，当它离火星表面很近时，可以获得分辨率极高的照片和其他资料。热气球有一根辅助导绳，它对于热气球的稳定来说非

[1]　土卫六的降落伞探测已由"惠更斯号"着陆器完成。——译者
[2]　"葡萄牙军舰"是一种特大水母，触须长达几十米，有剧毒。——译者

常重要。这根导绳是由加利福尼亚州帕萨迪纳市的一个民间团体——行星学会构思和设计的。

火星表面的气压与地球上空 30 千米处的气压大致相同，我们知道飞机能飞那么高。例如，U-2 侦察机和 SR-71"黑鸟"侦察机惯常在这种低压高空中飞行。比这些飞机翼展更大、适于在火星上飞行的飞机已经设计出来了。

在空气中飞行和在太空中旅游的梦想，可以说是一对孪生兄弟。它们由相似的幻想家构思出来，所需技术也互有联系，并且多少是一先一后发展起来的。当在地球上空的飞行在实用性和经济性方面达到某种限度时，飞越其他行星上不同颜色的天空的可能性就出现了。

从金星的黄色天空与火星的铁锈色天空，到天王星的海蓝色和海王星的催人入睡的神秘蓝色，我们现在几乎已经能够根据天空和云层的颜色来确定太阳系中每颗行星的颜色组成。"神圣的黄色！""神圣的红色！""神圣的绿色！"也许有一天，这些颜色会用来装饰人类在太阳系里设立的前哨站的旗帜。到那个时候，新的前沿阵地将从太阳推进到其他恒星，于是探测者将在无穷无尽的漆黑的太空中履行他们的使命。

"神圣的黑色！"

第 11 章

是昏星，也是晨星

同一个天体的这两种化身在天空中比太阳和月球以外的任何其他天体都要亮。

别有天地非人间。

——李白《山中问答》

（中国唐朝，约写于 730 年）[1]

在薄暮中，你可以看见它明亮发光，追随着太阳落到西方的地平线下面。每到晚上，人们第一眼瞧见它时，总习惯于许个愿，有时真会如愿以偿。

你也可以在破晓前的东方发现它正在逃离上升的朝阳。同一个天体的这两种化身在天空中比太阳和月球以外的任何其他天体都要亮，它以昏星与晨星著称。我们的祖先并没有认识到它们是同一个天体——金星。由于它的轨道在地球的轨道之内，因此它从来不会离开太阳很远。在日落前或日出后不久，有时我们会在一团白云附近见到它，于是把它与白云相比，发现它具有淡淡的柠檬黄色。

你通过一架望远镜（即使是大型望远镜，甚至是世界上最大的光学望远镜）的目镜来观察它，根本看不见细节。接连几个月下来，你看到的只是一个无特色的、相位像月球那样有规律地变化的圆面：从新月形的金星，到满月形的金星，再到凸月形的金星，又到新月形的金星。看不到任何大陆和海洋的迹象。

在第一批用望远镜观测金星的天文学家中，有一些人立即

---

[1] 原诗为："问余何意栖碧山，笑而不答心自闲。桃花流水窅然去，别有天地非人间。"——译者

认识到他们看到的是一个由云层遮掩起来的世界。我们现在知道，金星上的云是由二氧化碳和凝聚成微粒的硫酸组成的，由于有一点硫元素而被染成黄色。云层高悬在金星之上。利用一般的可见光，根本无法看清这颗行星在云层顶部之下约 50 千米处的表面。它究竟是什么样子？几个世纪以来，人们只能瞎猜。

你也许猜想过，如果能透过金星云层的缝隙进行非常细致的观测，我们就可以一天又一天、一点又一点地看清平时看不见的神秘表面。猜测的时代终于过去了。地球表面大体上有一半被云遮住。在金星探测的早期，人们没有理由认为金星完全被云遮住，如果云覆盖的部分仅为 90%，即使为 99%，转瞬即逝的小块晴空也会让我们了解不少情景。

在 1960 年和 1961 年，美国设计的探测金星的第一批太空飞船"水手 1 号"和"水手 2 号"正在做准备。有些人和我一样，认为这些飞船应当携带摄像机，以便把金星的图像用电信号传回地球。几年之后，"徘徊者 7 号""徘徊者 8 号""徘徊者 9 号"利用相同的技术，在飞往它们的撞击地点（"徘徊者 9 号"的目标是阿方索环形山）的途中拍摄了月球的照片。但是探测金星的时间很短，而且摄像机很重。有些人坚持认为，摄像机不是真正的科学仪器，不过是能抓拍到什么就抓拍什么、胡乱迎合公众胃口的玩意儿。它不能解决任何一个简单明了的、有意义的科学问题。我自己认为，云层是否有缝隙便是一个这样的问题。我争论说，摄像机还有可能回答我们想象不到的一些问题。我还争论道，只有图像才能向公众（他们毕竟是为空间探测提供资金的人）显示用航天器进行的探测是多么激动人心。无论怎样劝说，这两艘太空飞船都没有携带摄像机。而以后对这个特殊天体的探测至少部分地证实了那种判断：在近距飞行中，即使采用很高的分辨率，在可见光波段内也找不到金星云层的缝隙，这和土卫六的情况差不多[1]。这两个世界永远阴云密布。

用紫外光可以看到一些细节，但这不是金星表面的特征，而是远在主要云层之上的快速流动的高空云团。高空云团绕金星流动的速度比金星本身的自转速度还要快得多，可以称为特快自转。因此，用紫外光看见金星表面的可能性还要更小一些。

我们认清了金星大气比地球上的空气要稠密得多（现在知道金星表面的气压是地球表面气压的 90 倍），就会立即想到即使云层有缝隙，在一般可见光波段内，我们也不可能看见金星表面。少得可怜的太阳光曲曲折折地通过稠密的大气射到金星表面，确实也会被反射回去。但光子受低层空气中分子的重复反射，其方向被完全搞乱了，因此我们无法得到金星表面景物的图像。我们看到的只是像极地雪暴中出现的一片白茫茫的景象。然而，这种强瑞利散射效应随波长的增大而迅速减弱，因此我们容易推算出，用近红外光观察，如果云层有缝隙，或者云层允许红外光通过，我们就能够看见金星表面。

1970 年，波拉克（Jim Pollack）、莫里森（Dave Morrison）和我一同去得克萨斯大学的麦克唐纳天文台，尝试对金星进行近红外观测。在把底片装在望远镜上为金星拍照前，我们对底片上的感光乳胶进行"超敏化"处理，用氨水浸泡优质的老式玻璃照相底片[2]，有时还加热或做短暂曝光。有一段时间，麦克唐纳天文台的地下室内充满刺鼻的氨水味。我们拍了许多底片，但没有哪一张显示细节。我们认为，也许我们用的红外光的波长还不够长，要不就是金星的云层不允许近红外光通过，而且云层没有裂缝。

20 多年后，"伽利略号"太空飞船近距离飞越金星，以较高的分辨率和灵敏度查看这颗行星，所用波长比我们用原始的玻璃底片乳胶所能感光的红外光的更长一些。"伽利略号"拍到了大的山脉。然而在此之前，由于使用了效力强得多的雷达技术，我们已经知道这些山脉。无线电波可以毫不费力地穿透金星的云层与稠密大气，被金星地表反射回地球。把无线电波收集起来，便可制成图像。这项开创性的工作主要是由喷气推进实验室在莫哈韦沙漠设立的跟踪站的地面雷达和康奈尔大学设在波多黎各的阿雷西博天文台的地面雷达完成的。

随后美国的"先驱者 12 号"、苏联的"金星 15 号"和"金星 16 号"、美国的"麦哲伦号"都曾装载雷达环绕金星飞行，测绘出金星从一个极到另一个极的表面地图。每一艘太空飞船都向金星表面发射雷达信号，并接收金星表面反射的回波。根据金星表面上每一片区域的反射能力以及信号从发出到接收的时间长短（对山脉来说要短一些，而对山谷来说则长一些），整个金星表面的详细地图终于被缓慢而煞费苦心地绘制成了。

上述方法显示出来的这个独一无二的世界原来是由下一章将要描述的熔岩流（还略微受到风化的影响）塑造出来的。现在金星的云和大气对我们来说都已成为"透明"的了。这样，来自地球的勇敢的机器人探险家已造访了另一个世界。我们探测金星的经验现在正用于探测其他天体，尤其是土卫六。对土卫六来说，穿不透的云层遮掩着它那神秘的表面，而雷达开始向我们提示云层下面到底是什么情景。

　　长期以来，人们一直把金星看成地球的姊妹。它是离地球最近的行星，它的质量、大小、密度和引力都与地球差不多。它离太阳比离地球稍近一些，但被它上面的明亮云层反射回太空的太阳光多于地球的。你的初步猜测很可能是在那些连绵不断的隆云之下的金星与地球颇为相似。早期的科学臆想有：像石炭纪的地球那样，怪异的巨型两栖动物在发出恶臭的沼泽地中爬行；这是一个遍布沙漠的世界；那里是一片全球性的石油汪洋；那里有到处点缀着石灰岩岛屿的矿水海。虽然有一点科学资料作为依据，金星的这些"模式"（第一个出现在 20 世纪之初，第二个出现在 30 年代，后面两个出现在 50 年代中期）都是和科幻差不多的臆测，它们简直不受当时已有的稀少科学资料的约束。

　　后来在 1956 年，《天体物理学杂志》发表了迈耶（Comell H. Mayer）及其同事的一篇论文。他们把在华盛顿海军研究实验室顶层上新安装的一架射电望远镜对准金星，测量它发射到地球的无线电波。这不是雷达，因为它测量的不是被金星表面反射的无线电波，而是金星自身向太空发射的无线电波。他们发现金星比遥远的恒星与星系背景要亮得多。这件事本身并不太令人惊异。每一个温度高于绝对零度（零下 273.15 摄氏度）的物体都会发射包括无线电波在内的遍布电磁波谱的辐射。举例来说，你本人就在以大约 35 摄氏度的有效温度或"亮度"温度发射无线电波。如果你周围的环境比你的身体冷一些，一架灵敏的射电望远镜就会检测到你向各个方向发射的微弱无线电波。我们每一个人都是一个冷的无线电辐射源。

　　迈耶的发现令人惊异的地方是金星的"亮度"温度超过 300

摄氏度，这远高于地球表面的温度和所测得的金星云层的红外温度。金星上面的一些地方的温度似乎比水的正常沸点还高 200 摄氏度。这意味着什么呢？

很快就涌现出一大批解释。我的论点是：很高的"亮度"温度是灼热表面的直接表现，而高温是由大量二氧化碳与水蒸气的温室效应引起的（一部分太阳光穿过云层，使金星表面受热，但是由于二氧化碳和水蒸气对红外辐射高度不透明，金星表面的热量极难消散到太空中，这样就形成了温室效应）。二氧化碳的吸收波段一直延伸到红外区，但是在其吸收带之间似乎有一些"窗口"。透过它们，金星表面本来容易将热量释放到太空中而冷却下来，但是水蒸气在红外区的吸收波段的一部分正好位于二氧化碳不透明区的"窗口"。因此，我认为这两种气体结合起来，几乎可以相当令人满意地把全部红外辐射吸收掉，即使只有很少一点水蒸气也会如此。这就好像两道栅栏，一道栅栏的条板刚好掩盖住另一道栅栏的缝隙，这样结合起来就把后面的东西全遮住了。

另一种大不相同的解释认为金星很高的"亮度"温度与它的表面无关。它的表面气候仍然可以是温和的，并且适合生物生存。有人提出无线电波是从金星大气的某个区域或其周围的磁层向太空发射的。有人提出金星云层中的水滴相碰时会出现放电现象。也有人提出在黄昏和破晓时高层大气中的离子与电子重新结合，产生发光放电现象。更有人提出在一个非常稠密的电离层中，自由电子的相互加速（称为"自由－自由发射"）也会释放无线电波（这种想法的一位支持者甚至设想所要求的高度电离缘于金星的平均放射性水平为地球的 1 万倍——也许金星上不久前爆发过一场核战争）。此外，受木星磁层辐射的启示，人们自然会想到金星有一个假想中很强的磁场，它俘获的带电粒子形成辽阔的云层，并发射无线电辐射。

我在 20 世纪 60 年代中期发表了一系列论文，其中许多是与波拉克[3]合写的。我们对这些既有灼热辐射区又有寒冷表面的各种互不相容的模型进行了评论分析。那时，我们已有两条重要的新线索：金星的射电波谱和"水手 2 号"的探测数据，其结果都表明金星圆面中心的射电辐射比边缘的要强一些。到 1967 年，我们已经能够颇有把握地否定别人选择的模型，并推断出金星表面是灼热的，温度比地球表面高出 400 摄氏度。这个论点是推理性的，推导过程有许多中间步骤。我们迫切希望有一个更直接的测量结果。

1967 年 10 月，为了纪念第一颗人造地球卫星发射 10 周年，苏联的"金星 4 号"向金星云层中投放了一个进入密封舱。它从炎热的低层大气中发回信息，但还没有到达金星表面就失灵了。一天之后，美国的"水手 5 号"太空飞船飞过金星。它掠过金星大气时，从越来越深处向地球发送无线电信号。从信号衰减的速率可以推导出金星大气的温度。虽然两组仪器所获得的数据之间似乎存在差异（这个问题后来澄清了），但二者都表明金星表面是很热的。

从那以后，苏联的一系列"金星号"太空飞船以及美国的"先驱者 12 号"和此后发射的一批航天器都进入金星大气深处或在金星表面着陆，这样便可以直接测量（它们各伸出一支温度计）金星表面及其附近的温度，测得的结果为约 470 摄氏度。在考虑地面射电望远镜的校准误差及表面发射率等因素后，原有的射电观测数据和新的太空飞船直接测量的结果便很好地吻合了。

　　苏联早期的着陆器是按与地球多少有些相似的大气设计的。它们在高压下破碎了，就像一个锡罐在大力士的手里被捏碎一样，或者就像第二次世界大战时的潜水艇在汤加海沟里撞得粉碎那样。后来苏联的进入舱都像新型潜水艇那样具有牢固的装甲，于是在灼热的金星表面成功着陆。苏联的设计人员在弄清楚金星大气有多深和云层有多厚之后，他们担心金星表面也许是一团漆黑。因此，"金星 9 号"和"金星 10 号"都装配有探照灯。其实这并不需要，因为还有射到云层顶部的百分之几的太阳光能穿透云层照射到金星表面，那里大概和地球上的阴天一样亮。

　　我猜想，人们之所以不愿意接受金星表面很热的主张，是由于我们不愿放弃这样的观念：这颗离我们最近的行星对生命的生存和对将来的探测都是适宜的，并且就长远目标来说，甚至可以让人类迁居过去。可是现在发现，那里没有石炭纪沼泽地，没有全球性的石油海和矿水海，而是一个令人窒息的、阴云密布的地狱。那里有一些沙漠，但主要是一个凝固的熔岩海的世界，我们的希望落空了。在太空飞船探测的初期，人们认为几乎任何事情都是可能的，人们对金星最浪漫的幻想也许都会实现。而比起那时来，现在要去这个世界探险的呼声减弱了。

　　许多太空飞船为我们现今对金星的了解做出过贡献，但是成功探测金星的先驱是"水手 2 号"。"水手 1 号"因发射失败而被炸毁了，这可以说出师不利。"水手 2 号"干得很漂亮，为我们了解金星的气候提供了关键性的早期资料。它对云的性质进行了红外探测。它在从地球飞往金星的途中发现并测量了太阳风。太阳风是太阳发射的带电粒子流，它在一路上使各颗行星的磁层充满带电粒子，把彗星的尾巴吹向背后，并形成遥远的太阳风层顶。"水手 2 号"是第一个成功发射的行星际航天器，它宣告了行星探测时代的开始。

它至今仍在环绕太阳的轨道上运转，每隔几百天就大致沿切线方向接近金星轨道。不巧的是，它每次切过金星轨道时，金星都不在那里，因此二者未能会合。但是如果我们长期等待，总有一天金星会在附近出现，于是"水手 2 号"会被这颗行星的引力加速，并进入一条完全不同的轨道。最后，"水手 2 号"会像远古时代的星子那样，或被另一颗行星俘获，或坠入太阳，或被抛出太阳系。

在此之前，这个行星探测的先锋、这个微小的人造行星还会静悄悄地环绕太阳运转，这宛如哥伦布的旗舰"圣玛丽亚号"仍然由它的幽灵水手驾驶着在加的斯与伊斯帕尼奥拉之间定期跨越大西洋往返航行一样[1]。在行星际空间的真空环境里，"水手 2 号"在长久的年代中将完好如初。

我对这颗昏星兼晨星[2]的希望是：在 21 世纪末叶，有一艘很大的太空飞船在引力的帮助下定期飞向太阳系外围时，会截获这个古老的、被遗弃的航天器。于是，我们可将它陈列在一座早期太空技术博物馆里，这座博物馆也许位于火星、木卫二或土卫八上。

---

[1] 加的斯为西班牙港口，哥伦布发现美洲的舰队由此出发；伊斯帕尼奥拉是美洲东部的岛屿，哥伦布在此登陆。——译者

[2] 指"水手 2 号"。——译者

第 12 章

大地熔化了

这些地外世界的火山还有另外一种作用，它们有助于我们了解自己世界的火山。

> 在锡拉[1]和锡拉细亚[2]的中途，火焰从海洋里
> 冒出来，燃起了熊熊大火，接连烧了四天，于是整
> 个大海都沸腾了。火焰铸造出一座岛屿，它渐渐升
> 高，好像有人用杠杆把它抬起来一样……爆发平静
> 下来以后，当时称霸海上的罗德岛[3]人最早敢于前
> 来查看此情景，并在这座岛上建了一座庙宇。
>
> ——斯特拉博（Strabo）[4]
>
> 《地理学》（约公元前 7 年）

在地球上的许多地方，你都可以找到一种具有惊人和不寻
常特色的山。任何一个儿童都认得出它：山顶好像是被刀子削平
的，修整得方方正正。如果你爬上或飞越山顶，就会发现它的上
面有一个洞或者一个坑。在这种山中，有一些山顶上的坑很小，
有一些山顶上的坑则几乎和山本身一样大。坑里偶尔装满了水。
有时坑里装的是一种更令人惊奇的液体。你踮着脚走到坑边，就
会看到广阔的、装满黄红色发光液体的湖以及火泉。这种位于
山顶的坑称为死火山口（caldera，该词源自 caldron，原意为"大
锅"），它们所在的山则理所当然地称为火山（volcano，源自古罗
马火神的名字 Vulcan）。地球上已经发现了大约 600 座活火山，

---

[1]　希腊南部爱琴海中的一个小岛。——译者

[2]　即现在的亚洲。当时地理学不发达，欧洲人误认为亚洲很小。——译者

[3]　土耳其南部的一个大岛，岛上的居民善于航海。——译者

[4]　古希腊地理学家和历史学家（约前 63—20）。——译者

在海洋中还可以找到一些。

典型的火山看起来很安全，它的四周都长着自然植被，梯田点缀在它的侧面，山脚下有小村庄与庙宇。然而在沉寂了几个世纪之后，没有预警，火山就可能爆发。大块石头形成弹幕，火山灰从天而降，炽热的岩浆从火山口向四周倾泻，汇流成河。全世界的人们都想象过，活火山是一个被囚禁的巨人或魔鬼，他总想挣扎着逃出来。

近年来圣海伦斯火山和皮纳图博火山的爆发提醒我们火山的威力有多大，而类似的例子史不绝书。1902 年，培雷火山的红热岩浆横扫加勒比海上的马提尼克岛，使圣皮尔城的 35000名居民丧生。1985 年，鲁伊斯火山爆发时形成的大量泥石流害死了 25000 名以上的哥伦比亚人。公元 1 世纪爆发的维苏威火山把庞贝城和赫库兰尼姆城的倒霉居民们全部掩埋在灰烬里，还害死了大无畏的博物学家老普林尼（Pliny），当时他为了进一步了解火山爆发的过程而前往这座火山附近（老普林尼并非献身于火山研究的最后一位学者，在 1979 年至 1993 年间就有 15位火山学家在各种火山爆发中牺牲）。地中海上的桑托林岛（又名锡拉岛）实际上就是一个海底火山口边缘冒出水面的部分 [1]。有些历史学家认为，公元前 1623 年爆发的桑托林火山导致了附近的克里特岛上伟大的米诺斯文化[1]的衰落，并改变了早期古典文明的均势格局。这场灾难可能就是柏拉图讲述过的亚特兰蒂斯传说的来源。按照这个传说，一个文明社会"在倒霉的一天一夜里"就被摧毁了。当时人们自然会认为这是一位神灵在大发雷霆。

---

[1] 公元前 3000 — 前 1100 年存在于克里特岛的古希腊文化。——译者

人们自然对火山感到恐惧和敬畏。当中世纪的基督徒看见冰岛上的海克拉火山爆发并见到山顶上空翻滚的熔岩碎块时，他们认为这是干坏事的人的灵魂正在等待被送进地狱。有人郑重其事地说，他们听见了"可怕的呼叫声、哭声和痛苦不堪的磨牙声""哀叫及大声啼哭"。他们认为，海克拉火山口里面的红色岩浆湖和硫黄气体正是阴间景象的真实显现，也证实了人们相信地狱的存在，而地狱正是与天堂相对的。

事实上，火山是通往地下王国的入口，而地下王国比人类居住的单薄表层辽阔得多，也不友善得多。从火山口喷出的岩浆是液态的岩石——温度达到其熔点（一般在 1000 摄氏度左右）的岩石。岩浆从地球里面的洞中涌出，冷却时就凝固。一次次产生的岩浆堆积起来，就形成了火山的侧面。

地球上火山最活跃的场所往往是大洋中脊以及岛弧，它们都是位于海底的两大板块交接的地方，这两个板块互相分离，或者一个滑到另一个下面。海底有很长的火山带，火山爆发往往伴随着一系列地震、深海烟柱与热泉的出现，我们刚刚开始用机器人和载人潜艇去观察它们。

岩浆的喷发必然意味着地球内部极度灼热。实际上，地震资料表明地壳的厚度只有几百千米，其下的整个地球主体至少也是轻度熔化的。地球内部很热，一部分原因是那里有铀等放射性元素，它们在衰变时释放热量；另一部分原因是地球在形成时释放的热量中有一些被保存下来了。当许多星子由于相互的引力作用而聚集在一起形成地球，以及铁下沉形成地核时，都会放出热量。

熔化了的岩石（即岩浆）可以穿过周围较重的固态岩石之

"伽利略号"拍摄的地球与月球照片

•••"麦哲伦号"拍摄的金星地表图像

••• 火星地表的沟壑

地球

•••"暗淡蓝点","旅行者1号"拍摄

●●● "火星全球探勘者号"飞越火星，艺术想象图

●●● 水星

••• 太阳系

•• 土星及其卫星

•• 天王星及其卫星，艺术想象图

•• 海王星及其卫星

•• 木星大红斑

•• 木星

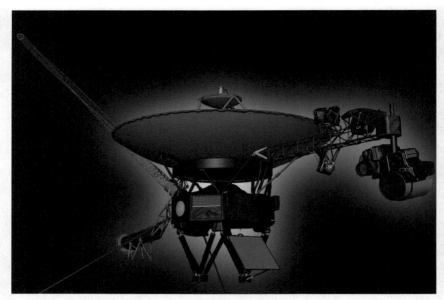

●●● "旅行者号"

●●● "旅行者号"与黄金唱片

本书中的彩图来自美国国家航空航天局。

间的缝隙向上浮动。我们能想象得到，如果有机会提供一个合适的通道，地底下浩大洞穴中红热的、发光的、冒着热气的、黏稠的液体就会朝着地面喷射而出。岩浆从火山口倾泻出来，真可以说是从"地狱"中流出来的。可是，我们至今还没有找到那些被打入"地狱"的冤魂。

由于接连喷发，一座火山就出现了。当岩浆不再向上涌入火山口时，一座山就形成了。就像任何其他的山一样，由于风吹雨打，最后因为地球表面的大陆板块运动，火山会缓慢地遭到侵蚀。迪伦（Bob Dylan）在叙事诗《随风而逝》中唱道："一座山要伫立多少年才能被冲刷入海？"答案视我们谈论的是哪一颗行星而定。对于地球，这大约需要 1000 万年。火山和其他的山都必定是在同样的时间范围内形成的，否则地球各处都会像堪萨斯州一样平坦了 [2]。

火山爆发能把大量物质（主要是硫酸微滴）抛入平流层。在那里，它们会在一两年内把太阳光反射回太空，于是使地球变冷。不久前，菲律宾的皮纳图博火山爆发，就出现过这种现象。灾害最严重的是 1815—1816 年印度尼西亚的坦博拉火山爆发，它造成"没有夏天的年头"，因而发生大饥荒。公元 177 年，新西兰的陶波火山爆发使相距半个地球的地中海气候变冷，火山灰落到格陵兰岛的冰盖上面。公元前 4803 年，美国俄勒冈州的马扎马山曾经爆发，遗留下现在称为"坑湖"的火山口。这次爆发对整个北半球的气候都有影响。正在积极进行的关于火山对气候的影响的研究，导致了"核冬天"的发现 [1]。这类研究

---

[1]　前些年国外的一些科学家用计算机模拟核弹爆炸，认为爆炸引起的大火会使大量烟雾进入平流层，由此造成全球变冷。——译者

为通过计算机模拟来预测未来的气候变化提供了重要的实验数据。火山灰射入高层大气，也是臭氧层变薄的一个原因。

因此，地球上某个偏僻地区的一次大的火山爆发能改变整个地球的环境。就它们的成因或后果来说，火山爆发都提醒我们地球内部进行着新陈代谢，一个小小的"嗝"或"喷嚏"都会让我们吃不消。这也提醒我们了解这台地下热机的运转对我们来说多么重要啊！

可以认为，在地球（以及月球、火星、金星）形成的最后阶段，小天体的撞击造成了全球性的岩浆海洋。在地表形成之前，岩浆到处泛滥。从地球内部喷射出来并倾泻到表面的红热岩浆形成了高达数千米的巨流，把沿途的一切东西（山脉、沟渠、坑口，也许还有更早、气候更温暖的时期遗留下来的最后痕迹）统统埋葬了。地质学的里程表重新回到起点。我们看到的一切表面地质特征都是最后一次全球性岩浆洪流留下的。在这些地质特征凝结之前，岩浆海洋可能深达几百米甚至几千米。在几十亿年之后，到了我们的时代，一个这样的世界表面变得安静、不活跃，我们看不出现时火山活动的迹象。也许在某些天体（如地球）上，还可以找到整个表面岩浆泛滥的时代留下的一些小规模遗迹。

在早期的行星地质学研究中，一切资料都来自地面望远镜观测。在半个世纪中，关于月球上的坑口究竟是由撞击还是由火山爆发形成的，人们进行过激烈的争论。人们在一些低山顶部发现了火山口，几乎可以肯定它们是月球上的火山。但是，位于平原而非山顶的巨大的碗状或盘形坑口就是另一回事了。

有些地质学家认为它们与地球上某些长期遭风雨侵蚀的火山甚为相似，可是另一些学者持不同意见。最好的反证是，我们知道经常有小行星和彗星飞过月球，它们有时必然撞上月球，而撞击一定会形成坑口。在月球历史上，本应有许多撞击坑。因此，如果我们看到的坑口不是由撞击产生的，那么撞击坑又在哪里呢？我们现在由直接的实验室研究了解到，月球上的坑几乎全部是由撞击形成的。但是在 40 亿年前，这个今天已经接近"死亡"的小世界在早已不存在的内部热量的驱动下发生了早期的火山活动，不断冒泡和沸腾。

1971 年 11 月，美国国家航空航天局的"水手 9 号"太空飞船到达火星，去探测这颗完全被全球性沙尘暴掩盖住的行星。能够看得见的几乎唯一特征便是从红色隆雾中透露出来的 4 个圆斑，但是它们很古怪，它们的顶部有洞。在沙尘暴减弱的时候，我们可以明白无误地了解到，我们一直看见的原来是 4 座穿透沙尘暴的巨大火山，每一座的顶部都有一个巨大的火山口。

在沙尘暴消散后，这些火山的真正规模便显露出来了。最大的火山名为奥林波斯山（即希腊神话中众神的住所），这是一个恰当的名字，其高度超过 25 千米。它不仅使地球上最大的火山相形见绌，也使地球上的一切山峰都难以比肩。青藏高原上的珠穆朗玛峰最高也不到 9 千米。火星上大约有 20 座大火山，它们都没有奥林波斯山那么高大。这座山的体积大约为地球上最大的火山（即夏威夷的冒纳罗亚火山）的 100 倍。

火山侧面有许多撞击坑，它们由小行星撞击而成，与山顶的火山口容易区分开来。我们根据撞击坑的数目可以估算出它们的年龄。火星上有些火山的年龄长达几十亿年，但没有哪一座是和火星本身同时在 45 亿年前形成的，包括奥林波斯山在内的一些火山都比较年轻，它们的年龄也许只有几亿年。显然可知，火星上早期发生的剧烈火山爆发也许形成了比火星现在所拥有的大气要稠密得多的大气。如果我们那时就访问火星，它看起来会是什么样子呢？

火星上某些已经凝结的火山熔岩（如刻耳柏洛斯区域）是在两亿年前形成的。虽然没有正反两方面的证据，但我推测太阳系中我们确实知道的最大的火山奥林波斯山很可能会再次爆发。有耐心的火山学家无疑会欢迎这件事。

1990 —1993 年，"麦哲伦号"太空飞船发回了关于金星地形的惊人消息。制图员绘制了几乎整个金星的地图，连 100 米大小的微小细节都会被标注在图上（100 米只不过是美国橄榄球运动场的大小）。"麦哲伦号"用电信号传回到地球上的资料比其他行星探测器传回的资料加起来还要多。因为地球上的海底有很大一部分还没有被探测过（也许除了美国和苏联海军取得的仍属机密的资料），所以我们对金星的了解超过包括地球在内的任何别的行星。金星的许多地质特征与地球及其他地方的大不一样。行星地质学家给这些地形取了名字，但这并不意味着我们已经完全了解它们是如何形成的。

因为金星表面的温度接近 470 摄氏度，所以金星表面岩石的温度远比地球表面岩石的温度接近熔点。金星表层的岩石在比地球表层更浅的位置就开始软化并形成岩浆了。很可能是由于这个缘故，金星的许多地质特征好像是可塑的和发生过形变的。

这颗行星的表面布满了岩浆形成的平原和高原，其地质结构有圆锥形火山（可能是被掩盖的火山）与火山口。我们在许多地方可以看到岩浆洪流喷发过的痕迹。有些平原的宽度超过200千米，有人把它们戏称为"扁虱"和"蜘蛛网"。这是因为它们是圆形凹地，周围为同心圆环，并且表面有辐射状的长裂痕从中心伸出。还有一种在地球上从未出现过的奇特的扁平状地质结构，它们也许是火山，被称为"薄饼状穹顶"。它们大概是由黏稠的岩浆向四面八方缓慢而均匀地流动形成的，许多曲折的地质构造是由岩浆流凝结而成的。还有一种被称为"冠冕"的奇怪的环形结构，它们的直径可达2000千米左右。闷热的金星表面上的奇特岩浆流为地质探秘提供了丰富的题材。

最出人意料也最奇特的地形是蜿蜒的峡谷，它们弯弯曲曲，和牛轭相似，看起来就像地球上的河道，其中最长的比地球上最长的河流还要长。可是金星太炎热了，不可能有液态水。此外，金星上没有小撞击坑，由此我们可以断言，在现有的地面形成以来，大气一直就是这样厚，并产生严重的温室效应（如果大气稀薄得多，那么中等体积的小行星在进入大气后就不会被烧毁，而是与金星表面碰撞并形成撞击坑）。从山顶向下流动的岩浆形成蜿蜒的峡谷（有时成为地下岩浆河，后来洞顶坍塌，形成峡谷），即使在金星的高温下，岩浆也会辐射热量，然后冷却，流速减慢，逐渐凝固，最后停顿下来，变成坚硬的固体。岩浆在峡谷中流动的范围不超过总长度的10%就凝结了。有些行星地质学家认为，金星上必能产生一种稀薄如水、能顺畅流动的特殊岩浆，但这只是一种没有证据的臆测，它表明我们在这方面的知识还很贫乏。

稠密的大气移动缓慢，然而正是由于大气如此稠密，它才很容易把微粒吹上天空并让它们在空中飘动。金星上有刮风的迹象，风主要来自撞击坑。盛行的风在坑内吹出一堆堆沙尘，于是在金星表面留下风向标似的遗迹。我们到处可以看到沙丘，以及由风化作用塑造的火山地形。这些风化过程很缓慢，就像地球的海底一样。金星表面的风力很弱，可是因为大气稠密，一股微风也可以吹起一团微粒云，但是在这个令人窒息的地狱般的环境里，即使微风也很难得。

金星上有许多撞击坑，但比起月球与火星上的来说要少多了，尤其是直径为几千米及更小的撞击坑少得出奇。这个原因不难理解：个头较小的小行星和彗星进入稠密的金星大气后，还没来得及撞上金星表面就破碎了。用金星大气现有的密度可以很好地解释观测到的最小坑径。在"麦哲伦号"拍摄的照片上看到的某些不规则的斑点，可以视为在深厚大气中破碎的撞击物的遗迹。

大多数撞击坑显然是原始的，并保存完好，只有百分之几后来被岩浆淹没过。"麦哲伦号"发现金星表面非常年轻，撞击坑的数目很少，这表示凡是年龄超过 5 亿年的地质特征都已经被清除了[3]。这种情况竟会出现在一颗年龄肯定接近 45 亿年的行星上。对于这种现象，只有一种侵蚀因素能解释得通，那就是火山活动。此行星上所有的坑口、山脉以及其他地质结构都被一度从内部喷射出来、到处横流的岩浆海洋淹没了。

在查看了如此年轻的、岩浆凝固而成的表面之后，你也许想知道是否还有一些活火山遗留下来。现在研究结果已经证实，一座也没有找到，但是有少数几座（如马特火山）的四周好像有新产生的熔岩，因而它们可能真的还在剧烈地翻腾和喷发。

有证据表明，高层大气中的硫化物含量会随时间变化，似乎金星表面上的火山还不时地把这种物质喷射入大气。在火山平静的时候，硫化物完全会落回表面。还有一个有争议的证据认为金星上的山顶周围有闪电，地球上的活火山有时也会出现这种现象。可是我们不能肯定金星上现在是否还有火山活动，这是将来需要探测的问题。

有些科学家相信，大约 5 亿年前金星表面还几乎完全没有地形结构。岩浆从金星内部倾泻出来，把任何可以成形的地表都填满并盖住。如果你在那个年代降落到金星云层之下，便会看到它的表面几乎是平坦的，没有地貌特征。到了夜晚，火红的岩浆一直发射着令人恐怖的光芒。按这个观点，大约在 5 亿年前向地面喷射大量岩浆的金星内部的巨大热机现在已经停止运转。这颗行星的热机终于走到尽头了。

地球物理学家特科特（Donald Turcotte）提出了另一种引人入胜的理论模型。他认为金星拥有和地球相似的板块构造，但是板块活动有时激烈有时平静。在平静几亿年后，板块活动又会时常发生，于是金星的表面特征被岩浆淹没了，被造山运动毁掉了，或被其他的地壳运动削弱、灭迹了。特科特提出，上一次这样的爆发大约在 5 亿年前结束，于是从那时起，一切又趋于平静。他说目前板块活动处于平静期，"大陆"不沿表面漂移，不互相碰撞，因此没有造山现象，"大陆"也不会缩进金星内部深处。然而，"冠冕"状环形结构的出现可能预示（按地质学上的时间尺度来说，在不远的将来）金星表面大规模的变化就要再次发生了。

比起火星上的大火山和金星上被岩浆淹没的表面，更加出人意料的是 1979 年 3 月 "旅行者 1 号" 太空飞船与木卫一（木星的 4 颗伽利略大卫星中最里面的一颗）会合时的发现。我们在那里发现了一个奇怪的、很小的、多彩的、确实布满火山的世界。我们吃惊地看见 8 根活跃的火柱把气体与微粒喷射到空中，其中最大的一根用夏威夷火山女神的名字命名，称为培雷。它向空中抛射的物质高出木卫一表面 250 千米，比地球上有些航天员到达的高度还要高。4 个月后，当 "旅行者 2 号" 到达木卫一时，培雷已经熄灭了，但还有 6 根别的火柱在喷射，而且其中至少有一根是新的。此外，另一个称为苏尔特的火山口的颜色已经明显改变了。

即使在美国国家航空航天局拍摄的图片中木卫一的颜色被过分增强了，它的本色也和太阳系中的任何其他地方都不一样。目前流行的解释是木卫一上的火山并不像地球、月球、金星与火星上的火山那样由向上喷射的岩浆驱动，而是由二氧化硫和熔硫喷发所驱动的。它的表面布满火山口、喷气孔以及熔硫湖。人们在木卫一表面和附近的空间中已经检测到各种形式的硫及硫化物——火山爆发把木卫一的一部分硫抛入空中[4]。这些发现使有些人认为木卫一有一个充满液态硫的地下海，液态硫从一些薄弱部位涌到表面，形成矮小的火山，然后向矮处流动并凝固。它最后的颜色取决于喷发的温度。

在月球和火星上面，你能够找到许多 10 亿年来几乎没有变化的地方。但是对木卫一来说，在一个世纪内大部分表面会遭受岩浆的再次覆盖，许多地方被填满，其地理特征被冲毁。这使木卫一的地图很快就陈旧了，因此绘制木卫一的地图会成为一个欣欣向荣的行业。

　　所有这些结论，根据"旅行者号"的观测资料似乎很容易得出。根据目前岩浆淹没木卫一表面的速度可以推测，在50年或100年内就会有重大变化。很幸运，这个预言是否正确能够检验出来。我们可以把"旅行者号"为木卫一拍的照片拿来与50年前用地面望远镜拍的质量差得多的照片相比，也可以在13年后与用哈勃空间望远镜拍的照片相比。令人惊奇的结论是，木卫一表面上大的标志几乎完全没有变化。很显然，我们的推理有什么地方搞错了。

　　在一定意义上说，火山是由行星内部物质喷发形成的，它的创伤最终靠自身的凝结来愈合。可是一处创伤告愈了，另一处又会出现。不同的天体有不同的内部物质。在木卫一上发现液态硫的火山活动，有点像发现一位老朋友受伤时流出的血竟是紫色的，你无法理解怎么可能有这样大的差别，他看起来也是一个如此普通的人。

　　我们当然急于想发现其他世界上的火山活动的迹象。木卫二（即木星的伽利略卫星中的第二颗，也是木卫一的邻居）的上面根本就没有火山，但是似乎有液态水涌到表面，形成大量纵横交错的暗条纹，然后冻结起来。再往外，在土星的卫星上，有迹象表明液态水从内部喷出，把撞击坑冲毁。然而在木星和土星的系统中，我们还没有看到任何与冰火山相似的东西[1]。在海卫一的上面，我们也许已经看见了与氮或甲烷相关的火山现象。

　　其他天体上的火山是一种激动人心的景观，它们增强了我

---

[1]　"卡西尼号"探测器现已发现，土卫二正从它的南极地区向外喷射水汽，这也算是一种物质喷发现象。——译者

们对奇景的感受，增加了欣赏宇宙的美丽与丰富多彩的欢乐。但是，这些地外世界的火山还有另外一种作用，它们有助于我们了解自己世界的火山，也许有朝一日有助于我们预测它们的爆发。如果我们不了解物理参数不相同的其他环境中正在发生什么情况，我们对与自身的关系最密切的地球环境又能有多少深刻的认识呢？一种关于火山活动的全面理论必须适用于各种情况。当我们偶然发现处于地质平静期的火星上有大量火山隆起时，当我们发现昨天岩浆洪流把金星表面冲刷干净时，当我们找到一个天体不是像地球这样被放射性衰变释放的热量熔化而是被近距天体产生的引力湖熔化时，当我们观察到与硫化物而不是硅化物有关的火山现象时，当我们开始猜测在外行星的卫星上面能否看见与水、氨、氮或甲烷相关的火山现象时，我们才开始懂得可能还有其他类型的火山。

第 13 章

「阿波罗」的礼物

这是人类迈出的历史性的一大步。

广开兮天门，纷吾乘兮玄云……

——屈原

《楚辞·九歌》第五歌"大司命"

（中国，约公元前 3 世纪）

这是 7 月份的一个闷热的夜晚，你已经在扶手椅上睡着了。你突然惊醒，晕头转向。电视机还开着，但是没有声音。你竭力想弄清楚你在电视机荧光屏上看见的是什么。两个穿着白色连身工作服、戴着头盔的朦胧人影在漆黑的天空下面轻飘飘地跳跃。奇怪的轻微弹跳驱使他们往上运动，处于几乎察觉不出来的尘云的包围中。但是有一点不对头，他们跳起后下落的速度太慢了。他们虽然显得笨拙，但有一点像在飞。你揉揉眼睛再看，这个梦幻似的动人场面还在眼前。

在与 1969 年 7 月 20 日"阿波罗 11 号"登月相关的所有事件中，我回想起来印象最深的是它们好像都不是真实的。阿姆斯特朗（Neil Armstrong）和奥尔德林（Buzz Aldrin）沿月球灰色多尘的表面跳跃行走，庞大的地球隐约出现在空中，而科林斯（Michael Collins）当时在月球的卫星 [1] 上沿着环月轨道孤独地守卫着他们。的确，这是一项惊人的技术成就，也是美国的一次

---

[1] 指"阿波罗 11 号"。该飞船共载有 3 名航天员，其中两名乘登月舱在月面上软着陆，另一名仍然留在飞船的指挥舱内，继续沿着环月轨道飞行。登月的两名航天员在完成作业后，驾驶登月舱上升与飞船会合，然后一同返回地球。——译者

胜利；的确，航天员们表现出了敢于向死神挑战的勇气；的确，正如阿姆斯特朗刚踏上月球时所说的，这是人类迈出的历史性的一大步。但是如果你把飞船控制中心与静海[1]之间的一段插曲（经过慎重思考而又很俗气的喋喋不休的例行谈话）关掉，凝视着黑白电视机的图像，你就会瞧见人类已经进入神话与传奇的境界了。

　　人类很早就知道月球了。当我们的祖先从树上下来走进大草原的时候，当我们学会直立走路的时候，当我们首次用石头制作工具的时候，当我们引入火的时候，当我们发明农业、建造城市和开始征服地球的时候，月球就在那里了。民间传说与民歌赞美月球和爱情之间的神秘联系。"月份"这个词以及一个星期的第二天都与月球有关。月球的盈亏（从新月到满月，再到残月，又到新月），被人们普遍理解为死亡和再生的隐喻。月相与妇女的排卵期有关，而且周期的长度几乎一样。"月经"这个词在英文中是"menstruation"，拉丁文为*mensis*，意为"月份"（month），也有"量度"的意思。传说在月光下睡觉的人会发疯，英文中的"lunatic"[2]（疯狂的）一词正是由此而来的。古代波斯有这样的一个故事："有人问一位以才智卓越而负盛名的高官，太阳和月球哪一个更有用。他回答说：'是月球，因为太阳在白天照耀，而白天已经有光。'"当我们在户外生活时，尽管月球触摸不着，但它的存在对我们的生活至关重要。

　　月球一直是人们对无法触及的事物的一种隐喻。比如，人们常说"你还不如把月亮摘下来"，或者"办成这件事比飞上

---

[1]　月球上的一个似海（颜色较深）的平原区，是"阿波罗11号"在月球上着陆的场所。——译者

[2]　英文中的"lunar"意为"月球的"。——译者

月亮还难"。在人类历史上的大部分时期，我们一点也不知道月球是什么。它是一种精神、一尊神灵或者一个物体？它看起来不像是一个遥远的东西，而是一个很近的小玩意儿——也许只是挂在离我们的头顶不远的天空中的一个盘子大小的东西。古希腊哲学家争论过这一命题："月球和它看起来的样子恰好一样大。"（这表明他们把长度和角度完全混为一谈。）只有疯疯癫癫的人才会想到要在月球上行走。比较合理的想法是用一个长梯子爬上天，或者乘一只大鹏鸟飞上天去摘它，然后把它带回地球。在神话中不乏这样的英雄，但谁也没有成功。

直到几个世纪之前，月球是约 38 万千米之外的一个地方这个概念才广为人知。可以说在转眼之间，人们最早对月球本质的错误认识就一下子变成了可以在月球表面行走和开车兜风。我们学会了计算物体在太空中的运动，学会了利用空气制作液氧，还发明了巨型火箭，掌握了遥测遥感方法、可靠的电子技术、惯性导航以及其他许多技术。然后，我们就飞入太空。

我很幸运，能参与"阿波罗"计划，但我并不责怪那些把这项工程说成是在好莱坞制片厂中伪造出来的人。在罗马帝国后期，异教哲学家攻击基督教关于基督耶稣的遗体升入天国以及死后复活等的信条，因为重力会把所有的"血肉之躯"拉下来。圣奥古斯丁反驳说："如果人类能够运用某种技能，用会沉入水中的金属制造出在水上漂浮的船舶……难道就不能相信上帝当然会用一种秘法将尘世众生从地球的枷锁中解放出来。"人类有一天会发现能把自己从地球的束缚中解放出来这种"秘法"是难以想象的。可是 1500 年后，我们把自己解放出来了。

这项成就导致了一种敬畏与焦虑交织在一起的心情。有人想起巴别塔[1]的故事，也有人认为登上月球表面是一种鲁莽和亵渎神灵的行为，可是许多人为之欢呼，认为这是历史的一个转折点。

月球不再是高不可攀的了。从 1969 年 7 月以来，已经有 12 个人（都是美国人）在那种布满环形山的、已凝固的、古老的灰色熔岩上一蹦一跳地行走过了，他们把这称为"月球漫步"。但是在 1972 年以后，没有任何其他国家的人接着去月球探险。的确，自从光辉的"阿波罗"时代以来，除了环绕地球的低轨道外，谁也没有去过太阳系中的任何地方。这就像一个蹒跚学步的小孩刚试着向外走几步，就气喘吁吁地缩回来，为了安全而抓住妈妈的裙子，不敢松手。

有一段时间，我们在太阳系内翱翔。几年之后，我们就急匆匆地赶回来了。这是为什么？出了什么事情？"阿波罗"计划究竟怎么了？

1961 年 5 月 25 日，肯尼迪（John Kennedy）总统向参众两院联席会议提交了题为《国家的紧迫需要》的咨文，提出要启动"阿波罗"计划。他的远见和胆略令我震惊。我们要使用还没有设计出来的火箭和从来没想过的合金，要采取没有制定过的太空导航与飞船在太空中对接的方法，以便把人送入一个未知世界（一个未做初步登陆演习甚至未用机器人探测过的世界），并且还要让他们平安地返回地球。而这项任务要在 20 世纪 60 年代之内实现！何况这个充满信心的宣告是在美国还没有实现环地轨道载人飞行之前做出的！

---

[1] 基督教《圣经》中记载的没有建成的通天塔。——译者

我当时是一个初出茅庐的博士，真的认为这一切的核心都是为了科学。但是那位总统并没有谈到探索月球的起源，甚至连从月球运回一些月面岩石样品做研究也只字未提，他似乎只关心把一个人送上月球并把他接回来。这是一种姿态。肯尼迪的科学顾问威斯纳（Jerome Wiesner）后来告诉我，他和总统达成了一项协议：如果肯尼迪不宣称"阿波罗"计划是为了科学，那么他就会支持这项计划。可是，如果不是为了科学，那是为了什么呢？

别人告诉我，"阿波罗"计划真的是为了政治。这听起来就比较对头了。如果苏联在空间探测中领先，如果美国缺少"国家威力"，那么不结盟国家就会向苏联靠拢。但是，我不以为然。实际上，美国在大多数科技领域比苏联强，美国在经济、军事等方面都处于领先地位。难道由于加加林进入环地轨道领先于格伦（John Glenn），世界格局就会发生变化吗？空间技术有什么特殊之处？想了又想，我突然想通了。

把人送入环地轨道，或者把机器人送入环日轨道，都需要火箭，需要可靠且强有力的巨型火箭，而同样的火箭可以在核战争中使用。用把人送上月球的技术，同样也能够把核弹头发射到半个地球之外的目标。把一位天文学家和一架望远镜送入环地轨道的技术，同样也可用于运载"激光作战装置"。回溯当年，在东方和西方的军界人士中都有一些富于幻想的言论，诸如把太空当作居高临下的新"制高点"，哪个国家"控制"了太空就能"控制"地球。当然，那时战略火箭已经在地球上多次试验过了。但是把一枚装有模拟核弹头的弹道导弹发射到太平洋中部的一个靶区，并不显得多么荣耀，而把人送进太空会赢得全世界的关注并唤起大众的想象力。

你不会单为这个缘故不惜花费钱财把航天员送入太空，但是在显示火箭威力的所有方式中，这种做法是最好的。这是一个国家举行成年礼的仪式。实际上不需要任何人进行解释，只需要看看助推火箭的样子就一清二楚了。这种信息似乎可以不知不觉地传递，而我们不需要费神去领会到底发生了什么事。

我的从事空间科学研究的同事们今天正在一块钱一块钱地争取经费，他们也许忘记了在辉煌的"阿波罗"时代以及稍早一点的时候为"太空"获得经费是何等容易。这方面可以举出的例子很多。例如在 1958 年，苏联发射第一颗人造地球卫星之后只有几个月，当着众议院国防拨款小组委员会的面，空军助理部长霍纳（Richard E. Horner）为答复众议员弗勒德（Daniel J. Flood，宾夕法尼亚州民主党人）的质询而作证时，两人有这样一段对话。

霍纳：从军事观点出发，为什么需要把人送上月球呢？一个原因是，从传统观点来说，因为它就在那里[1]。另一个原因是我们害怕苏联人捷足先登，得到我们没有预料到的存在于那里的利益……

弗勒德：如果我们拨给你们需要的经费，要多少给多少，你们在空军任职的人能不能用某种东西，任何东西都行，在圣诞节前登陆月球？

霍纳：我确信我们能办到。做这类事情总要担一些风险，但是我觉得我们做得到。是的，先生，能做到。

---

[1] 在英语中，"Because it is there"（因为它就在那里）往往用来回答毋庸详细解释的问题。——译者

弗勒德：你有没有请求空军或国防部给你们足够的经费、硬件和人员，从今天晚上就快马加鞭地干起来，争取从绿色乳酪球[1]上敲下一小块，当作圣诞礼物送给山姆大叔[2]？你们有没有这样请求过？

霍纳：我们已经把这个计划提交给国防部部长办公室，目前他们正在审议。

弗勒德（转向主席）：主席先生，我赞成目前就把经费批准给他们使用。可以从我们的预备金中拨付，不必等人来闹市区下决心向我们申请。如果这位讲的是正经话，如果他知道该怎么办，我相信他知道，那么本委员会今天连 5 分钟都不必等了。我们应当把他所要求的全部经费、所有硬件和一切人员都给他，不管别人怎么说和怎么要求。告诉一个人爬上山顶，不必问为什么要爬，只要爬上去就行了。

在肯尼迪总统制订"阿波罗"计划的时候，美国国防部有一大批空间计划正在进行：把军事人员送入太空，让他们在环地轨道上飞行；在轨道平台上安装自动控制武器，用以击落其他国家的卫星及弹道导弹。"阿波罗"计划取代了这些计划（它们还从未达到可行的阶段）。可以认为，"阿波罗"计划有助于实现另一个目标，即把美苏之间的太空竞争从军事领域转向民用领域。有人相信，肯尼迪想用"阿波罗"计划来取代太空武器竞赛。也许是这样。

就我看来，在那个历史性时刻最有讽刺意义的象征是由"阿

---

[1] 西方有人戏称月球是一个很大的绿色乳酪球。——译者

[2] 美国的绰号。——译者

波罗 11 号"送上月球的东西中有尼克松（Richard Nixon）总统签名的一个徽章，上面刻着"我们代表全人类和平地来到这里"。正当美国在东南亚的一些国家投掷 750 万吨常规炸药的时候，我们为自己的人道主义而感到庆幸：在没有生命的岩石上，我们不会伤害任何人。这块徽章还在那里，钉在"阿波罗 11 号"登月舱的基地上，在没有空气的、荒凉的静海中。如果没有人去干扰它，100 万年后它上面的文字仍将清晰可辨。

继"阿波罗 11 号"之后，美国又发射了 6 艘飞船。除了一艘以外，其余几艘都成功地在月球表面着陆。"阿波罗 17 号"首次带去了一位科学家，可是他刚登上月球，"阿波罗"计划就被取消了。到月球上去的第一位科学家和在月球上着陆的最后一个人是同一个人。在 1969 年 7 月的那个晚上，"阿波罗"计划的目标就已经达到，后来的 6 次探测只不过显示了它的后劲而已。

"阿波罗"计划的主旨不是科学，甚至也不是太空，它代表的是意识形态对抗和核战争，我们经常采用的委婉说法是世界的"领导地位"及国家的"威望"。尽管如此，我们还是完成了很好的空间科学研究工作。我们现在关于月球的组成、年龄、历史以及月球表面地形起源的知识都比以前丰富多了，对月球起源的了解也有新的进展。我们有些人利用月球环形山的统计资料来更好地了解生命出现时期的地球。但是比这些成就更为重要的是，"阿波罗"计划为整个太阳系辉煌的无人太空飞船探测提供了帮助，使我们初步考察了几十个天体。"阿波罗"的子女们已经到达各颗行星的疆域了。

如果没有"阿波罗"计划，也就是说如果没有它所追求的政治目标，我想美国为发现和开发整个太阳系所进行的具有历史意义的探测就不会出现。"水手号""海盗号""先驱者号""旅行者号"以及"伽利略号"都是"阿波罗"计划带给我们的礼物。"麦哲伦号"与"卡西尼号"则是隔得较远的后代。与此相似的是苏联在太阳系探测方面的开拓性工作,包括"月球9号""火星3号"及"金星8号"等无人太空飞船在其他世界的首批软着陆。

"阿波罗"计划使我们感受到的是认识未来世界的信心、干劲以及卓越的远见。这也是它的一个目的。它激发人们对科学技术的乐观态度和对未来的热情。很多人都说,既然我们能够飞往月球,还有什么事情办不到呢?那些反对美国的政策与行动的人,甚至那些把我们想成最坏的人的人,也承认"阿波罗"计划所蕴含的天赋才智和英勇无畏的精神。"阿波罗"计划使美国成为一个伟大的国家。

当你整理行装准备出远门时,你不知道情况究竟会怎样。"阿波罗"的航天员们在飞往与飞离月球的途中都拍摄了我们的家园——地球的照片。这是当然要做的事情,但是这产生了很少有人能预料的结果。地球上的居民破天荒从天上看见了他们的世界——完整的地球,彩色的地球,在辽阔的、漆黑的太空背景中不断自转着的、蓝白相间的精致小球。这些照片有助于唤醒我们关于行星的迷糊意识。它们提供了无可争辩的证据,表明我们大家同在一颗脆弱的行星上面。它们提醒我们什么是重要的,而什么不是。它们是"旅行者号"拍摄的淡蓝色光点形象的前身。

我们也许正好及时发现了这种前景,正当我们的科技对我们在这个世界上生存构成威胁的时候。不管"阿波罗"计划原先发起的理由是什么，也无论它在冷战时期的民族主义和成为毁灭人类的工具的泥坑中陷得多深，它不可避免地使我们认识到地球是一个整体，并且它很脆弱。这是它的明确和辉煌的成果，也是它赠送给我们的出人意料的、最后的礼品。以殊死的竞争为起点的"阿波罗"计划，已帮助我们认识到我们能够继续生存下去的重要前提便是全世界的合作。

旅行使我们的眼界开阔。

现在是重新上路的时候了。

第 14 章

探测其他行星和保护地球

对其他行星的研究可以让我们知道在地球上哪些蠢事不能干。

行星在其演化的各个阶段都受到与地球相同的形成力量的作用，因此它们具有与地球过去（也许还有未来）同样的地质形态，于是可能也有生命。不仅如此，对有些情况而言，这些力量还在与地球完全不同的条件下起作用，因此定会出现与人类所知道的不一样的地理形状。这种资料对比较科学的价值实在太明显了，因此不需要加以讨论。

——戈达德（Robert Hutchings Goddard）

《札记》（1907 年）

我生平第一次看见弧形的地平线。一条薄薄的深蓝色光带——这就是大气——使地平线镶上了边。这显然不是过去许多次人们告诉我的大气"海洋"，它那脆弱的外貌使我感到恐惧。

——梅博尔德（Ulf Merbold）

德国航天员（1988 年）

当从环地轨道的高度俯视地球时，你看见的是一个被暗黑的真空包围的、可爱而又脆弱的世界。但是你透过太空飞船的舷窗凝视一块地面，远不及脱离飞船在太空中浮游时看见在黑暗背景上的整个地球扫过你的视野那样愉快。第一位获得这种

体验的人是列昂诺夫（Alexei Leonov）。他在 1965 年 3 月 18 日
离开"上升 2 号"，实现了首次太空"行走"。他回忆说：

"我向下看地球，我的头脑里出现的第一个想法是'地球毕
竟是圆的'。我一眼就能从直布罗陀海峡一直看到里海……我感
到自己像一只鸟，长了翅膀，能够飞翔。"

当你像"阿波罗"的航天员那样从更远处看地球时，它变
小了。最后，我们只能见到一些地理遗迹，其他什么也看不清。
让你注意的是，地球能够自给自足。偶尔有一个氢原子逃离，
或者有一点彗星尘埃掉进来。在太阳内部深处由庞大的、无声
的热核反应机产生的能量向四面八方倾泻，地球截获的极小部
分已足够把它照亮，并为我们有限的目的提供充足的热量。除
此之外，这个小世界便别无所求了。

从月球表面，你可以看见地球，它也许呈新月形，这时甚
至各大洲也看不清楚了。从最外面的行星上的有利地点看地球，
它只是一个苍白的光点。

从环地轨道看去，引人注目的是地平圈上嫩蓝色的圆
弧——这是从切线方向上见到的地球大气薄层。你现在可以了
解为什么没有"地区性环保问题"。分子很笨拙。工业毒素、温
室气体以及对保护我们的臭氧层起破坏作用的物质，由于它们
的愚昧无知，都不知道尊重国界，也不顾及国家主权。因为人
类的技术具有近乎神话般的威力，再加上短视的盛行，我们开
始在整个大洲或全球的规模上伤害自己。坦率地说，如果想解
决这些问题，就需要许多国家在许多年的时间里采取联合行动。

引起我深思的是这样一个出人意料的现象：饱含国与国之
间的敌对与仇恨情绪的太空飞行导致了一种令人震惊的超越国

界的见解。你只要在环地轨道上花一点点时间凝视大地，你的心中铭刻得最深的国家主义观念就会开始消散。国家主义就像一个杏子上面的小虫之间的争吵。

如果我们被粘贴在一个世界上，我们就会受它的局限，不知道还可能有别的世界。这就好像一位只会欣赏法由墓[1]壁画的美术行家，一位只知道臼齿的牙科医生，一位只懂得新柏拉图主义的哲学家，一位只研究中文的语言学家，或者一位只知道有关地球上自由落体的重力知识的物理学家。我们的眼光很短浅，我们的见识很狭隘，我们预测未来的本领有很大的局限性。与此形成对比的是，当探测其他世界时，我们以前认为行星只能有的那样一种类型其实不过是大量可能类型中的一种而已。在看到其他世界的时候，我们开始了解，在这个方面太多而在那个方面太少会造成什么结果。我们知道一颗行星会出什么毛病。我们得到了太空飞行先驱戈达德所预见的一种新知识，这称为比较行星学。

对其他行星的探测，已经扩大了我们研究火山、地震与天气的眼界。这在某一天会对生物学产生深刻的影响，因为地球上的一切生物都从属于一个共同的生物化学总体系。发现一种地外有机体，即使是微不足道的细菌，也会使我们对生物的认识发生一场革命。探测其他行星和保护地球是有联系的，这种联系最明显地表现在对地球气候以及现代人类技术对气候日趋严重的威胁的研究上。对其他行星的研究可以让我们知道在地球上哪些蠢事不能干，而这是至关重要的。

近年来发现了以下 3 种潜在的、都是在全球范围起作用的

[1]　沙特阿拉伯境内的古墓。——译者

环境灾害——臭氧层枯竭、温室效应和核冬天。我们现在认识到这 3 个发现都与行星探测有密切联系。

（1）令人不安的是发现了一种不容易产生化学反应而用途极广的惰性物质（它可以用作冰箱和空调的制冷剂，制作具有除臭功效以及其他用途的喷雾剂，制造快餐食品轻便的泡沫包装盒和微电子装置的清洁剂，等等）会危害地球上的生命。这有谁会想到呢？

我们谈到的是氯氟烃。它们的化学性质极其不活泼，这意味着它们很难受到破坏，但是在臭氧层里太阳的紫外线可以使它们分解。这时它们释放的氯原子会破坏对我们起保护作用的臭氧并使它分解，于是让更多的紫外线射到地面上。紫外线增强会引起一系列潜在的可怕后果，这不仅会导致皮肤癌和白内障，还会使人类的免疫能力减弱，最危险的是可能损害农业及植物的光合作用，而这正是地球上大部分生物赖以生存的食物链的基础。

是谁发现了氯氟烃的分子对臭氧层的危害呢？是不是承担法人责任的主要生产厂家杜邦公司？是不是保护我们的环境保护署？是不是保卫我们的国防部？都不是。发现者是两位在象牙塔内穿白大褂、从事其他工作的科学家，即加利福尼亚大学欧文分校的罗兰（Sherwood Rowland）和莫利纳（Mario Molina）。这所大学甚至还不属于常青藤联盟[1]。谁也没有指示他们去关注环境的危险。他们进行的是基础研究。他们是追寻自己兴趣的科学家。应当让每个学童都知道他们的名字。

---

[1] 指美国东北部的哈佛大学、哥伦比亚大学、普林斯顿大学等 8 所名牌大学，它们的历史悠久，墙上爬满常青藤，故得此名。——译者

　　在罗兰与莫利纳原来的计算中，他们使用了涉及氯和其他卤素的化学反应的速率常数，而测定这些常数的经费有一部分是由美国国家航空航天局提供的。为什么美国国家航空航天局会提供经费呢？这是因为金星大气中有氯气和氟气分子，而行星科学家想了解金星大气里正在发生的事情。

　　不久以后，由哈佛大学麦克尔罗伊（Michael McElrov）领导的工作小组确认了氯氟烃分子对臭氧枯竭所起的作用的理论研究。为什么他们的计算机里已经有卤素化学反应动力学的全部分支网络程序？这是因为他们正在研究金星大气中氯气与氟气的化学性质。于是金星帮助科学家发现并确认了地球的臭氧层正处于危险状态。人们在这两颗行星的大气光化学之间找到了一种完全没有预料到的联系。这样，对地球上的每一个人都很重要的成果竟来自很可能已被视为最不着边际的、抽象的和毫无实用价值的工作，即对另一颗行星的高层大气中的次要成分化学性质的研究。

　　这项研究与火星也有关系。我们通过"海盗号"的探测发现火星表面显然没有生物，甚至显著缺少简单的有机分子。但是那里应该有简单的有机分子，这是因为来自附近小行星带的含有丰富有机物的小行星会与火星相撞。这种缺乏有机物的现象，一般被认为缘于火星没有臭氧层。由"海盗号"的微生物实验可以知道，从地球上带到火星上并被撒到火星表面的有机物很快就会被氧化并分解为无机物。引起这种分解的物质是与过氧化氢相似的分子。我们用过氧化氢作为消毒剂，是因为它可以通过氧化杀死细菌。来自太阳的紫外线在没有臭氧层阻拦的情况下直接射到火星表面。如果那里曾经存在有机物，它们很快就会被紫外线及其产生的氧化物毁掉。因此，火星最上层的土壤很干净，一部分原因是火星有一个像行星那样大小的臭氧层空洞。对于忙忙碌碌地使自己的臭氧层变薄和出现空洞的我们来说，这自然而然是一个有益的警告。

（2）我们已经预料到，全球气候变暖是温室效应不断增强的结果，而温室效应主要是由化石燃料燃烧所产生的二氧化碳引起的。其他能吸收红外线的气体（氮的氧化物、甲烷、氯氟烃以及别的一些物质）的聚积也能加剧温室效应。

假定我们有一个地球气候的三维大气环流计算模型，它的程序设计人员宣称，如果大气的某种成分增加了，而另一种成分减少了，他们就能够推测地球大气有什么变化。这个模型对"预测"现在的气候确实很有用处，但是它带来了一件恼人的麻烦事：这个模型已经被"调整"到它给出的结果是正确的。也就是说，为它选用的一些可调节的参数不是来自物理学的基本原理，这些参数的选用是为了得出正确答案。这并不完全是欺骗，但是如果我们把同一个计算模型应用于颇不相同的气候体系，例如极度的全球变暖，于是这种"调整"就可能不再适宜。这个对今天的气候也许适用的模型不能外推到其他情况。

考察这个程序的一个办法是用它研究其他行星的截然不同的气候。它能否推测火星大气的结构以及它的气候？能否做天气预报？对金星又怎样呢？如果它在这些检验中失灵了，我们就理所当然地不相信它对地球做出的预测。事实上，我们现在使用的气候模型是从物理学的基本原理出发的，它能够很好地预测金星与火星的气候。

我们知道，在地球上对流作用使地幔深处的岩浆以超级喷流方式向上大股喷出，然后形成辽阔的冷凝玄武岩高原。一次壮观的喷发大约在 1 亿年前出现过，它或许使大气中的二氧化碳含量增加到现在的 10 倍，由此引起全球显著变暖。可以认为，这种喷发在地球历史上多次发生过。类似的地幔岩浆喷发似乎在火星与金星上也出现过。我们有合理的理由了解，从脚底下几百千米的深处，怎么会突然发生不明不白的事情，使地球表面和气候发生重大变化。

近来关于全球变暖的一些最重要的研究，是美国国家航空航天局在纽约市的一个机构，即戈达德空间科学研究所的詹姆斯·汉森（James Hansen）及其同事完成的。他开发了一套计算机气候模型，并用它来预测温室气体继续聚积时地球气候会有什么变化。他曾用地球古代气候检验过这些模型（有趣的是，在上个冰河时期二氧化碳及甲烷含量升高与气温升高明显有关）。詹姆斯·汉森收集了 19 世纪和 20 世纪的大量气候资料，以了解全球温度的实际情况，然后把它与计算机模型预测的本应出现的情况进行比对。二者吻合的程度在测量与计算的误差范围之内。白宫的管理和预算局出于政治需要［当时是里根（Reagan）执政的年代］，指令詹姆斯·汉森夸大不确定性和缩小危险性，但是他在国会上作证时勇敢地拒绝这样做。他对菲律宾皮纳图博火山爆发的预言以及由它引起的地球气温暂时下降（约 0.5 摄氏度）的计算结果都正确。他是说服世界各国政府应当认真对待全球变暖的主要人物。

詹姆斯·汉森怎么会首先对温室效应感兴趣呢？他的博士学位论文（1967 年在艾奥瓦大学撰写）是关于金星的。他赞同金星非常炎热的表面产生很强的射电辐射，也赞同温室气体保留了金星表面的热量。但是，他提出主要的能源是来自金星内部的热量而不是太阳光。1978 年"先驱者 12 号"飞临金星时把一些探测器投入大气，它们直接探明一般的温室效应（即太阳使行星表面受热，而空气的屏蔽作用把热量保存下来）是起作用的因素。正是金星使詹姆斯·汉森开始思考温室效应的问题。

你知道，射电天文学家发现金星是一个强无线电发射源。关于射电辐射来源的其他解释都失败了。因此，你推断金星表面一定热得难以想象。你要进一步阐明高温因何而来，就只能求助于这种或那种无情的温室效应。再过几十年，你会发现这项研究工作的训练能够让你准备好了解并帮助你预测对地球上人类文明的一个意料不到的威胁。我还知道许多别的事例都表明，科学家起先想解开其他行星的大气之谜，但结果得出了对地球很重要且非常实用的发现。因此，其他行星是培养研究地球的学者的极好的训练场。这些学者的知识既要有广度，也要有深度。他们向想象王国挑战。

谁要是怀疑二氧化碳导致全球气候变暖，不妨了解一下金星上大规模的温室效应，这是有益的。没有人会提出金星的温室效应缘于鲁莽的金星人燃烧了太多的煤炭，驾驶燃油效率低的汽车，砍倒了他们的森林。我的看法不一样。我们的这颗近邻行星，除了表面热到可以熔化锡和铅以外，在其他方面都与地球类似。有些人认为，地球上不断增强的温室效应可以不治自愈，我们实在不必为此自寻烦恼。他们甚至还说温室效应本身便是一个"骗局"（你从有些自称保守分子的著作中可以读到这些言论）。对这些人来说，金星的气候变化史很值得借鉴。

（3）核冬天是指在一场全球性的热核战争后，主要由于城市及炼油、储油设备的燃烧，细小烟雾粒子进入大气，使地球变暗变冷的现象。对于核冬天会真正严重到什么程度，出现了激烈的科学争论。各种不同的见解现在趋于一致。所有的三维大气环流计算机模型都预测出，在一场全球范围的热核战争之后，地球的温度会比更新世冰河时期[1]的温度更低一些。这对世界文明产生的后果（尤其是农业的彻底崩溃）是极为可怕的。

核冬天是在 1982—1983 年由 5 位科学家（我感到很自豪，自己是其中一员）组成的小组首先研究和命名的。这个小组以这 5 位科学家姓氏的首字母命名为 TTAPS。这 5 个人的名字是特科（Richard P. Turco）、图恩（Owen B. Toon）、阿克曼（Thomas Ackerman）、波拉克和我自己。在 TTAPS 小组里，两个人是行星科学家，其他三个人也在行星科学领域发表过许多文章。最早想到核冬天是在"水手 9 号"探测火星期间，那时在这颗行星上正出现一场全球性的沙尘暴，我们看不见它的表面。飞船上装载的红外光谱仪发现火星的高层大气比预期的要热一些，而表面比预期的冷一些。波拉克和我坐下来努力进行计算，想弄清楚这是怎么一回事。在随后的 12 年中，这条研究线索将我们从火星上的沙尘暴引向地球上火山喷出的悬浮微粒，再到可能出现的使恐龙灭绝的撞击尘埃，然后是核冬天。你永远也不知道科学会把你引向何方。

行星科学促成一种跨学科的观点。事实证明，这对发现和试图消除迫在眉睫的环境灾难大有裨益。当开始了解其他行星的时候，你对我们自己的行星环境的脆弱以及可能存在的别的

---

[1]　大约 100 万年前。——译者

完全不同的环境会形成一种新的见解。仍然很可能有尚未发现的潜在的全球性灾难。如果确实有这样的灾难，我敢断言，行星科学家在对它们的研究中将发挥核心作用。

在数学、技术和科学的一切领域中，国际合作性最强的学科（这表现在同一研究论文往往由两个或更多国家的作者合作完成）是地球与空间科学。正是由于这门学科的性质，研究它的人往往不是地方主义者、国家主义者和沙文主义者。很少有人因为是国际主义者而进入这个领域。他们几乎毫无例外，都是由于其他原因进入这一领域的，然后发现这种补充自己原来工作的杰出研究是其他国家的科研人员正在做的。他们还发现，为了解决一个问题，你需要在自己的国家里无法得到的资料或一架望远镜（如需要观测南天的天象）。你一旦尝到了这种合作的甜头（来自世界上不同地区的人们使用彼此都能了解的科学语言一起工作，成为共同关心的事业的伙伴），就不难设想这种合作也可能在其他的非科学性的项目中实施。我个人认为，地球和空间科学的这种特色可以成为世界政治中和解与团结的力量。不管这是否有益，这种趋势已经是不可避免的了。

当我看到这种证据时，它似乎告诉我，行星探测对我们住在地球上的人来说，是最实用和最迫切的事业了。即使探测其他世界的前景并不使我们受到鼓舞，即使我们没有一丝一毫的冒险精神，即使我们只关心自己，在最狭隘的意义上，行星探测仍然是一种极好的投资。

第 **15** 章

奇异世界的大门打开了

『让我们一起去火星吧。』

通向奇异世界的大门打开了。

——梅尔维尔

《白鲸》第一章（1851 年）

在将来的某个时候，说不定就在明后天，会有一个国家（更可能是一个国际联合组织）要采取太空探测的下一个重大举措。它大概会绕过官僚机构，并有效地运用现有的科学技术。它也许要使用超越目前的大口径化学燃料火箭的新工艺。这些新型太空飞船的航天员将置身于新的世界，在那里将有第一个婴儿诞生。人们开始利用那里的资源生活。我们就要踏上征途了。未来会记住我们。

既令人好奇又雄伟庄严的、与我们仅有一门之隔的火星，是航天员或太空人可以安全着陆的最近的行星。虽然有时火星会像新英格兰的 10 月那样暖和，但总的来说，它是一个寒冷的地方，冷到稀薄的二氧化碳大气会在冬季结成干冰降落在极地。

火星是离我们较近的行星，我们用小型望远镜可以看清其表面。在整个太阳系中，它是最像地球的行星。除了近距离飞越之外，只有几次完全成功的火星探测，比如 1971 年的"水手 9 号"以及 1976 年的"海盗 1 号"和"海盗 2 号"执行的探测任务。它们发现了一条很深的断裂峡谷，其长度相当于从纽约到旧金山的距离；还发现了巨大的火山，其中最高的超出火星表面平均高度 26 千米，几乎是地球上珠穆朗玛峰海拔的 3 倍。火星极冠内还有错综复杂的层状结构，就像打牌时乱堆在桌上的一大堆筹码。这种层状结构可能是过去气候变迁留下的遗迹。风吹过沙尘在火星表面留下明暗两种条纹，向我们提供了过去几十年乃至上百年火星上的高速风向和风速图，可以显示有环绕火星的沙尘暴，还有若干奥秘难解的表面形态。

在火星上还可以找到数以百计的、几十亿年前形成的、蜿蜒曲折的河床和峡谷网，它们主要出现在布满环形山的南方高地。它们表明火星早期的气候比较温和，这与地球相似，而很不像现在被一层稀薄寒冷的大气所覆盖的情景。有些古老的河床好像被雨水冲刷过，有些在被地下水损毁后坍塌，也有些被地下冒出的大股洪水冲刷过。今天干涸见沙的大撞击坑，在以前有江河倾注时，积水宽达上千千米。早期注入火星湖泊的大瀑布可以使地球上的任何瀑布都相形见绌。火星上可能曾经有过深度达几百米甚至 1 千米的浩瀚海洋，可是今天我们连它的海岸线也认不出来了。这本来是一颗值得我们去探测的行星，但我们毕竟迟了 40 亿年。[1]

正好在同一时期，地球上早期的微生物出现了并开始演化。基于最基本的化学原理，地球上的生命与水密切相关。我们人类身体的含水量约为 60%。与古代地球上从天空中落下来的以及在空气与海洋中产生的同样种类的有机分子，也应当在古代火星上聚积起来。是否可以认为在早期地球上生命很快就在水里出现了，但是由于某种原因，在早期的火星上生命在水里受到抑制和约束？或许火星的海洋里曾经挤满了生命——它们在那里漂浮、产卵、演化？有哪些奇形怪状的动物曾经在火星的海洋中游过？

不管在那些遥远的岁月里上演过什么历史剧，大约在 38 亿年前一切都乱套了。我们可以看出，自那时起古代环形山受到的侵蚀突然开始变缓了。在大气变得稀薄的时候，河流不再流动的时候，海洋开始干涸的时候，温度骤然下降的时候，生物只好撤退到少数可以让它们栖息的地方去，也许是蜷缩在冰封的湖底。最后，生物都灭绝了。这些生物的异域有机体也许是按与地球生命截然不同的方式形成的。这些生物的尸体和化石都处于深冻状态，等待在遥远的未来到达火星的探测者去发掘。

陨石是在地球上找到的其他天体的碎片。它们大部分是在火星轨道与木星轨道之间环绕太阳旋转的、为数众多的小行星相互碰撞产生的，但是也有少数陨石是由于一颗大流星高速撞上一颗行星或小行星，砸出一个坑，并把溅起的表面物质抛入太空而产生的。被抛射的岩石中极少的一部分在千百万年后可能与另一个星球相遇。

南极洲的荒凉冰原上到处散布着陨石，它们保存在低温状态下，直到最近都没有被人动过。它们中间有一些叫作 SNC[2]（读作"司尼克"）的陨石。这种陨石有一种初看起来几乎令人难以置信的奇怪特征：在它们的矿物与玻璃状物质的内部有一点被封闭起来不受地球大气污染的气体。对这种气体进行分析后发现，它的化学成分和同位素占比与火星大气的刚好一样。我们不仅进行了光谱分析，还利用"海盗号"着陆器在火星表面进行了直接测量，从而对火星大气有了透彻的了解。SNC 陨石来自火星！这几乎使每个人都大吃一惊。

这些陨石原先都曾熔化过并再次凝固。所有 SNC 陨石的放射性元素年代测定结果表明，它们的原始岩石是在距今 13 亿年至 1.8 亿年间由岩浆凝固而成的。后来由于碰撞，它们被从火星上抛向太空。根据它们在火星与地球之间的行星际旅途中有多长时间受宇宙射线的照射，我们可以知道它们的年龄，即多久以前它们被从火星上抛射出来。在这个意义上，它们的年龄是 70 万年到 1000 万年。因此，它们只是火星历史上最近的千分之二年代里的样品。

SNC 陨石所含的某些矿物确切地表明，它们曾一度在水里（并且是在温暖的液态水里）浸泡过。由这些被温水浸过的矿物质可以知道，火星上（也许是遍布火星各处）不久前不知什么缘故曾有过水。可能是内部热量将地下冰层融化成水，但是无论水从何而来，我们自然会怀疑生物已经完全灭绝。也许在我们的时代来临之前，它们不知怎的已经转移到地下湖泊里，甚至在表土之下的潮湿薄层里继续生存。

美国国家航空航天局约翰逊空间中心的地球化学家吉布森（Everett Gibson）和卡尔松（Hal Karlsson）从一块 SNC 陨石中提取出一滴水，这滴水所含的氧与氢的同位素比值和地球上的大不一样。我把这种来自另一个世界的水看作对将来的探险家和移民的一种鼓励。

可以想象得到，如果从火星上经过挑选的具有科学意义的地区采集一大批标本（包括从未熔化过的土壤及岩石）并运回地球，我们也许能发现什么好东西。我们能够用小型机器人巡游车去完成这项任务，这已经指日可待了。

把一个世界地下的物体转移到另一个世界上去，这是一个引人入胜的问题。40 亿年前有两颗邻近的行星，它们都是温暖和潮湿的。在这两颗行星由星子聚集而成的最后阶段，来自太空的碰撞比今天要频繁得多。每一个世界的物质都不断被抛掷到太空中去。我们确信，这个时期至少在一个世界上有生命。我们知道，在碰撞、抛出和被另一世界截获的整个过程中，一部分碎片一直都是冷的。那么，在 40 亿年前，地球上早期的有机物会不会有一些被安全地转移到火星上，并且在那里形成生命呢？或者，提出一个更具推测性的问题：地球上的生命是不是从火星上转移过来的？这两颗行星在若干亿年的时间内会不会有规律地交换过各种生命形态？这种设想可以设法检验。如果我们在火星上发现了生命现象，并且发现它与地球上的很相似，也确信在探测过程中它未被我们自己传入的微生物污染过，那么很久以前生命在行星际空间来回传输的假说就值得认真研究了。

曾经有一段时期，人们认为火星上有形形色色的生物，甚至持怀疑态度的天文学家纽康（Simon Newcomb，他的《通俗天文学》在 20 世纪的前几十年间印行过许多版本，是本书作者童年时代的天文学教科书）也得出结论："火星上大概有生命。几年前一般人都认为这种说法是异想天开，而现在它已经普遍为人们所接受了。"但他很快又补充道，这不是"高级智慧生命"，而是绿色植物。然而现在我们已经去过火星了，已经去找过植物了，还找过动物、微生物和智慧生命。即使没有其他形式的生命，我们仍然会想到，和今天地球上的沙漠一样，也和地球几乎全部历史上的情况一样，火星上也许有各种各样的微生物。

　　"海盗号"的生物探测实验，按设计只用于研究可能存在的生物类型中的一个小分支，实验方法侧重于寻找我们所了解的生物。谁也不会笨到把连地球上的生物都探测不出来的仪器送到火星上去。这些仪器极为灵敏，可以在地球上最没指望和干旱的沙漠与不毛之地找到微生物。

　　有一个实验是在有来自地球的有机物的情况下测定火星土壤与大气之间的气体交换。另一个实验是把许多种带有放射性示踪物的有机食物送上火星，看它的土壤中是否有小虫吃掉这些食物，并把它们氧化为具有放射性的二氧化碳。还有一个实验是把放射性二氧化碳和一氧化碳注入火星土壤，看有没有能够吸收这两种气体的微生物。我认为所有参与这些实验的科学家起先都大吃一惊，因为每个实验起先似乎都得出了肯定的结果：有气体交换，有机物被氧化了，二氧化碳被土壤吸收了。

　　但是我们有理由持慎重态度。这些引人注目的结果并未被普遍认为是火星上有生命的良好佐证。火星微生物的这些假想的新陈代谢过程是在"海盗号"着陆器内部变化很大的环境中出现的。那里有时潮湿（从地球上带去了水），有时干燥；有时明亮，有时黑暗；有时寒冷（温度只略高于冰点），有时炎热（几乎达到水的正常沸点）。许多微生物学家认为，火星微生物未必能在这些变化很大的条件下生存。更加使人生疑的是第四个实验，这个实验是在火星土壤中寻找有机物。测试仪器很灵敏，但得出的是一致否定的结果。我们预料火星上的生命和地球上的一样，是由以碳为基础的分子组成的，但根本找不到这样的分子，这使外星生物学家中的乐观人士也感到失望。

　　现在科学家普遍认为，生命探测实验似乎得到了肯定结果，这是由于太阳光中的紫外线最终使土壤氧化了。但是在参与"海盗号"任务的科学家中仍有少数人怀疑，也许有适应性与生命力极强的微生物稀疏地分布在火星土壤中，虽然我们检测不出它们的有机化学成分，但是它们的新陈代谢过程可以被察觉。这些科学家并不否认火星土壤中有紫外线产生的氧化剂，但是他们强调单由现有的氧化剂不能完全说明"海盗号"的生命探测结果。有人尝试性地声称在 SNC 陨石中找到了有机物，而它们可能是在这些陨石到达地面后混入其中的污染物。到现在为止，没有人声称这些从天而降的岩石里有火星的微生物。

也许是因为这会引起公众的兴趣，美国国家航空航天局和参与"海盗号"任务的大多数科学家都对探讨火星上有生命的假说十分谨慎。现在，通过仔细检查旧有的资料还可以做更多的研究。"海盗号"的仪器可以用于研究南极洲或其他地方微生物含量很少的土壤，在实验室里对火星土壤中氧化剂的作用进行模拟，设计出阐明火星上是否存在生命的实验，为将来的火星着陆器研制做准备——并不排除对生命的进一步探寻。

如果在火星上相距 5000 千米的两个地点，用各种灵敏的仪器确实探测不出有生命存在的明显迹象（何况这颗行星上有可以把细微粒子刮到各处的大风），那么就可以说明，至少在今天，火星可能是一颗没有生命的行星。可是，如果火星上真的没有生命，那么再看看我们的地球，这两颗行星的年龄与早期情况相当，又是在同一个太阳系中相邻的位置上一起演化的，结果是一颗行星上有生物演化和繁衍，另一颗行星上却不是这样，这是为什么呢？

也许火星早期生物的化学及化石遗迹还能够找到——在表

层下面，安全地避开了今天仍在烘烤表面的紫外辐射以及由此产生的氧化物的影响。也许生命在一块因山崩而裸露出来的岩石表面，也许在一条远古河谷的两岸或干涸湖泊的底部，也许在极地表层的夹层中。火星上是否有生命的关键证据尚待我们去发现。

虽然火星表面没有有机物，但这颗行星的两颗卫星（火卫一与火卫二）拥有丰富的复合有机物，它们可回溯到太阳系历史的早期。苏联的"火卫一2号"太空飞船发现火卫一上有水蒸气逸出的证据，它好像有一个冰冻的内核，因辐射作用而变热。火星的卫星可能是在很久以前被从外太阳系的某处俘获来的，我们可以设想它们是由自太阳系最早期以来就没有变化的物质所组成的、距我们最近且可到达的天体。火卫一和火卫二都很小，它们的直径分别为约 22 千米和 12 千米，它们的引力微不足道。因此，要与它们会合，在它们的上面着陆，考察它们，把它们作为基地去研究火星，以及在工作完毕后离开它们回家，这些事都比较容易办到。

火星是科学信息的宝库。单就这一点来说，它就很重要，更何况它是科学家研究地球环境时的参照物。火星还有若干尚待揭开的奥秘。它的内部结构如何？它是如何形成的？一个没有板块构造的世界怎么会有火山？在一颗具有地球上人们做梦也想不到的沙尘暴的行星上，地形是如何塑造出来的？还有冰川和极地地形的形成、行星大气的逃逸，以及卫星的俘获，这些不过是随手拈来的一些例子。如果火星曾经拥有丰富的液态水和温和的气候，那么后来出了什么乱子？一个曾经与地球相似的世界怎么会变得这样干焦、寒冷和缺少空气？在此有没有我们对地球应当了解的事项？

我们过去一直是这样办的，古代的探索者已经了解火星的呼唤。但是，单纯的科学探测不需要有人参与。我们随时都可以送灵巧的机器人去火星。它们要便宜得多，它们不会顶嘴，你可以把它们送到危险得多的地方。我们始终面临探测失败的某种可能性，但不会冒生命危险。

"你见过我没有？"牛奶盒的背面所印的告示[1]这样说，"'火星观察者'长约 1.8 米，宽约 1.4 米，高约 0.9 米，重 2500 千克。最后一次联系是在 1993 年 8 月 21 日，地点是离火星 627000 千米处。"

1993 年 8 月下旬，挂在喷气推进实验室设备运行大楼外面表示哀悼的一面旗帜上写着"火星观察者，请打电话回家"。美国的"火星观察者"航天器在刚要进入环绕火星的轨道之际突然失灵了，这令人深感失望。这是 26 年来美国的月球探测器和行星探测器第一次在发射后失事。很多科学家和工程师把他们的 10 年职业生涯奉献给了"火星观察者"。这是自 1975 年"海盗号"的两个环绕火星的探测器和两个着陆器发射以来的 18 年间美国的第一次火星探测。它也是冷战结束后真正的第一艘太空飞船，俄罗斯科学家也参加了几个研究组。俄罗斯原来计划于 1994 年发射的火星探测着陆器以及计划于 1996 年开展的火星自动巡游车和气球探测都准备把"火星观察者"当作主要的通信中继站。

"火星观察者"所载的科学仪器原本会测绘出这颗行星的地

---

[1] 美国装牛奶的纸盒上常印有寻人启事。"火星观察者"太空飞船在火星附近失踪后，有人把寻找它的告示印在牛奶盒上。——译者

质化学信息，为后来的探测做准备，并确定着陆地点。这个航天器原本会对人们研究似乎发生在火星历史早期的大规模气候变迁提出新的启示。它原本还会以优于 2 米的分辨率拍摄火星表面的一些区域的照片。当然，我们不知道"火星观察者"原本会发现哪些奇异现象。但是，每当我们用新仪器和大为提高的分辨率考察一个世界时，就会有一大批令人眼花缭乱的新发现。这正如伽利略把第一架望远镜指向天空后，现代天文学便发端了。

按照质询委员会的说法，失败的原因大概是在加压时燃料箱破裂了，气体和液体喷射出来，于是受损的飞船失去控制而乱转起来。也许这是可以避免的，也许这是一次运气不佳的意外事故。为了在未来的探测中记住这次事故的教训，让我们回顾美国和苏联试图探测月球与行星的全过程。

在开始的时候，我们的记录甚为糟糕。太空飞船在发射时爆炸，没有到达目的地，或者到目的地就失灵了。随着时间的推移，我们在行星际飞行中有了进步。这里有一个学习和提高的过程，我们学习得很好。至于我们现在对飞行中的太空飞船进行检修的能力，前面描述过的"旅行者号"就是最好的说明。

我们看到，美国在第 35 次向月球和行星发射航天器时，累计探测成功率约为 50%，而苏联大约到第 50 次发射时才达到这一水平。把初期的不稳定情况和近来的比较好的情况加在一起平均，我们发现美国与苏联的累计发射成功率都约为 80%，但是美国的累计探测成功率仍在 70% 以下，而苏联则在 60% 以下。与此相应的说法是，这两个国家的月球探测与行星探测的失败率分别为 30% 和 40% 以上。

　　从一开始，到其他世界去探险就需要尖端科技，到今天仍然如此。这些探测器都配有备用的子系统，并由专心致志、富有经验的工程师来操作。可是，它们不是十全十美的。令人惊奇的是，并非我们干得很差，而是我们干得很好。

　　我们不知道"火星观察者"的失败是由于技术不过关，抑或只是统计上失败率的表现。但是，我们去其他世界探测，就应当预料到总会有失败。一艘无人太空飞船失踪时，没有人员伤亡。即使我们把载人探测的成功率再次大幅度提高，付出的代价毕竟仍然很大。好得多的办法是冒失败的危险，发射更多的无人飞船。

　　既然已经知道风险无法降到很低，为什么现在每次执行任务时只发射一艘飞船呢？ 1962 年，原计划用于探测金星的"水手 1 号"坠入大西洋，可是与它几乎一模一样的"水手 2 号"成为了人类有史以来第一个成功的行星探测器。"水手 3 号"失败了，但它的孪生兄弟"水手 4 号"在 1964 年成为第一艘近距离拍摄火星照片的太空飞船。还可以看看 1971 年同时发射的用于探测火星的"水手 8 号"和"水手 9 号"，前者准备绘制这颗行星的地图，而后者要研究火星表面特征的神秘的季节变化和长期变化。除此之外，这两艘飞船一模一样。"水手 8 号"掉进大海，而"水手 9 号"飞到火星，成为人类历史上第一艘环绕另一颗行星运转的太空飞船。它发现了火山、极冠的层状地质结构、古代的河谷，以及由风力形成的表面变化；它否定了"运河"[1]；它绘制了火星从一极到另一极的地图，并发现了我们今天所知

_____

[1] 以前有些天文学家用地面望远镜观察火星，宣称看到了一些条纹，并认为这是"火星人"开凿的运河。——译者

的火星的全部主要地质特征；它对自成一类的小天体中的两个成员（火卫一与火卫二）进行了首次近距离观测。假如我们只发射了"水手 8 号"，那么这个探测项目就彻底失败了。而由于两艘飞船一起发射，我们则取得了辉煌的、历史性的成功。

还有过两艘"海盗号"、两艘"旅行者号"、两艘"维佳号"，以及许多成对的"金星号"。为什么只发射了一艘"火星观察者"？标准答案是经费不足。它的费用太高，部分原因是它按计划由航天飞机发射，而用航天飞机作为发射探测行星的飞船的助推器，使费用高得出奇。在这种情况下，没有经费发射两艘"火星观察者"。在与航天飞机有关的多次延期和增加费用之后，美国国家航空航天局改变主意，决定用"大力神"运载火箭发射"火星观察者"。这样一来，就需要用一个新的承接器把飞船与"大力神"运载火箭连接起来，于是发射又推迟了两年。如果不是美国国家航空航天局太热衷于为越来越不合算的航天飞机招揽生意，我们可能就会早两年发射，并且可能不是一艘而是两艘太空飞船一起发射。

可是无论是单独发射还是成对发射，热心于空间探测事业的国家都认识到，再向火星发送无人探测器的时机已经成熟。发射任务改变了，新的国家参加进来，原来的国家发现它们的资金不足，甚至已经获得资助的计划也并不都靠得住。但是，现有的计划确实显示出各国努力和奉献的程度。

在我撰写本书的时候，美国、俄罗斯、法国、德国、日本、奥地利、芬兰、意大利、加拿大、欧洲空间局等都提出初步计划，通过合作对火星进行自动操纵的探测。1996—2003 年，一支约由 25 艘太空飞船（它们大多是较小而便宜的）组成的舰队将由地球发射到火星。它们都不是从火星旁边快速飞过，而是长期在环绕火星的轨道上飞行，或在火星上着陆。美国准备复制"火星观察者"丢失的仪器并再度发射。俄罗斯的飞船装载的仪器将可供大约 20 个国家联合开展雄心勃勃的实验。通信卫星将使火星上任何地点的实验站都能把它们收集的资料传回地球。在环绕火星的轨道上运行的飞船将向下发射穿进火星土壤的钻探器，然后从火星表面之下发送信息。载有仪器的气球和流动实验室将在火星的沙地上漫游，有些微型自动机器只有几千克重。着陆地点正待选定，它们将相互协调，仪器将相互校准，数据资料将自由交换。我们有充分的理由相信，在不久的将来，地球上的居民会越来越了解火星及其奥秘。

　　你戴上头盔和手套，走进地球上的遥控指挥中心。这是一间特殊的房屋。你把头向左转，这时火星上的巡游车的照相机也转向左方。你看见了这架照相机所拍摄的清晰度非常高的彩色图像。你朝前走一步，巡游车也前进了。你伸手拾起一件在泥土里闪亮发光的东西，于是机械臂也做同样的动作。火星上的沙粒沿着你的指缝落下来。利用这种虚拟现实技术的唯一困难是，这一切都得通过令人厌倦和缓慢的动作才能实现，因为指令从地球传到火星和数据由火星送回地球一次需要半小时甚至更长的时间。但这是我们能够学习的动作。如果这种耐心是探测火星需要付出的代价，我们能够学会耐心等待。我们可以使巡游车灵巧到足以应对常见的意外事故。如果出现某种更麻烦的事情，巡游车会自行停下，进入一种安全保护状态，然后发送电信号给地球，让一位非常有耐心的控制人员进行处理。

这些受魔法控制、到处巡游的灵巧机器人中的每一个都是一个小型科学实验室。它们在安全而单调乏味的地方着陆，到处漫游，在近处观赏火星上不可胜数的奇景。也许一个机器人每天都会漫游到它的地平线的尽头，于是每天早上我们都可以近距离观看昨天还在远处的高地。这种不断扩展的火星风光漫游会在电视新闻中播出，或者在教室里放映，人们便猜测还将发现什么。每天晚上从另一颗行星传回的新闻——意外发现的新地区和新科学探测结果——会使地球上的每一个人都感到自己好像也参加了这种探险。

于是出现了一种火星的虚拟现实。从火星传回的信息储存在一台新式计算机中，再馈送到你的头盔、手套和靴子上。你在地球上的一间空房子里踱步，但是你感觉自己好像是在火星上行走。你看到粉红色的天空和布满巨石的原野，沙丘延伸到地平线，那里庞大的火山隐约可见。你听见沙石在靴子下面嘎吱作响。你翻转岩石，挖一个洞，采集稀薄空气的样品。你拐一个弯，然后面对着……这一切都是你在家乡的一间安全的房屋中感受到的，也确实是在火星上发生的。这并不是我们探测火星的目的，但有一点很清楚，就是我们需要先让机器人探险家把真实情况传送回来，然后才能在地球上重现这一切。

在不断向机器人研制和人工智能研究投资的时候，没有单纯的科学上的理由能够说明需要把人送上火星。此外，能够通过虚拟现实技术体验火星探测的人比可能登上真正的火星的人要多得多。我们用机器人可以干得很好。如果把人送上火星，我们需要一个比科学与探测更好的理由。

20 世纪 80 年代，我想到了一个送人去火星的合乎情理的理由。我设想美国和苏联这两个将全人类文明置之不顾的冷战对手能够在一项卓有远见的高科技事业中合作，会给世界各地的人们带来希望。我想象出一个与"阿波罗"计划反其道而行的计划，它的原动力不是竞争而是合作。通过这种合作，两个在太空探测方面领先的国家会为人类历史上的一个重大进展（人类最终能在另一颗行星上定居）奠定基础。

这个想法似乎是很恰当的。能够发射《启示录》中所预言的洲际武器 [1] 的技术，同样也可以使第一批人飞向另一颗行星。这是对神话魔力的一种适宜的选择：去拥抱一颗以战神的名字命名的行星，而不是去干战神才会干的疯狂事情。

我们成功地使苏联科学家和工程师对这种合作感兴趣。早在这种想法流行之前，设在莫斯科的苏联科学院空间研究所的时任所长萨格捷耶夫（Roald Sagdeev）已经致力于苏联在金星、火星与哈雷彗星的机器人探测方面的国际合作。拟议中的合作要使用苏联的"和平号"空间站和与"土星 5 号"级别相当的"能量号"运载火箭 [2]，这对苏联研制这些硬件的机构很有吸引力，因为只有这样做才能够表明他们制作这些装置是必要的。经过一系列辩论（它们的主题之一是促使冷战结束），那时的苏联领导人被说服了。1987 年 12 月在华盛顿举行最高级会谈时，有人问戈尔巴乔夫先生什么是象征美苏两国关系改善的最重要的联合行动，他毫不犹豫地回答说："让我们一起去火星吧。"

但是，里根政府不感兴趣。与苏联人合作，承认苏联的某

---

[1] 《圣经·新约全书》最后一章说，在世界末日有一场极大的战争，所用的武器可以从一个大洲射向另一个大洲。——译者

[2] "土星 5 号"是美国最大的火箭，也是发射"阿波罗"太空飞船的第一级火箭。"能量号"是苏联最大的火箭。——译者

些科技比美国更先进，让苏联人获得美国的一些科技成果，共享荣誉，给武器制造商找到另一条出路，这些都是里根政府不喜欢的事情。合作计划被否决，火星便只能耐心等待。

只过了短短几年，时代改变了，冷战结束了。苏联解体了，两国合作的益处丧失了一部分吸引力。其他国家，尤其是日本和欧洲空间局的成员国，也参加了行星际旅行。许多项正当的和急迫的需求都被列入这些国家可以支配的预算。

但是"能量号"重量级火箭仍在等待发射任务，载重型的"质子号"火箭已整装待发。几乎一直载有航天员的"和平号"空间站仍然每隔一个半小时绕地球一圈。尽管内部不安定，俄罗斯的太空计划仍然在热火朝天地进行着。俄罗斯与美国在空间研究方面的合作正在加速进行。俄罗斯航天员克里卡列夫（Sergei Krikalev）于 1994 年在"发现号"航天飞机上完成了例行的一个星期飞行（在此之前，他已在"和平号"空间站上工作了 464 天）。美国航天员将访问"和平号"空间站。一些美国的科学仪器（包括检验被认为能破坏火星土壤中的有机分子的氧化剂的仪器）就要由俄罗斯的空间飞船带往火星。按原来的设计，"火星观察者"准备用作俄罗斯在火星上的着陆器与地球通信的中继站。俄罗斯人还提出，在即将由"质子号"火箭发射的多重载荷中，把美国的一艘将绕火星运转的空间飞船也包括在内。

美国与俄罗斯在空间科学方面的能力和技术可以相互补充，就像两只手的手指交叉在一起一样，在一方弱的地方，另一方强。这是在天空中结成的姻缘，但令人意外的是这总是难臻美境。

1993 年 9 月 2 日，美国副总统戈尔（Al Gore）和俄罗斯总理切尔诺梅尔金（Viktor Chernomyrdin）在华盛顿签署了一项深入合作的协议。克林顿政府已经命令美国国家航空航天局重新设计美国的空间站（在里根执政期间称为"自由号"），使它与"和平号"空间站有相同的轨道，让两个空间站可以对接；还要附加上日本和欧洲的太空舱，以及加拿大的一条自动机械臂。这些设计现已演变成名为"阿尔法"的空间站[1]。几乎所有从事太空探测的国家都参与了这项任务。

作为与美国进行空间合作和获取硬通货的交换条件，俄罗斯实际上同意停止向其他国家出售弹道导弹的部件，并广泛地加紧控制它的战略武器技术的出口。这样一来，和在冷战高潮时期一样，太空再次成为实施国家战略政策的一种工具。

然而这种新动向已经使美国的航天工业和国会中的一些关键人物深感不安。没有国际竞争，我们能不能推进这样雄心勃勃的计划呢？如果每次发射都用俄罗斯的火箭，这是否意味着会减少对美国航天工业的支持？美国人能否信赖俄罗斯人会持续支持合作项目并做长期努力（当然，俄罗斯人也会向美国人提出类似的问题）？从长远看来，合作项目可以节省经费，利用分散在世界各国的出类拔萃的科技人才，并激起人们对全球未来的向往。各个国家的许诺都可能有起伏变化。我们很可能前进几步，又后退几步。可是，总的趋势似乎是明显的。

尽管有不愉快的事件，但这两个以前的对手的空间计划开始联合起来了。现在已经可以预见到有一个国际性的空间站，它不属于任何一个国家，而属于地球这颗行星。这个空间站的轨道相对于地球赤道的倾角为 51 度，高度为几百千米。一个正

---

[1] 这便是如今国际空间站的前身。——译者

在拟议中的引人注目的合作项目称为"火与冰"[1]，计划发射一艘高速飞行的太空飞船，让它近距离飞过冥王星——最后一颗尚未探测的行星。为了飞到那里，飞船需要借助太阳的引力。在离太阳很近的地方，小探测器实际上会进入太阳大气。此外，我们似乎即将组成一个"国际集团"来对火星进行探测。这看起来很可能，因为如果没有全球合作，这些计划都根本无法完成。

让人去火星上探险是不是有正当的、合算的和可受到广泛支持的理由，还是一个悬而未决的问题，无疑还没有定论。这个问题留待下一章讨论。

我想论证，如果我们最终不打算把人送到像火星这样遥远的世界，那么我们就失去了建造空间站的主要理由（空间站是一个在环地轨道上一直或间断地有人居住的前哨站）。太空飞船绝不是研究科学的最佳场所——无论是朝下看地球，或者向上看太空，还是想利用微重力[2]，都是如此（正是航天员自身的存在把微重力弄乱了）。若用于军事侦察，空间站远逊于无人空间飞船。空间站在经济和工业生产方面也没有多大用处。与无人空间飞船相比，它要昂贵得多。此外，建造空间站当然要冒送命的危险。每次为建造空间站或为它供应物资而发射航天飞机，估计有百分之一二的灾难性失败的概率。以前发射的民用和军用航天器都在环绕地球的低轨道上留下了一些快速运动的碎片，它们迟早会与空间站碰撞（虽然迄今为止"和平号"空间站还

---

[1]　这个计划称为"火与冰"，是因为太阳是火热的，而冥王星是冰冷的。——译者

[2]　重力约为地球表面重力的十万分之一的地区为微重力区。——译者

没有遇到过这种危险）。探测月球也不需要空间站。即使没有空间站，"阿波罗"飞船还是成功地飞到了月球。用"土星 5 号"或"能量号"级别的大型发射器，可以到达近地小行星甚至火星，而不需要在轨道空间站上装配行星际飞船。

空间站具有启发智力和教育方面的意义，它肯定有助于巩固从事太空开发的国家（主要是美国与俄罗斯）之间的关系。但是就我所知，空间站唯一的实质性功能是为长期太空飞行服务。微重力对人的行为有什么影响？我们怎样阻止在失重情况下血液中化学成分的不断变化以及骨骼中每年约 6% 的钙流失（对在失重状态下必须花三四年时间飞往火星的旅行者来说，这个效应累积起来甚为可观）？

这些问题几乎说不上是与脱氧核糖核酸和演化过程有关的基本生物学问题，而只是应用人类生物学问题。解答这些问题是重要的，但是只有花费很长时间飞往太空中很遥远的地方[1]，才能使问题得到解决。对建造空间站来说，唯一合乎情理的实质性目的便是让人类最终到近地小行星、火星或更远的天体上去探测。美国国家航空航天局对明确说清这一点一直是很谨慎的。这也许是因为他们担心国会议员会感到厌烦，把手一伸，指责空间站是极其昂贵的楔子的尖端[2]，并且宣称美国把人送上火星的时机还不成熟。因此，事实上美国国家航空航天局对空间站的真正用途一直保持沉默。即使我们有了空间站，也没有人会要求我们马上就到火星上去。我们可以用空间站来积累和增进有关的知识，而且需要干多久都可以。一旦时机成熟，我

---

[1]　即长期在失重或微重力状态下生活。——译者

[2]　意为昂贵的空间站只是开端，后面还有投入更大的太空探测项目。——译者

们准备好去往其他行星时，就有了条件和经验，可以安全地到达目的地。

"火星观察者"的失败以及 1986 年"挑战者号"航天飞机的灾难性坠毁都提醒我们，人类将来飞往火星或其他天体时，总会有一定的难以避免的危险。"阿波罗 13 号"飞船未能在月球上着陆，勉勉强强地平安返回地球，这说明我们多么走运。虽然人类制造汽车和火车已经有一个多世纪了，但是我们还不能造出绝对安全的车辆。人类用火已经有 100 多万年了，但世界上的任何城市都有消防队员，他们耐心等待，哪里失火就去哪里将火扑灭。哥伦布 4 次远航寻找新大陆时，他的船只多次沉没，1492 年出发的那支小船队也损失了 1/3 的船只。

如果我们要送人去其他天体，必须有很好的理由，并且要有现实的认识，即几乎肯定会有人员伤亡。航天员们已经了解这一点。尽管如此，一直有人志愿献身，从来不乏其人。

但是，为什么去火星？为什么不再去月球？月球很近，并且我们已经证实能够把人送上去。我关心的是，尽管它很近，但是到那里去即使不是死胡同，也是绕弯路。我们已经去过了，还从月球带回来一些东西。人们已经看到了月球岩石，而且我有充分的理由相信他们已对月球感到厌倦。它是寂静的，没有空气，没有水，天空漆黑，是一个死的世界。它最令人感兴趣的也许是布满撞击坑的表面，这是在地球与月球上早期都有过的灾难性撞击的遗迹。

对比起来，火星上有气候变化，有沙尘暴，有自己的卫星、火山、极冠，有特殊的地形、古代的河谷。这个曾经与地球类似的世界上也有大规模气候变化的证据。它的上面过去可能有生物，也许现在还有。它是将来对生物来说最适宜生存的行星——从地球上迁移过去的人们靠它的土地生活。对月球来说，这一切都不存在。火星也有自己被陨石撞击的一段历史。如果离我们最近的是火星而不是月球，我们对载人空间飞行就不会畏缩不前。

月球也不是理想的登陆火星的演习场所，也不是去火星的中转站。火星和月球的环境大不一样，而月球离火星与地球离火星同样远。用于火星探测的机械装备至少可以同样在环地轨道上进行测试，也可以在近地小行星或地球本身（例如在南极洲）上进行测试。

日本对美国和其他国家规划与实施重大的太空合作计划的诺言往往持怀疑态度。这至少是一个理由，可以说明为什么日本比其他从事空间开发的国家更倾向于单干。日本的月球与行星学会是一个由政府、大学及主要工业部门中对空间事业热心的人物构成的组织。在我撰写这本书时，这个学会正在提议完全通过机器人的劳动建造和装备一个月球基地。据说实现这个规划大概需要 30 年，并且每年要花费大约 10 亿美元（这相当于目前美国民用太空经费的 7%）。只有在基地完全建好后，才能把人送上去。他们说，让机器人按地球上的无线电指令建造基地，比起送人去干活，经费会减少 9/10。有消息说，这个计划遇到的唯一麻烦是日本的其他科学家一直在问为什么要建造这个基地。对每一个国家来说，这都是一个应该提出的问题。

第一次把人送上火星，很可能目前任何一个国家都无法单独承担这笔很大的费用。由人类少数种族的代表来实施这项历史性的任务也不适当。但在不太遥远的将来，由美国、俄罗斯、日本、欧洲空间局（或许还有其他国家，如中国）采取联合行动，也许是可行的。国际空间站将会检验人类在太空合作方面实施重大工程项目的能力。

今天把 1 千克物体送入环绕地球的低轨道的费用大约相当于 1 千克黄金的价值。这肯定是我们现在还不能在火星上古老的海岸边漫步的一个主要理由。多级化学燃料火箭是第一次把人送入太空的工具，它们直到现在还在使用。我们一直在努力改进它们，使它们变得更安全、更可靠、更简便，也更省钱。但是这还没有办到，至少不是像许多人所希望的那样很快就会实现。

因此，可能还有更好的办法：也许可以用单级火箭把负荷直接送入轨道，也许可以用大炮或从飞机上发射的火箭把许多小载荷分别发射出去，也许可以使用超声速增压喷气发动机，也许还有比我们已经想到的要好得多的方法。如果我们能够利用目标天体的大气和土壤制造回程所需的推进剂，那么太空飞行的困难将大大减小。

如果我们进入太空并想去其他行星探险，那么即使采用引力助推方式，火箭也不一定是运送大载荷的最好工具。现今的办法是，我们先做几次火箭点火，随后进行中途校正，最后靠惯性飞完其余的航程。可是还有一些大有希望的离子和核／电推进系统，它们可以实现较小而持续的加速。或者像俄罗斯太空先驱齐奥尔科夫斯基（Konstantin Tsiolkovsky）首先设想的，我们可以使用太阳帆，即靠太阳光和太阳风来推动的庞大而极薄的膜，宽达几千米，可以在行星之间的真空区来回飞行。对于去火星或者更远的地方，这种方法比发射火箭要好得多。

　　和大多数时候一样，当一种技术勉强可以使用时，它作为这类技术中最早出现的，自然会得到改进、发展和应用。不久，若干机构会对该技术进行投资。因此，即使该技术有什么缺陷，也很难改弦更张。美国国家航空航天局几乎没有资金来探寻其他推进技术。这笔经费只能来自能够取得具体成果且为美国国家航空航天局的成功记录增光的近期项目。花钱研究新技术，要等一二十年才会有效益，但人们对一二十年后的事情几乎没有兴趣，这就导致原先的成功埋下将来失败的种子。这和生物演化中有时出现的例子很类似。但是迟早有某个国家（也许是一个在或多或少有效用的技术上还没有大量投资的国家）会开发出其他有效的推进技术。

　　在新的推进技术研究出来之前，如果我们走合作的道路，当一艘行星际飞船在环绕地球的轨道上装配出来时（也许是在新世纪或新千年的前几十年间），这种进展的全部实况在晚间新闻中播出的时刻便会到来。航天员就像来回奔忙的小虫子一样，把预制件装配起来。最后经过调试，一切就绪后，一个由各国航天员组成的乘组登上飞船，并把它开动到逃逸速度。在往返于火星与地球的整个旅程中，乘组中的成员相依为命。这是一个和地球环境的实际情况相似的小天地。在第一次联合载人行星际航行中，飞船也许只能近距离飞过火星或绕它运转。在此之前，带有气刹、降落伞和制动火箭的无人飞船想必已平稳地降落在火星表面，在那里收集样品，把它们带回地球，并把准备好的物资留下来供未来的探测者使用。但是无论我们是否有迫切的、言之有理的理由，我都确信（除非人类先把自己毁灭掉）人类置身于火星之上的日子总会到来。这只是一个时间问题而已。

　　按照 1967 年 1 月 27 日在华盛顿和莫斯科等地同时签署的庄严条约，任何一个国家都不能声称拥有另一颗行星的一部分或全部。然而由于想必哥伦布已很了解的历史上的原因[1]，有些人关心的是谁会最早踏上火星的土地。如果这真是一个使我们感到困惑的问题，我们可以在乘组在火星的微重力下着陆之际，把他们的脚踝绑在一起。

　　飞船的乘员们将会采集新的或以前取得过的样品，一方面是为搜寻生命，另一方面是要了解火星与地球的过去和未来。为了将来探测的需要，他们要尝试从岩石、大气和表面下的永冻层中提取水、氧气和氢气，供饮用和呼吸，开动他们的机器，以及作为回程火箭的燃料和氧化剂。为了最终在火星上建设基地和定居，他们会测试火星上的物质。

　　他们也会去探测。我想象中的人类在火星上的早期探测方式是驾驶一辆有点像吉普车的巡游车，在河谷网中上上下下地漫游，乘员们手持地质锤、照相机和分析仪器待命。他们寻找古老的岩石、古代灾难遗留下来的痕迹、气候变迁的线索、奇特的化学物质、化石或者某种活的生物（这是最激动人心，也是最不大可能找到的）。他们的发现用电视信号以光速传回地球。你和孩子们一起躺在舒适的床上，就可以勘察火星上古老的河床。

---

[1]　西方人的历史惯例是谁先发现土地，谁就有权视其为自己的领土。——译者

第 16 章

测天有术

太空飞行说出了我们的心声。

> 我的朋友，谁能够给天空过秤？
>
> ——《吉尔伽美什[1]史诗》
>
> （苏美尔人，约公元前 2000 年）

这是怎么回事？我有时很惊奇地问自己：我们的祖先能够从非洲东部步行到新地岛[2]、艾尔斯巨石[3]和巴塔哥尼亚[4]，能用石矛猎捕大象，在 7000 年前能乘敞篷小船横渡极地海洋并单靠风力环游地球，在进入太空 10 年后就在月球上行走，而我们竟被飞往火星吓住了吗？可是我又接着提醒自己，地球上人们的苦难是可以避免的。只要花几块钱就可以救活一个因脱水而快要死亡的儿童，把去火星的经费节省下来能够拯救多少儿童啊！于是，我改变主意了。究竟是不去好还是去好呢？也许我提出了一种虚假的二分法，是不是可以既让地球上的每一个人的日子都过得更好，同时又能到达其他行星与恒星？

在 20 世纪 60 年代和 70 年代，我们的航程不断延长。你大概和我当时一样，已设想我们在 20 世纪结束前就可以登上火星。但是没有去成，我们退缩了。如果不是有机器人，我们在行星探测和恒星探测两方面都退缩了。我不断地问自己：我们是胆怯了还是成熟了？

---

[1]　传说中苏美尔文明的国王。——译者

[2]　北冰洋沿岸俄罗斯所属的岛屿。——译者

[3]　澳大利亚中部的一座很大的孤立的红石山，也称艾尔斯岩。——译者

[4]　阿根廷南部的高原地区。——译者

也许这就是我们本来希望能够得到的最合理的结果。从某种意义上说，已经实现的也许就是一个奇迹——我们把 12 个人送往月球做了大约一个星期的旅行。此外，我们获得资助对整个太阳系进行了初步考察，往外已经到了海王星。这些探测取得了丰富的资料，但是它们并不具有短期见效的、每天都有用的、让人吃饱肚子的实际意义。然而它们振奋了人们的精神，它们启发我们认识自己在宇宙中的地位。不难想象，如果没有登月竞赛，没有行星探测，历史的因果关系会出现怎样的混乱。

但是也可以想象到，如果对太空探测更加积极热情，那么今天我们就会有自动无人飞船去探测所有类木行星的大气，以及几十颗卫星、彗星与小行星；还有一个分布在火星上的自动科学台站网，每天都报告它的发现；地球上的实验室能检验来自众多天体的样品，揭示出它们的地质、化学成分，甚至还能发现生命；人类的前哨站可能已经在近地小行星、月球和火星上建立起来了。

历史有许多可能的发展途径。我们特有的紊乱的因果关系使我们走上了一条朴实而又原始的道路，虽然在很多方面仍然在开展英勇的探测，但是这比起我们原本可以办到的或者有朝一日能够做到的还差得很远。

“把普罗米修斯的绿色生命之火和我们一起带到贫瘠的空地上，然后在那里点燃生命的风暴大火，这就是我们人类的命运。”这句话摘自一个名为“第一个千年基金会”的组织印发的小册子。该组织承诺，你只要每年交 120 美元的会费，“当时机成熟时，就可以取得太空殖民地的公民权”。捐献更多钱的“施主们"还会得到"突飞猛进的天体文明永恒的铭记，他们的名字会被刻在将来竖立在月球上的巨碑上"。这代表着对人类进入太空的持续热忱的一个极端，而更能代表另一个极端的美国国会在质问，我们究竟为什么需要到太空去，尤其是不是送机器人而是送人去。社会评论家埃齐奥尼（Amitai Etzioni）有一次把"阿波罗"计划称为"幻月"。有这种倾向的人认为，既然冷战结束了，也就没有任何理由再实施载人太空计划了。在这两个极端之间，我们该采取什么立场呢？

自从美国在登月竞赛中打败苏联之后，一个言之成理、广为人知的把人送入太空的理由似乎消失了。美国总统和国会的各个委员会都对载人空间飞行计划感到无所适从。它的目的何在？我们为什么需要它？但是航天员的功勋和登月计划的实现已经理所当然地赢得了全世界的赞誉。政治领袖们对自己说，如果放弃载人太空飞行，就等于抛弃了美国的这项令人震惊的成就。难道哪一位总统和哪一届国会愿意对结束美国的太空计划承担责任？据闻在苏联也有类似的议论，人们自问，我们是否要放弃我们仍然执世界之牛耳的现有高科技？我们是不是齐奥尔科夫斯基、科罗廖夫（Sergei Korolev）[1] 和加加林的忠实继承者？

官僚机构的第一定律是保障自己的长期存在。没有上级的明确指示，美国国家航空航天局自己管自己，逐渐转变成只保持自身利益、工作机会和补贴的机构。在长期探测计划的制订和执行中，由国会唱主角的"肉桶政治"[2] 成为越来越强大的支

---

[1]　苏联人造地球卫星研制项目的主持人。——译者

[2]　美国俚语，指政客假公济私、给手下亲信好处的恶劣行径。——译者

配力量。官僚政治僵化了，美国国家航空航天局迷失了方向。

1989 年 7 月 20 日，即 "阿波罗 11 号" 登月 20 周年纪念日，布什（George Bush）总统宣布了美国太空计划的长远方向。太空探测计划（Space Exploration Initiative，SEI）提出了一系列目标，包括建造一个美国空间站，再送人上月球以及人类首次登上火星。在后来的一项声明中，布什先生把实现第一次踏上火星的目标定在 2019 年。

尽管有上面拟定的明确方向，但 SEI 还是落空了。在它制订 4 年后，美国国家航空航天局连一个专司其职的机构都没有。本来应当得到顺利批准的用小而不贵的机器人探测月球的计划也被国会否决了。这是因为国会不愿把它和 SEI 扯在一起。是什么地方出了问题呢？

首先，是时间长度。SEI 的时间跨度长达 5 位未来总统的任期（假定每位总统平均在位一个半任期），这使每位总统都容易把责任推给他的继任者，但是继任总统是否认真对待这项任务，就大可怀疑了。SEI 与 "阿波罗" 计划形成了鲜明对比。"阿波罗" 计划刚开始时，人们也许已可猜出它在肯尼迪总统或接替他的下一任总统的任期内就能完成。

其次，有人关心安全成问题。美国国家航空航天局最近连把几个航天员送到地球上空 320 千米都发生了严重事故，它能否安全地把航天员送入一条弧形轨道，用一年时间飞到 1.6 亿千米以外的目的地，然后把他们活着带回来？

再次，这项计划完全是以国家主义立场拟定的，在制订与执行中都没有把与其他国家的合作当作基本条件。当时在名义上负责空间事务的副总统奎尔（Dan Quayle）在为建造空间站辩护时说，它表明美国是"世界上唯一的超级大国"。可是苏联已经领先美国 10 年拥有可运作的空间站，因此奎尔先生的言论令人难以置信。

最后，从实际情况考虑，还有钱从何处来的问题。对把人首次送上火星所需的经费，有不同的估计，最高达到 5000 亿美元。

当然，在拟定探测计划之前，不可能估计出实际经费的数目。而探测任务的拟定与下列诸多因素有关：探险队的规模，减轻太阳和宇宙辐射的危害以及失重影响的措施要达到的程度，以及为保障男女队员的生命安全需要承担的其他风险。如果每位队员都有自己的专长，他们中间有一个人生病时该怎么办？探险队越大，后备人员就越多。几乎可以肯定你不会把一位专职的牙科医生送上去，但是如果你牙疼，要动手术，而你离最近的牙科医生在 1.6 亿千米之外，该怎么办？难道可以让地球上的一位牙科医生用传真方式进行治疗？

冯·布劳恩（Wernher von Braun）是一位先后在德国和美国工作过的工程师，他为我们进入太空所做的贡献比其他任何人都大。他在 1952 年撰写的《火星计划》一书中，设想用 10 艘行星际飞船、70 名探险队员和 3 艘"登陆船"进行第一次火星探测。在他的心目中最重要的是"重复"。他写道，后勤补给的需求"不会多于在一个有限战场上所进行的小型军事行动"。他的用意是"完全驳倒用单独一艘太空飞船及一小队英勇的行星际探险人员去冒险的主张"。他赞赏哥伦布用 3 艘船的做法，因为如果不是这样，"历史会证明他大概永远也不能返回西班牙海岸"。当代火星探测方案设计人员全然不理睬他的忠告。这些设计人员远不像冯·布劳恩那样雄心勃勃，典型的方案只是用一两艘太空飞船和 3 ~ 8 名航天员，另外有一两艘自动化运输飞船。我们现在设想的仍然是孤单单的一枚火箭和一小队探险人员。

影响探测计划与经费的其他不确定因素还有：是否在送人上火星之前先把补给品从地球上平安地运过去；是否利用火星上的资源提取出供呼吸的氧气、供饮用的水以及供回程用的火箭燃料；在着陆时是否用火星的稀薄大气进行气刹减速；要带多少备用设备才算小心谨慎；所用的生态循环系统有多高的密封程度，是否仅仅依靠从地球上带去的食物、水和废弃物处理装置；如何设计供队员勘察火星地形时乘坐的巡游车；你愿意带多少仪器去测试我们今后再去火星时靠当地资源过活的能力。

只有等这些问题都解决了才行，否则估算这项探测计划的任何费用都是荒唐的。同样清楚的是实施 SEI 需要极其大量的经费。由于这些原因，SEI 无法启动，它成了一个死胎。布什政府没有做任何有效的努力，没有运用它的政治资本来推动 SEI。

我得到的教训似乎是明白的：在较近的将来可能无法把人送上火星，尽管我们的科技能力完全可以办到。各国政府都不会只为科学或探测而花费这么一大笔钱。它们需要另一个目标，一个必须有现实政治意义的目标。

火星探测现在大概不能启动，但在能启动时，我认为它从一开始就应当是国际性的，经费和职责分担；许多国家的专门技能都派上用场；预算必须合理；从批准到发射的时间应当与政治上的实际时间表相协调；相关国家的空间探测部门要证明他们有能力承担此项开拓性的探测任务，让探险队平安和及时地往返，并且不超出预算。如果能设想用不到 1000 亿美元的经费，从批准到发射不超过 15 年，这项探测计划也许是可行的（就经费而言，只是目前从事空间开发的国家每年民用太空预算的一小部分）。如果能用气刹和从火星大气中提炼出的供回程使用的燃料及氧气，现在已经看得出这样的预算和时间表似乎是切合实际的。

　　探测任务的费用越少，时间越短，航天员就要去冒越大的生命危险。然而已经有不可胜数的例子表明，为了一项伟大的事业，总会有能够胜任的志愿者去执行非常危险的任务。当我们致力于规模如此宏大的前所未有的计划时，不会有真正可靠的预算和时间表。我们要求的回旋余地越大，实现计划所需的费用就越多，时间也越长。要在政治的可行性与任务的成功之间找到一个合适的折中方案，真的不容易。

　　如果说去火星是因为我们有些人从小就有这样的梦想，或者这对人类来说显然是长期探险的目标，那么这样的理由是不充分的。如果我们要为此花费大量钱财，应当还要有更充分的理由。

　　现在还有许多显然需要国家支持的事务，它们没有大量经费就办不成。与此同时，可以由联邦政府自由支配的预算却在令人痛苦地削减。化学和放射性有毒物品的处理、能源效率的提高、化石燃料代用品的研制、技术更新速率的下降、城市基础设施的报废、艾滋病的流行、治疗癌症的灵丹妙药的研制、无家可归的人员的安置、营养不良、婴儿夭折、教育、就业、保健……该办的事情多得令人叫苦不迭。忽视这些问题会危害国家的安宁。所有从事空间探测的国家都面临相似的进退两难的困境。

要搞好每一项这样的事务，几乎都得花费上千亿美元。搞好基础设施建设需要几万亿美元。如果办得到，在全世界使用化石燃料的代用品显然需要几万亿美元的投资。有人告诉我们，这些项目都超出我们的支付能力。这样一来，我们哪里有钱去探测火星呢？

如果美国联邦政府的预算（或其他从事空间开发的国家的预算）再增加 20%的自由支配额度，那么我为送人上火星而进行辩护时也许就不会感到为难了。如果减少 20%，我想即使对太空事业最热心的强硬派也不会极力主张去火星探测。肯定有一条分界线，越过了它，国民经济会陷入困境，送人去火星成为难以想象的事情。问题是分界线画在什么地方。分界线当然是有的，参加争论的每一个人都应当说明他认为分界线该画在何处，就是说用于太空探测的经费超过国内生产总值的百分之几就算太多了。我希望对国防预算也应该这样做。

民意调查显示，许多美国人都认为美国国家航空航天局的预算与国防预算大致相等。事实上，整个美国国家航空航天局的预算，包括载人探测、机器人探测以及航空方面的费用在内，只为美国国防预算的 5%左右。国防预算减到多少才真会削弱美国的防御能力？即使把美国国家航空航天局整个砍掉，省下来的钱是否足以解决美国国内的迫切问题？

如果采用 15 世纪哥伦布和航海家亨利（Henry the Navigator）[1]的言论，即应当有一个获利的诱惑[1]，那么一般来说，载人太空飞行（暂时不提火星探测）就更容易得到公众的支持。已经出现了一些言论，有人说利用近地空间的高真空、低重力

---

[1]　为获得地理知识而支持航海探险的葡萄牙王子。——译者

或强辐射环境也许可以获得一些商业利益。对所有这些建议都必须提出这个问题：如果在地球上可以得到的开发经费与投入太空计划的费用差不多，那么类似的或更好的产品能不能在地球上生产出来？从企业主愿意投入空间技术的钱非常少来判断（不要提火箭和太空飞船本身的研制费用了），至少在目前，这种想法似乎难以实现[1]。

有人认为有些稀有原料在太空中的某处也许可以找到，可是运费极高。据我们所知，土卫六上可能有石油海，但是把那里的石油运回地球，花费太大。在某些小行星上，铂族金属的含量可能丰富，如果我们能够把这些小行星移动到环地轨道上，或许我们就可以更好地开采这些金属。但是，如我在本书后面将谈到的，至少在可预见的将来，这是一种危险的鲁莽设想。

海因莱因（Robert Heinlein）在他的经典科幻小说《出卖月亮的人》中设想太空旅行的主要动机是获利。他没有预见到冷战会把月球"卖掉"。但是他确实认识到很难找到一个真正站得住脚的赢利论点。因此，海因莱因虚构出一个骗局，说月球表面撒满了钻石，于是探险家们便忙忙碌碌地前往月球寻找钻石，因而引发了一场淘钻热。虽然此后我们从月球上运回了一些样品，可是有商业价值的钻石连影子也没有。

东京大学的仓本喜代（Kiyoshi Kuramoto）和松井高文（Takafumi Matsui）研究了地球、金星与火星内部的铁质地核如何形成，并发现火星的地幔（位于地壳与地核之间）应当含有大量的碳，比月球、金星和地球的含碳量都更丰富。在 300 千米以下的深

---

[1] 目前越来越多的私人企业（比如美国的 SpaceX 公司）开始发展火箭和飞船技术，以实现商业化的航天发射和载人太空飞行。——编者

处，巨大的压力会使碳元素形成钻石。我们知道历史上火星的地质活动十分活跃，内部极深处的物质有时会被挤压到表面上来，而不仅是在大火山爆发时才出现这种情况。因此，其他星球上确实可能有钻石。可是这不是在月球上，而是在火星上。至于钻石有多少，品质与大小如何，以及藏在什么地方，我们都还一无所知。

　　一艘太空飞船满载着灿烂夺目、重达许多克拉的大钻石飞回地球，无疑会压低钻石（以及戴比尔斯联合矿产公司[1]与通用电气公司[2]的股票）的价格。但是，由于钻石具有装饰和工业上的用途，价格下降大概会有一个限度。可以想象，这些受到影响的工业部门也许会找到理由促成早日进行火星探测。

　　用火星钻石来支付火星探测的费用，这种想法不过是信口开河罢了，可是它是在其他星球上可能找到稀有和昂贵的物质的一个例子。然而只有笨蛋才会指望这种事情能够成功。如果我们要证明有必要去别的星球进行探测，必须找到其他理由。

　　除了讨论回报、投入甚至减少投入问题，我们还必须谈谈太空探测的好处，如果真有好处的话。为载人火星探测辩护的人应当讲清楚，从长远来说，去那里探测是否有希望解决地球上的某些问题。现在只有确定判断正误的标准，你才知道这些理由是对的、不对的还是难以确定的。

　　人类去火星探险将以洋洋大观的方式增进我们对这颗行星的认识，包括对现在和过去生命的探寻。这个计划还可能让我们对自己所在行星的环境有进一步的了解，而机器人探测已经开始

[1]　戴比尔斯联合矿业公司在南非拥有世界上最大的钻石矿。——译者
[2]　通用电气公司制造工业用人造钻石。近年来，中国人造钻石产业发展迅猛。——译者

这样做了。我们的文明史表明，对基本知识的追求为最重要的实用进步开辟了道路。民意调查的结果说明，绝大多数人认为"探测太空"是为了"增进知识"。但是为了达到这个目的，是否必须让人进入太空？在我看来，如果把机器人探测列为国家优先项目，并给它配置先进的人工智能，它完全能够像航天员一样解答我们需要询问的一切问题，而所需费用可能仅为载人飞行的 10%。

有人说太空技术会产生"有用的副产品"[1]——太空技术带来的巨额实惠不应落空，这样可以提升我们的国际竞争力，促进国内经济发展。但这是旧话重提了：花 800 亿美元（折合成现在的钱）把"阿波罗"航天员送上月球，我们可以免费赠送一只不粘锅[2]。坦率地说，如果我们真想要不粘锅，不妨直接投资生产，那么 800 亿美元几乎可以全部省下来。

还有其他理由可以表明这种论证是似是而非的，其中之一是杜邦公司远在"阿波罗"计划之前就开发出特氟龙[3]技术了。与此相同的还有心脏起搏器、圆珠笔、尼龙搭扣以及其他所谓的"阿波罗"计划的"有用的副产品"（我有幸曾和心脏起搏器的发明人交谈过，他本人差一点因突发冠心病而丧生。他为美国国家航空航天局抢夺了他的荣誉而不平）。如果我们迫切需要某些技术，就投资开发它们好了，为什么要到火星上去干呢？

当然，美国国家航空航天局需要开发的许多新技术必然会有一些流入民用经济领域。有些发明在地球上是很有用的，例

---

[1]　意指空间技术可促进民用工业发展。——译者

[2]　意指在实施"阿波罗"计划的过程中发明了制造不粘锅的材料。——译者

[3]　聚四氟乙烯，制造不粘锅的材料。——译者

如粉状的橙汁代用品"唐"（Tang）[1]就是供载人空间飞行使用的一种产品。"有用的副产品"还有无绳工具、植入心脏的除颤器、液冷外衣和数字化成像技术，而这只不过是略举数例而已，但是它们都不足以证明送人去火星的必要性或美国国家航空航天局存在的必要性。

我们看到了里根时代的"星球大战"计划消亡时靠老的"有用的副产品"苟延残喘的情景。有人告诉我们，准备安装在环地轨道攻击站上的用氢弹驱动的 X 射线激光仪有助于改进激光外科手术。可是如果我们需要提高激光手术水平，如果它是国家优先发展的技术，我们就可以想办法拨款来开发它，而不要把"星球大战"扯进来。"有用的副产品"论调承认该计划不能只靠自己的两只脚站立，不能靠原先宣扬的目的证明自己有道理。

曾经有一段时间，人们认为根据计量经济学的模式，美国国家航空航天局每投入一块钱，就会有许多块钱被投入美国经济中。如果这种收益增值效应对美国国家航空航天局比对大多数政府机构更适用，那么这会给太空计划提供强有力的财政与社会依据。美国国家航空航天局的支持者大言不惭地宣扬这种论调，但是 1994 年美国国会预算办公室的研究表明这是一种错觉。虽然美国国家航空航天局的开支对美国经济的某些生产部门（特别是航天工业）是有益的，但并没有显著的收益增值效应。同样，虽然美国国家航空航天局的开支肯定能提供或保持就业机会，让人得到实惠，但在这些方面它并不比许多其他政府部门强。

还有一个理由就是教育。这个理由对白宫往往很有吸引力。

---

[1]　即果珍。——译者

有理学博士头衔者的数量在"阿波罗 11 号"登月前后达到高峰，也许这是从"阿波罗"计划开始时算起的一段恰当的时间差。这种因果关系难以证明，但也可能存在。但是，这又算什么呢？如果我们真想改进教育，去火星是不是最好的途径？让我们想一想，用 1000 亿美元可以培训教师、支付薪金、充实学校实验室与图书馆、给贫困学生发放补助、增购研究设施以及向研究生发放奖学金。去火星真的是促进科学教育发展的最好途径吗？

另外一个论点是送人去火星可以把军事工业集团稳住，不让它用强大的政治影响去夸大外来的威胁，从而要求增加国防费用。为了去火星，我们可以保持一种备用的技术能力，这对于处理未来的军事意外事件可能是重要的。当然，我们可以简单明了地要求那些人去干一些对民用经济直接有用的事情。但是，我们在 20 世纪 70 年代就看见过格鲁曼公司生产的大客车和波音 – 韦尔托尔公司制造的通勤班列，航天工业在民用经济领域的竞争中遇到了重大困难。的确，一辆坦克一年才行驶 1600 千米，而一辆公共汽车一个星期就跑 1600 千米，因此它们的基本设计必然不一样。可是至少就可靠性而言，国防部的要求似乎要低得多。

我已经提到，太空合作正在成为促进国际合作的工具。例如，它可以减缓战略武器向新兴国家的扩散。由于冷战结束而退役的火箭也许可以有效地用于环绕地球飞行，以及探测月球、行星、小行星和彗星。可是，这一切在不送人去火星的情况下就能办到。

还有人提出别的理由。有人论证，彻底解决世界能源问题的办法是在月球上露天采矿，把太阳风射入月球岩石的氦 –3 同位素运回地球，然后作为核聚变反应堆的原料。为什么要提起核聚变反应堆呢？即使它可以研制出来，即使它的成本适当，它的技术实现也是 50 ~ 100 年以后的事了。我们的能源问题不能像蜗牛爬行似的缓慢解决。

更荒唐的论调是，我们必须把人送入太空是为了解决世界性的人口危机。但是每天出生的人比死亡的人多 25 万左右，这意味着为了把世界人口保持在现有水平上，我们每天要把 25 万人送入太空。这远远超出我们目前的能力。

我把这些论据的清单浏览一遍，把赞成和反对的理由综合起来，把联邦预算中各个急需考虑的项目牢记在心中。对我来说，迄今所有的争议可以归纳成这样一个问题：许多单独不能成立的理由合在一起，是不是就能成为一个可以成立的理由呢？

我并不认为我开列的清单上有任何一个声称的理由确实值得花费 5000 亿美元，甚至连 1000 亿美元也不值得——在短期内肯定是这样。但在另一方面，这些理由大多有一些意义。如果我有 5 个理由，每个值 200 亿美元，加起来就是 1000 亿美元。要是我们善于降低成本，并真正实现国际合作，那么这些理由就显得更无可非议了。

在关于这个议题的全国性辩论得出结论之前，在对送人去火星的论据以及成本与收益之比有更好的了解之前，我们应当做什么呢？我的建议是，把在本身的价值和与其他目标的关系这两个方面都靠得住，而且将来我们决定去火星时也能派上用场的研究与发展计划先实施起来，这样的一个项目表应包括以下内容。

- 美国的航天员到俄罗斯的"和平号"空间站上进行联合飞行，以去火星的飞行时间（1～2年）为目标，逐渐延长在站上工作的时间。

- 筹建国际空间站，其主要功能为研究空间环境对人的长期影响。

- 在早期的国际空间站上安装旋转的或用缆绳牵挂的"人造重力"舱，先装载其他动物，然后载人。

- 加强对太阳的研究，包括在环日轨道上配置一批无人航天器，用以监测太阳活动并尽早向航天员发布对他们有危害的太阳耀斑警报。（太阳耀斑是日冕抛射出的电子与质子流。）

- 为了推进美国太空计划和国际太空计划，美、俄等多国合作发展"能量号"及"质子号"火箭技术。虽然美国不大可能主要依赖俄罗斯的运载火箭，但"能量号"火箭的推力与把"阿波罗"航天员送上月球的"土星5号"火箭的推力大致相当。美国把"土星5号"火箭的装配线停掉了，短期内不易恢复。"质子号"火箭是目前仍在服役的最可靠的重型运载火箭。俄罗斯为获得硬通货，急于出售这种技术。

- 与 NASDA（日本宇宙航空研究开发机构）、东京大学、欧洲空间局、俄罗斯空间局、加拿大以及其他国家的有关机构合作。在多数情况下，它们应当是平等的伙伴，不能坚持由美国发号施令。为了实现对火星的机器人探测，这些合作已经开始实施。载人飞行显然是国际空间站的主要任务。最后，我们可以在近地轨道上对联合行星探测进行演习。这些合作的主要目的之一应是建立具有技术优势的合作传统。

- 技术的发展（用最高级的机器人和人工智能技术）有利于为火星探测以及第一次国际合作运回样品而研制巡游车、气球和有关飞行器。能从火星上运回样品的无人飞船可以在近地小行星和月球上进行试验。从月球上仔细选定的地区取回的样品，可用来测定各地区的年龄，并有助于从根本上了解地球的早期历史。

- 进一步开发用火星上的原材料生产燃料和氧化剂的技术。根据马丁·玛丽埃塔（Martin Marietta）公司的祖布林（Robert Zubrin）及其同事所设计的原型仪器，用一枚较小而可靠的"德尔塔"级火箭，就可以把几千克火星土壤自动送回地球。相对来说，这不比唱一首歌更费钱。

- 在地球上模拟去火星的长时旅行时，要特别注意社会和心理层面可能出现的问题。

- 竭力探索新技术，如恒推力火箭推进器，让我们能更快到达火星。如果考虑到在一整年（或更长时间）的飞行中辐射或微重力的危害，这可能是很重要的。

- 努力研究近地小行星，它们可以为人类的探测提供比月球更合适的中期目标。

- 要求美国国家航空航天局及其他空间探测机构更加重视科学（包括作为空间探测后盾的基础科学）研究，以及对已经取得的资料进行深入的分析。

这些推荐项目的经费加起来只是送人去火星一次所需费用的一小部分，再考虑到这是分摊在十几年间且与多个国家共同分担的，因此这只是目前空间预算的一小部分。如果这些项目付诸实施，我们就可以更准确地估算费用，更好地评估危险和收益。这会让我们干劲十足地持续为送人上火星取得进展，而不需要过早地认定某种探测的硬件是必需的。即使我们确定在今后几十年中不能把人送到任何一个别的世界，这些推荐项目中的大部分甚至全部都还有其他可以成立的理由。此外，不断地为实现人类去火星旅行所取得的成就欢呼，至少在许多人的心目中会消除广泛流传的关于未来的悲观论调。

事情不止如此，还有一些比较抽象的论证。我坦率地承认，它们中的许多都是富有吸引力和令人赞赏的。太空飞行说出了我们（即使不是全体，也是许多人）的心声。一个正在显现的宇宙前景，一个对我们在宇宙中的地位更正确的了解，一项能影响我们认识自己的显而易见的计划，都表明地球环境的脆弱，以及地球上的一切国家和人民共有的危险和责任。人类去火星探险会为我们中间喜欢漫游的人，尤其是青年人，提供大有希望和充满奇遇的前景。即使别人的探测也会有社会效益。

我一次又一次地发现，当我在大学、企业、军事单位以及专业组织中就太空计划的未来发表演讲时，听众对现实世界中的政治与经济干扰比我更难容忍。他们渴望扫清这些障碍，重返"东方号"和"阿波罗号"的光辉时代，再次执行这些计划，并踏上其他世界。他们说，以前我们这样干过，我们能够再次办到。可是，我提醒自己，这些来听讲的人都是自觉自愿地热心于太空探测的人士。

1969 年，只有不到一半的美国人认为"阿波罗"计划花的钱值得。但是到登月 25 周年的时候，这个比例上升到 2/3。尽管美国国家航空航天局有它的问题，63％的美国人仍认为它干的工作在良好与极优之间。根据哥伦比亚广播公司的民意调查，如果不提经费，55％的美国人赞成"美国送航天员去探测火星"。在年轻人中间，这个比例达到 68％。我想"探测"一词是关键。

尽管航天员可能有个人缺陷，载人太空计划也已经濒临消亡（这种趋势因哈勃空间望远镜的修复而得到扭转），但是广大群众还是把他们看作人类的英雄，而这并非偶然。一位科学界的同人告诉我，她最近去新几内亚高地旅行，访问过一个几乎没有接触西方文明、还停留在石器时代的土著民族。他们不知道手表、汽水和冷冻食品，但是他们知道"阿波罗 11 号"，他们知道人类已经在月球上行走过。他们知道阿姆斯特朗、奥尔德林和科林斯这 3 位航天员的名字。他们还想知道近来有谁拜访过月球。

以未来为导向的计划，尽管有政治上的困难，只能在几十年后才能完成，但它们还是不断提醒人们，将来总会有实现的一天。在其他星球上赢得立足点的计划在我们的耳边低语，我们不只是皮克特人[1]、塞尔维亚[2]人和汤加[3]人，我们是人类。

太空探测飞行把科学观念、科学思想和科学词汇都植入公众的心目中，它普遍提高了人们的智能探索水平。一旦想到我们现在懂得了以前从来没有人懂得的事情，从事这方面工作的科学家由此产生的兴奋之情就特别强烈，同时几乎每一个人都

---

[1]　苏格兰东部和北部的部落集团。——译者
[2]　巴尔干半岛的一个国家。——译者
[3]　西太平洋中的一个岛国。——译者

可以感受得到。这种想法传遍全社会，被墙反弹回来，又回到我们的心中。它鼓舞我们去研究其他领域中从未解决过的问题。它增强了社会上普遍的乐观情绪。它向我们传播严格的思考方式，而这种方式对解决迄今难以处理的社会问题是迫切需要的。它有助于激励新一代科学家。传播的科学内容（特别是科学研究的方法、应有的结论及其含义）越多，我相信社会就会变得越健康。全世界的人都有求知的渴望。

当我还是个小孩子时，我最狂热的梦想是飞翔，不是乘某种机器，而是全靠自己飞上天。我在空中蹦蹦跳跳，越飞越高，这样掉回地面的时间也就越长。我很快就飞到再也不会落到地面的高高苍穹上。我就像一个怪人降落在摩天大楼最高处的一个壁龛里，或者轻柔地坐定在一片云上。在梦中（这类大同小异的梦我做过上百次了），需要某种意志才飞得起来，那种感觉无法用语言来描述，但是直到今天我还记得它是什么样子。你在头脑和心里使用一种"内功"，于是单靠意志的力量就能使自己离开地面，你的四肢松软地悬在空中，你就飞起来了。

我知道很多人做过这类梦，也许大多数人做过，也许每一个人都做过。回溯 1000 多万年前，在原始森林中，我们的祖先以优美的姿势从一根树枝荡向另一根树枝时，这种梦境可能就已经出现过了。像鸟儿一样飞翔的愿望激励了许多飞行先驱，包括达·芬奇和莱特（Wright）兄弟。这可能也是太空飞行吸引人的一部分原因。

在环绕任何一个星球的轨道上，或在行星际飞行中，你处于失重状态。你把地板轻轻一蹬，自己就上浮到天花板上了。你可以沿太空飞船的长轴，在空中接连翻几个筋斗，就从这一头到达那一头了。但是因为飞船仍嫌太小，而在太空中"行走"必须极度小心，所以还没有人享受过这种奇妙的乐趣。几乎每一位航天员都说，失重环境使人感觉很愉快。你用几乎感觉不出来的微小力量就能把自己推动。不需要任何机器，也不需要用缆绳拴住，你就可以在高空中翱翔，飞入漆黑的行星际空间。这时你变成地球的一颗活卫星，或者太阳的一颗活行星。

行星探测可以满足自 100 万年前我们的祖先在东非大草原上打猎和采集以来一直就有的对伟大事业、漫游和探索的热爱。偶然地（我是说，可以想象由于历史因果关系的众多紊乱，这原本不会发生），在我们的这个时代，我们能重新开始。

去其他星球探测需要有完成最完美的军事行动所必需的品质：胆略、策划能力、合作精神和勇气。用不着谈论驶向另一个星球的"阿波罗"飞船在夜间发射的情景，其结果是可预断的。只要看看 F-14 战斗机怎样从航空母舰的甲板上起飞就行了。它优美地左右斜转，助力燃烧器[1]喷出火焰，它好像把你也带走了——至少我是这样想的。即使相当了解以航空母舰为主的特混舰队的潜在弊病，也不会影响我的这种深刻感受。这种感受向我心中的另一部分坦率地倾诉。我不需要自责，也不想谈论政治，我只想飞翔。

18 世纪探索太平洋的库克（James Cook）船长这样写道："我……的志向是不仅要走得比以前任何人都远，而且要到人类能够去的最遥远的地方。"两个世纪之后，航天员罗曼年科（Yuri Romanenko）在完成当时历史上最长的太空飞行后返回地球时说：

---

[1] 由于航空母舰的甲板不够长，喷气式飞机在起飞时由助力燃烧器增加推力。——译者

"宇宙是一块大磁石……你一旦去过，以后就总想再去。"

即使是对技术并不热心的卢梭（Jean-Jacques Rousseau）[1]也有这种感受，他说："星星高悬在我们头上，我们需要基本训练、仪器和机械，它们就像许多长长的梯子一样，让我们走近星星，并抓住它们。"

关于"将来太空旅行的可能性"，哲学家罗素（Bertrand Russell）[2]在 1959 年这样写道："现在基本上还是没有根据的幻想，然而我们可以头脑清醒地、兴味不减地加以考虑。还可以让一些最富于冒险精神的年轻人认识到，一个没有战争的世界，并非一定没有冒险和危险的光荣。² 这种竞争没有极限，每一个胜利只是另一个胜利的前奏。理性的希望没有边界。"

从长远的观点来看，这些（胜过前面讨论过的任何"实用的"理由）可能会成为我们要去火星及其他世界的理由。在此期间，我们为上火星所能采取的最重要的步骤便是在地球上先取得重大进步，甚至我们在全世界所面临的社会、经济和政治问题上取得一些不大的改进也能为实现其他目标，在物质与人力两方面释放出大量资源。

现在地球上还有很多"家务事"等着我们去做，而我们对承诺做这些"家务事"应当是坚定不移的。但是由于生物学的基本道理，我们人类总是需要有尚待开发的新领域。每当人类本身发展到一个新的转折点时，它经受巨大活力的推动，能够持续前进若干世纪。

在我们的隔壁近邻有一个新世界，我们也知道怎样到那里去。

---

[1]　法国启蒙思想家、哲学家和文学家（1712—1778）。——译者

[2]　英国数学家和哲学家（1872—1970）。——译者

第 **17** 章

行星际日常暴力事件

恶棍似的小天体在横冲直撞。

行星之间有众多奇形怪状的

> 这是自然界的一条法则：地球和其他一切天
> 体都应当固守其位，只有暴力才能使它们移动。
>
> ——亚里士多德（公元前 384—前 322）
>
> 《物理学》

关于土星有一桩奇怪的事情。1610 年，当伽利略用世界上第一架天文望远镜观察这颗行星（当时它是已知最遥远的行星）的时候，他在土星两侧各找到一个附属体。他把它们比拟成"把手"，别的天文学家则把它们称为"耳朵"。宇宙中的奇景众多，但是一颗带耳朵的行星令人惊异。伽利略至死也没有解开这个谜团。

随着岁月的流逝，观测者发现这两只耳朵……真奇怪，还有盈亏变化。事情终于弄清楚了，原来伽利略发现的是一个极为稀薄的环，它环绕着土星的赤道，但在任何地方都不和土星接触。在有些年份，由于地球与土星在各自轨道上的位置不断变化，环的边缘朝向我们。因为环很稀薄，它看起来似乎消失了。在其他年份，它面向我们，这时"耳朵"变大了。但是，土星有一个环，这意味着什么呢？难道这是一个很薄的、平坦的固态盘片，它的中间有一个洞，把土星装在了里面？这个环是从何而来的呢？

这一连串问题立刻使我们想起震惊世界的碰撞，对我们人类而言两场完全不同的灾难[1]，以及一个理由（除了已经叙述过

---

[1]　指 1994 年的彗木碰撞和 6500 万年前导致恐龙灭绝的小行星撞击。——译者

的那些理由之外）——正是为了自身的生存，我们必须到行星中间去。

我们现在知道土星环（要强调的是土星有众多的环）是一个主要由冰粒组成的庞大集团，各个冰粒都有自己单独的轨道，都受土星这颗巨行星引力的束缚。就体积大小而言，这些冰粒小似微尘，大如房屋。可是即使在近距离飞行时拍摄的照片中，它们都没有大到可以看得出来的程度。它们分布在一系列精巧的同心圆上，就像唱片上的环纹（实际上是螺旋线）。1980 — 1981 年两艘"旅行者号"太空飞船近距离飞过时，这些环的壮观景象才首次显露出来。在我们的世纪里，土星风格独特的环已经成为未来的一个标志。

在 20 世纪 60 年代后期的一次学术会议上，有人要我总结行星科学的主要问题。我提出的一个问题便是为什么在所有行星中只有土星有环。这已被"旅行者号"证明不是一个问题。太阳系中的 4 颗巨行星——木星、土星、天王星与海王星事实上都有环，但是当时还没有人知道这个事实[1]。

每个环系各有特色。木星环很稀疏，主要由很小的暗黑粒子组成。土星的亮环基本上是冻冰，一共有几千个分离的环。土星的有些环是扭曲的，带有奇形怪状的斑纹。这些斑纹不断形成，而又不断消失。天王星的暗环似乎由碳元素与有机分子（有点像木炭和烟囱里的烟灰）组成。天王星有 9 个主环，其中有几个似乎在"呼吸"，一会儿膨胀，一会儿收缩。海王星的环最为稀薄，并且稀薄的程度大不一样。从地球上望去，这些环似乎只是一些圆弧或不完整的圆。好多环似乎都靠两颗守护卫

---

[1]　2014 年，天文学家发现编号为 10199 的小行星"女凯龙"也有多个环。——译者

星的引力牵引才保持住，一颗卫星离行星比环稍近一些，另一颗则稍远一些。每个环系都展示出自身的超越尘世的美。

环是怎样形成的？一个机制可能是潮汐作用：如果有一颗在太空中漂泊的天体运行到行星附近，行星对这位"不速之客"靠近它的一面的引力作用将大于背离它的一面。如果这个外来天体走得更近，而且它的内聚力很小，它就会被撕成碎片。我们偶尔看到彗星离木星或太阳非常近的时候会出现这种情况。另一个机制可能是在"旅行者号"对太阳系外围进行考察时发现的，就是天体相撞，卫星被撞得粉碎，于是碎裂的物质形成了环。这两个机制都可能起作用。

行星之间有众多奇形怪状的恶棍似的小天体在横冲直撞，它们都沿各自的轨道绕太阳旋转。它们有的像一个县甚至一个州那样大，更多的小天体像一个村或镇那样大。小的小行星比大的要多得多，最小的犹如尘粒。有的小天体在很扁长的椭圆轨道上运行，它们定期跨越一颗或多颗行星的轨道。

有时候，真是不幸，卫星会碰上一个小天体。碰撞使拦路撞来的小天体和被撞的卫星（至少是被撞的那个区域）都粉身碎骨，变成碎片或粉尘。由此形成的碎片从卫星那里抛射出来，但速度不够快，因此摆脱不了行星引力的作用，它们会暂时形成一个新的环。环的成分由两个相撞的天体决定，但一般说来主要是被撞卫星的成分，而不是恶棍似的小天体的成分。如果相撞的天体是冰冻的，那么由此形成的环由冰粒组成。如果它们的成分是有机分子，则出现有机分子构成的环（有机物受太阳光照射时会缓慢地转变成碳）。土星所有环的总质量不超过完全破碎的单独一颗冰冻卫星的质量。用小卫星的瓦解，同样可以说明其他 3 个巨行星环系的形成。

　　除非离行星太近，否则一颗被撞碎的卫星的碎片会逐渐聚积起来（至少有相当大的一部分是这样）。这些大大小小的碎片大体上仍然在碰撞前卫星的轨道上运行，它们杂乱无章地堆积在一起。以往位于核心的碎片现在出现在表面上了，反过来也是如此。由此形成的大杂烩似的表面可能是奇形怪状的。天卫五看起来像是乱七八糟地堆积起来的，它可能就是这样形成的。

　　美国行星地质学家尤金·休梅克（Eugene Shoemaker）提出，太阳系外围的许多卫星都曾被这样消灭过，然后重新形成。自从太阳和行星由星际气体与尘埃凝聚而成以来的大约 45 亿年中，每颗卫星都经历过不止一次，而是若干次这样的变化。"旅行者号"在对太阳系外围的考察中发现了这种情况：这些宁静而又孤单的守护卫星会不断地遭到来自太空的"不速之客"的骚扰，于是出现惊天动地的大碰撞；卫星被撞成碎片后重新凝聚，它们就像火凤凰一样，从自己的骨灰中再生。

　　但是，一颗离行星很近的卫星被粉碎后就不能再次形成卫星，附近行星的引力潮会阻止它这样做。碎片一旦散布成一个环系，就会存在很长时间，至少与一个人的寿命相比是这样。现在环绕巨行星运转的、微小的、不显眼的众多卫星，也许有朝一日会变成巨大而又美丽的环。

　　太阳系中有大量卫星，这证实了这样的想法。火卫一上有一个大撞击坑，叫作斯蒂克尼，而土卫一的大撞击坑名为赫歇尔。这些撞击坑和月球甚至太阳系各处的撞击坑一样，都是由碰撞产生的。一个天外来客砸到一个较大的天体上，在碰撞点引起一次大爆炸，于是形成一个碗状的坑，而较小的撞击体粉身碎骨了。

如果形成斯蒂克尼撞击坑和赫歇尔撞击坑的不速之客的个头再大一些，它们就有足够的能量把火卫一与土卫一砸得粉碎。这两颗卫星算是侥幸逃过了宇宙劫难，而许多其他卫星在劫难逃。

每当一个天体被撞得粉碎，就少了一个横行霸道的不速之客，这就好像太阳系规模的撞车比赛[1]，是一场消耗战。这样的碰撞已经发生了许多次，这正表明恶棍般的小天体已经被大部分消灭掉了。那些在圆形轨道上绕太阳旋转的小天体，即不会穿越其他天体轨道的小天体，不大可能撞上一颗行星。那些在极扁的椭圆轨道上运行的小天体，即跨越其他行星轨道的小天体，迟早会撞上某些天体，或者由于近距离掠过行星，受到引力加速而被逐出太阳系。

几乎可以肯定，行星是由小天体或星子聚积而成的，而它们又是由围绕太阳的一大团扁平的气体及尘埃云（现在在年轻的近邻恒星周围可以看见这样的云）凝结而成的。因此，在太阳系的早期历史中，在碰撞形成行星之前，小天体应当比我们所见到的要多得多。

真的，在我们自己的"后院"里也有明显的证据。要是我们把在地球周围横冲直撞的小天体统计一遍，就可以估计出它们撞击月球的频度。让我们采取十分保守的假设，即不速之客的数目一直和现在差不多，那么我们可以算出在月球上应当有多少个撞击坑。得到的数目比我们在月球惨遭蹂躏的荒原上所看到的要少得多。人们预料不到的月球上布满撞击坑的事实告诉我们，在太阳系形成的初期情况是何等混乱，天体在相互交错的轨道上横冲直撞。这样的解释是很说得通的，因为行星是

---

[1]　参加者各驾破车互撞，最后剩下的未被撞毁的车获得冠军。——译者

由小得多的星子聚积而成的，而星子本身又来自星际尘埃。在40亿年前，月球上的碰撞比现在要多出几百倍；而在45亿年前，当行星还没有发育成熟时，撞击比现在这个平静的时代也许要多10亿倍。

当时装点行星的环系比现在的更为艳丽多姿，也许这些环系缓解了混乱局面。如果那时地球、火星和其他小的行星有小卫星，那么它们也应有装饰性的环系。

关于月球起源最令人满意的解释来自化学分析（分析"阿波罗"飞船带回的样品）。这种解释认为45亿年前一个与火星大小相近的天体撞上了地球，撞击处的岩石地幔变成尘埃与炽热的气体冲入太空。一部分碎片进入环地轨道，然后一个原子又一个原子、一块石头又一块石头重新聚积起来，终于形成了月球。要是那个未知的撞击物再大一些，结局就将是整个地球被毁灭。太阳系中也许有过别的行星，也许有的行星上甚至还有生命，但它们被某些恶棍般的小天体击中而完全毁灭了，而我们今天并没有感到这种威胁。

太阳系早期演化的情景并不像一系列循序渐进的庄严事件，它们一个接一个地发生，终于形成了地球。与此相反，看来在不可置信的暴乱中，只是由于偶然交上好运[1]，我们的行星才能够形成并幸存下来。我们的世界似乎并不是能工巧匠雕刻出来的。这又是一个暗示，说明宇宙并不是为我们创造的。

我们今天给越来越少的小天体取了各种不同的名称，如小行星、彗星、小卫星。但是这些都是随意分类的，真正的小天体才不理会人类怎样对它们进行命名和分类。有些小行星（英语单词 asteroid 的含义为"像星似的"，但实际上与恒星肯定无关）由岩石构成，有些由金属构成，还有一些富含有机物。小行星的直径一般都不超过 1000 千米，它们主要分布在火星和木星轨道之间的一个带状区域。天文学家一度认为"主带"小行星是一颗行星崩裂后的残余物，但是正如我曾提到过的，另一种想法现今更为流行：太阳系内一度充满了小行星似的天体，其中一部分聚积成行星。只是在木星附近的小行星带上，这颗质量最大的行星的引力才不会让附近的残余碎片聚积成一颗行星。因此，这些小行星并不是一度存在过的某一颗行星的残骸，而是命中注定无法聚积成行星的小天体。

把小到 1 千米的小行星全部计算在内，总共有几百万颗小行星。但是在辽阔的行星际空间中，这仍然不足以对飞向太阳系外围的太空飞船构成严重的威胁。"伽利略号"飞船在飞往木星的弯弯曲曲的旅途中，于 1991 年和 1993 年分别拍到了加斯普拉与艾达两颗主带小行星的照片。

大部分小行星都在主带内运行。要想研究它们，我们必须像"伽利略号"那样去它们那里访问。彗星则与此不同，它们有时前来拜访我们，例如哈雷彗星最近两次出现于 1910 年和 1986 年。彗星主要由冰、少量岩石及有机物组成。在彗星受热时，冰粒升华，所产生的气体被太阳风向外吹成长长的可爱的尾巴。在多次经过太阳附近时，全部的冰都升华掉了，有时留下的是一个死寂的岩石和有机物的世界。有时因为冰散失了，原先由冰结合在一起的剩余物质粒子散布到彗星轨道上，形成一道围绕着太阳的残迹。

每当像沙粒一样大小的一点彗星物质以高速闯入地球大气层时，它便起火燃烧，产生一条短暂的光迹，地球上的观察者称之为流星。有些溃散彗星的轨道与地球轨道交叉，因此地球在绕太阳持续不断地运行时，每年都会穿越也绕太阳运行的彗星碎片带。这时我们会看到流星雨，甚至流星暴——整个天空闪现出一条条彗星残骸的光迹。举例来说，大约在每年 8 月 13 日出现极大值的英仙座流星雨来自垂死的斯威夫特 – 塔特尔彗星。可是不能让流星雨的美景欺骗我们，这些在夜空中闪烁发光的天外来客与能够毁灭地球的小天体是一样的。

有少数小行星偶尔会喷出一点气体，甚至长出一条临时的尾巴，这表明它们处于彗星与小行星之间的转换阶段。有些环绕行星旋转的小卫星可能是被行星俘获的小行星或彗星。火星的卫星以及木星的外围卫星可能就是这样的。

引力能把太凸出的东西拉平，但是只有大天体的引力才能强到足以使山脉和其他凸出的物体由于自身重量而崩塌，于是天体变平。实际上，我们观察小天体的形状时，几乎总会发现它们的表面凹凸不平、不规则，就像马铃薯那样难看。

有好些天文学家最乐意干的事情是在无月的寒冷夜晚通宵不眠地拍摄天空的照片。他们拍的是同样的天空，去年拍过了，前年也拍过了。你会问，如果上一次拍好了，为什么要再拍？答案是天空在变化。在任何一年都可能有以前完全不知道的、从未见过的小天体朝地球走来，而这些有献身精神的观测者在注视它们。

1993 年 3 月 24 日，一群小行星和彗星的狩猎者在美国加利福尼亚州帕洛玛天文台查看在一个多云之夜断断续续拍摄的照片，发现底片上有一个暗弱的、扁长的斑点。它出现在一个很亮的天体——木星附近。于是卡罗琳（Carolyn）、尤金·休梅克以及利维（Levy）叫其他观测者一起来看看。他们发现这个斑点原来是一些令人惊奇的东西：大约有 20 个小而亮的物体，一个接一个像一串珍珠，都在绕木星旋转。它们合在一起称为"休梅克 – 利维 9 号"彗星（这是这些合作者共同发现的第九颗周期性彗星）。

但是，把这些天体总称为一颗彗星容易引起混乱。它们是一个群体，大概是一颗至今没有发现的彗星分裂后的残骸。它在 40 亿年中悄无声息地绕太阳运转，直到几十年前跑到离木星很近的地方才被太阳系中这颗最大的行星的引力所俘获。1992年 7 月 7 日，它被木星的引力潮撕成碎片。

你可以了解到，这样的彗星靠里面的部分受木星吸引的力应比靠外面的部分稍大一些，这是因为前者比后者离木星更近一些。引力的差异肯定很小。我们的脚比头离地心稍近一点，但是我们不会因此而被地球的引力撕成碎片。既然彗星能被这样的引力潮撕裂，它原来内部的引力必然非常微弱。我们认为，它在分解之前只是很松散地聚集在一起的冰、岩石和有机物的集合体。它的直径可能仅约为 10 千米。

不久后，这颗碎裂的彗星的轨道被很精确地测量出来了。在 1994 年 7 月 16 日和 22 日之间，这颗彗星的碎片一块接一块地与木星碰撞。最大的碎片有几千米大，它们与木星的碰撞是很壮观的。

事先谁也不知道这一连串的碰撞会对木星的大气和云有什么影响。这些被气体和尘埃包裹着的彗星碎片，实际上也许比它们看起来要小得多。也有可能它们根本就不是一个整体，而只是松散地结合在一起，就像一把碎石在近似的轨道上一同遨游。如果这两种可能性中的一种是真的，那么木星可以悄无声息地把这些彗星碎片吞食掉。一些天文学家设想，当彗星碎片坠入大气时，至少会有明亮的火球与巨大的烟柱。还有人认为，伴随"休梅克－利维 9 号"彗星碎片的稠密尘埃云会破坏木星的磁层，或形成一个新的环。

计算结果表明，这样大小的彗星撞击木星，每隔 1000 年才会发生一次。这不是一生中得见一次的天文事件，而是十几代人才有一次。自从望远镜发明以来，这种规模的景观还从未出现过。1994 年 7 月中旬，通过完美协调的国际科学合作，整个地球上以及太空中的望远镜都指向了木星。

天文学家用了一年多的时间做准备，算出了彗星碎片绕木星运动的轨道，并认定它们都会撞上木星。碰撞时刻的预报更精确。令人失望的是，计算表明所有的碰撞都发生在木星夜晚的一面（即从地球上望去看不见的一面）。然而在太阳系外围的"伽利略号"和"旅行者号"飞船都能够看得见。令人庆幸的是，各次碰撞都发生在木星破晓前几分钟（即由于木星自转，撞击地点刚要进入人们从地球上望去的视野之际）。

第一块碎片（编号为 A 片）预定的碰撞时刻来到并过去了，但是地面望远镜没有发来报告。在美国巴尔的摩空间望远镜科学研究所里，行星科学家们越来越愁容满面地凝视着监视器的荧光屏，屏上显示的是从哈勃空间望远镜传来的信息，但是没有什么异常现象。航天飞机上的航天员暂时放弃了他们要做的果蝇、鱼和蝾螈的繁殖实验，拿起双筒望远镜观看木星。他们报告说，看不到什么动静。这次千年一遇的碰撞看来很可能是一场空了。

可是不久以后位于加那利群岛[1]的拉帕尔马岛上的地面光学望远镜传来报告说，碰撞已经被观测到了。接着发来信息的是日本的一架射电望远镜、位于智利的欧洲南方天文台，以及芝加哥大学安装在南极冰天雪地里的一台仪器。在巴尔的摩，一群青年科学家围聚在监视器旁边（他们本身又处于美国有线电视新闻网的摄像机镜头之内），开始看到了一些动静，并且正是在预计碰撞木星的部位。你可以见到从惊愕到迷惘再到狂欢的转变过程。他们欢呼雀跃，房间里充满了笑声。他们打开香槟。这是一群美国青年科学家，其中约 1/3［包括组长哈梅尔（Heidi Harmmel）］是女性。你可以想象，全世界的年轻人都会认为做一个科学家真有趣，科学研究是一个好行当，甚至可以让人得到精神上的满足。

许多碎片击中木星后，地球上的观测者看到火球迅速上升，升到很高的空中。即使碰撞地点还处在木星的夜幕之下，火球仍能看得清楚。烟柱升起后，很快就变成煎饼似的扁平状。我们接收到了从碰撞地点传播来的声波和引力波，还看到最大的碎片使得和地球一般大的一片区域改变了颜色。

以 60 千米 / 秒的速度撞上木星后，最大的碎片的动能有一部分转变为冲击波，一部分转变为热能。估计火球内的温度高达几千摄氏度。有些火球与烟柱比木星的其余部分要亮得多。

为什么碰撞后会留下暗黑的污点？可能是因为木星云层深处（地球上的观测者一般看不见的区域）的物质向上涌出并散布开来。然而碎片似乎不会穿透到这样深的地方，或许是彗星

---

[1]　位于大西洋东北部。——译者

碎片中的物质形成了这些污点。苏联的"维佳 1 号"和"维佳 2 号"以及欧洲空间局的"乔托号"飞船（它们都飞往哈雷彗星）的探测结果告诉我们，彗星中多达 1/4 的物质可能都是复杂的有机分子。正是它们使哈雷彗星的核心变成漆黑的。如果在碰撞之后彗星的一部分有机物留存下来，它们就可能形成污点。最后，形成污点的有机物还可能不是由彗星碎片带来的，而是由木星大气的冲击波造成的。

　　全世界七大洲都有人亲眼看见"休梅克－利维 9 号"彗星的碎片与木星发生碰撞，甚至天文爱好者用小型望远镜也能看见烟柱以及随后木星云层的变色。就像体育比赛中安装在球场上及观众头顶上方的摄像机从各个角度扫视球场一样，美国国家航空航天局部署在太阳系各处的 6 个探测器利用各自不同的观测专长，把这个新的天文奇景记录了下来。这 6 个探测器是哈勃空间望远镜、国际紫外探测器、极紫外探测器（以上 3 个都处在环地轨道上）、"尤利西斯号"探测器（当时正在观测太阳的南极）、"伽利略号"探测器（正前往与木星会合的途中）以及"旅行者 2 号"探测器（已经远远越过海王星，在飞往其他恒星的途中）。科学家正在收集和分析观测资料，一旦工作结束，我们对彗星、木星以及天体剧烈碰撞的认识就将大为增进。

　　对于许多科学家，尤其是对卡罗琳、尤金·休梅克以及利维来说，彗星碎片一块接一块自杀式地撞击木星，这是一件伤心事。不妨说，他们和这颗彗星"同住"了 16 个月，看见它分裂，而被尘埃云遮蔽的碎片散布在它的轨道上与我们玩起了捉迷藏游戏。在某种意义上，每个碎片都有自己的个性。现在它们都一去不复返了，都在太阳系中最大的行星的高层大气中分解为分子和原子。在这个意义上，我们几乎要哀悼它们。可是从它们在烈火中的消亡，我们学到了知识。当了解到在太阳系中还有 100 万亿颗这样的彗星时，或许我们就放宽心了。

我们已经知道有大约 200 颗会来到地球附近的小行星。它们称为"近地小行星"，这是名副其实的。仔细查看它们的外形（与它们在主带中的堂兄弟姐妹相似），就能立刻了解到它们是剧烈碰撞的产物。它们中间的大多数可能是过去某些较大的小天体的碎片与残骸。

除了少数例外，近地小行星的大小只有几千米或者更小，它们绕太阳转一圈需要几年时间。它们中的大约 20% 迟早会"击中"地球，其后果不堪设想（但是在天文学中，"迟早"可能意味着几十亿年）。西塞罗所做的保证，即在一个绝对有秩序和规律的天空中，找不到"任何机遇和危险"，是一种完全错误的说法。"休梅克－利维 9 号"彗星与木星相撞这件事情提醒我们，行星际的暴力事件在今天仍是常有的，虽然与太阳系早期相比，这可以说是小巫见大巫了。

和主带小行星一样，许多近地小行星由岩石构成，少数以金属为主。因此，有人建议把一颗金属小行星转移到环地轨道上，然后有计划地开采它。这将是一座位于几百千米高空中的高品质矿山，经济回报将大得难以估计。单是一个这样的天体上的铂族金属的价值就高达几万亿美元（当然，如果可以开采到这样好的矿藏，铂的价格将会一落万丈）。有些人，如美国亚利桑那大学的行星科学家刘易斯（John Lewis）正在研究从某些适宜的小行星上开采金属和其他矿物的方法。

有些近地小行星含有丰富的有机物，而这些物质显然是太阳系刚形成时遗留下来的。喷气推进实验室的奥斯特罗（Steven Ostro）发现，这类小行星中的一些是成对的，即两颗小行星靠在一起。也许这是由于一颗较大的天体在经过一颗像木星那样的行星附近时，被引力潮撕裂为两部分。更有趣的说法是：两颗在相似轨道上运行的小行星可能轻轻地相碰并靠在一起。这种过程可能是地球与其他行星形成的关键。至少有一颗小行星（即"伽利略号"所见到的第 243 号小行星艾达）有自己的小卫星。我们猜想，两颗靠在一起的小行星和两颗绕转的小行星的起源是有联系的。

有时候，我们听说一颗小行星"差一点没击中（目标）"。（为什么我们要这样说呢？其实我们的本意是它"几乎击中目标"。）但是，我们稍微仔细一点阅读全文时，才发现它与地球的最近距离为几十万千米或几百万千米。无论怎么说都可以，反正它太远了，甚至比月球还远。如果我们有一份关于所有近地小行星的清单，甚至把直径比 1 千米小得多的小行星也包括在内，我们就可以推算出它们未来的轨道，并判断哪些小行星的隐患最大。现在人们估计直径大于 1 千米的近地小行星有 2000 颗，其中我们已经观测到的只有百分之几。直径大于 100 米的小行星可能有 20 万颗。

人们用神话人物给近地小行星取了许多发人深省的名字，如俄耳甫斯（Orpheus）、哈索尔（Hathor）、伊卡洛斯（Icarus）、阿多尼斯（Adonis）、阿波罗（Apollo）、刻耳柏洛斯（Cerberus）、胡富（Khufu）、阿莫尔（Amor）、坦塔罗斯（Tantalus）、阿登（Aten）、弥达斯（Midas）、拉－沙洛姆（Ra-Shalom）、法厄同

（Phaethon）、图塔蒂斯（Toutatis）、奎兹尔科亚特尔（Quetzalcoatl）。有几颗小行星，如涅柔斯（Nereus），值得特别探测。一般来说，去近地小行星比去月球要容易得多。涅柔斯的直径仅约为 1 千米，它是最容易到达的小行星之一[2]。它是一个我们从来没有探测过的新世界。

有些人（都是苏联人）在太空中生活的时间比去涅柔斯往返一趟所需的时间还要长。去那里的火箭技术已经是现成的了。比起上火星来说，去涅柔斯只是小得多的一步，在某些方面，甚至比再上月球还要简单。然而如果出了什么差错，我们要安全返回地球就不是几天时间了。就这方面来说，去涅柔斯的难度是在上火星和登月之间。

在将来探测涅柔斯的许多个可能的方案中有这样一个：花 10 个月时间从地球到达那颗小行星，在它的上面停留 30 天，然后只要 3 个星期就可以返回了。我们可以用机器人去访问涅柔斯，或者（如果我们真想这样干）就送人去。我们可以考察这个小小世界的形状、结构、历史、有机化学性质、在宇宙中的演化以及与彗星的可能联系。我们可以带回一些样品，在地球上的实验室里从容地进行研究。我们可以判断它是否真的拥有具备商业价值的金属或其他矿物资源。如果我们决定送人去火星，那么近地小行星就是方便到达且适宜的中转站。它们可以让我们检验装备和探测计划，同时研究一个几乎完全未知的小世界。这就好像我们在准备再次跳进宇宙海洋之前先用脚蘸一点水来感觉一下。

第 18 章

卡马里纳的沼泽

如果不飞向太空，就会毁灭。

　　现在要做任何改进都为时已晚。宇宙已经创
造成了。

　　最后一块基石已经放上，剩下的碎料在 100
万年前就已被运走了。

——梅尔维尔

《白鲸》第二章（1851 年）

　　卡马里纳是西西里岛南部的一座城市，它是公元前 598 年
叙拉古的移民建造的。在一两代人之后，这座城市流行一种瘟
疫——脓疱病，有人说病源来自附近的沼泽。［当然，古人不会
广泛接受细菌传播疾病的理论，但是也有一些点滴知识。公元
前 1 世纪瓦罗（Marcus Varro）就明确地劝告人们不要在沼泽附
近建城，"因为那里滋生着某些眼睛看不见的微小生物，它们在
空中浮动，可以从人的嘴或鼻进入体内，并引起严重疾病"。］
瘟疫对卡马里纳居民来说十分危险，于是有人出主意，要把沼
泽里的水排干。然而人们到神殿去请示神谕时，神谕禁止这种
行动，而劝告人们要忍耐。可是城里人生命危殆，因此他们置
神灵的启示于不顾，把沼泽里的水排掉了，于是瘟疫很快就止
住了。但是后来人们才知道，沼泽是防御敌人入侵的屏障，而
当时的敌人也包括他们的叙拉古同胞。卡马里纳居民认识到这
一点已经太晚了。这就像 2300 年后生活在美洲的移民与自己的
祖国争执一样。公元前 552 年，一支叙拉古军队越过曾经是沼

泽的旱地，把城内的男女老少全部杀光，把城市夷为平地。这样一来，"卡马里纳的沼泽"就成为一句谚语，意味着以这样的方式消除一个危险，其后果是又引来一个更加可怕的危险。

发生在白垩纪和第三纪的碰撞（也许不止一次，而是有好几次）表明小行星与彗星多么危险。碰撞之后，一场殃及全球的大火可以把草木全部烧焦；平流层的尘云使天空变暗，幸免于难的植物很难靠光合作用生存；地球上各地的温度降到冰点；还有酸性的暴雨和臭氧层的大量消耗。更有甚者，在地球从这些浩劫中恢复过来后，长时期的温室效应来临了。（这是因为猛烈的碰撞释放出巨大的能量，使沉积在深处的碳酸盐挥发，把大量二氧化碳输入空气中。）这不只是一场灾难，而是一连串浩劫、一系列恐怖事件。在一次劫难中遭受重创的生物在下一次劫难袭来时便灭亡了。我们完全无法肯定我们的文明能否在一次能量小得多的撞击中幸存下来。

因为小的小行星比大的要多得多，和地球相撞的一般都是小家伙。如果准备等待的时间更长久，你就会遇到毁灭性更强的碰撞。平均来说，每几百年地球会被直径约为 70 米的小天体撞击一次，释放的能量相当于迄今最大的一次核武器爆炸。每 10000 年，地球会被直径为 200 米的小天体撞击一次，这可能引起严重的地区性气候变化。每 100 万年发生一次地球与直径超过 2 千米的天体的碰撞，这几乎相当于 1 万亿吨 TNT 爆炸，可以引起全球性灾难。除非采取前所未有的预防措施，否则很大一部分人将会丧生。1 万亿吨 TNT 蕴含的能量是地球上现有核武器同时爆炸时释放的能量的 100 倍。令这样的碰撞也相形见细的是，在大约 1 亿年中会发生一次类似于白垩纪和第三纪撞击那样的事件，即一颗直径为 10 千米或更大的天体与地球相撞。一颗大的近地小行星所潜藏的毁灭性能量远大于人类所能制造的任何武器。

美国行星科学家希巴（Christopher Chyba）及其同事首先指出，大小为几十米的小行星和彗星在进入地球大气层后会碎裂和焚毁。它们相当经常地出现，但不会造成大的灾害。现在我们已经大概知道它们闯进地球大气层的频次，这是因为美国国防部把监测地球上秘密核爆炸的特殊侦察卫星所得的资料解密了。近 20 年来，已有几百个小天体（其中至少有一个是较大的）撞击过地球，它们都没有酿成灾难。但是，我们必须完全有把握区分彗星和小行星的小规模碰撞与大气中的核爆炸。

能够对人类文明构成威胁的撞击天体的直径要有几百米，它们大概每 20 万年光临地球一次。我们的文明史只有 1 万年左右，因此在历史上不会有关于最近一次这种碰撞的记载。我们确实没有。

1994 年 7 月 "休梅克 – 利维 9 号" 彗星在木星上引发一连串猛烈的爆炸，这提醒我们这样的碰撞在现今时代仍然可能会发生。一个大小只有几千米的撞击天体就能把它的残骸撒遍和地球一般大的区域，这是一种不祥之兆。

正是在 "休梅克 – 利维 9 号" 彗星撞击木星的那个星期里，美国众议院科学、空间和技术委员会草拟了有关法规，要求美国国家航空航天局 "与国防部及其他国家的空间探测机构合作"，证认所有正在接近地球的 "直径大于 1 千米的彗星与小行星" 并测定其轨道特征。这项工作应在 2005 年以前完成。许多行星科学家早已倡议开展这项研究，但是只有在一颗彗星痛苦地消亡之后，它才能付诸实施。

在等待的这段时间内，小行星碰撞的危险似乎不太令人担心。可是如果一次大的碰撞出现了，它就是人类历史上前所未有的浩劫。在刚出生的婴儿的一生中，这种碰撞发生的概率大概是 1/2000。如果飞机失事的概率是 1/2000，我们谁也不会去乘飞机。（事实上这种概率是两百万分之一。即使如此，许多人还认为这太令人担忧了，甚至要去投保。）当我们的生命有危险时，我们往往会改变自己的生活方式来趋吉避凶。那些不愿意改变的人迟早会离我们而去。

一旦情况需要，也许我们就应该设法到达这些小天体并改变它们的轨道。尽管有梅尔维尔的宿命论观点，创造宇宙的有些碎料还是保留下来了，并显然需要加以改进。沿着同样且相互影响很小的思路，行星科学界与美俄两国的核武器实验人员都认识到上面谈过的情形，并钻研了以下这些问题：怎样监测一切相当大的近地行星际物体，如何确定它们的物理和化学性质，怎样预测哪些物体将来可能与地球相撞，如何阻止碰撞发生。

苏联太空飞行先驱齐奥尔科夫斯基早在一个世纪之前就指出，应当有大小介于已经观测到的大的小行星和有时落到地球上的小行星碎片（陨星）之间的天体。他描写了在行星际空间里小的小行星上生活的情景。他没有想到这会有军事用途。然而在 20 世纪 80 年代初期，美国的武器研制部门中有人议论，苏联人可能使用近地小行星作为实施第一次核打击的武器（这种杜撰的计划被称为"伊万之锤"），为此需要提出对策。但同时有人提出，让美国学会使用这些小天体作为自己的武器，这也不失为一个好主意。美国国防部的弹道导弹防御组织（20 世纪 80 年代星球大战机构的后继单位）发射了一艘新型太空飞船，名为"克莱芒蒂娜"，让它绕月球运行并飞到第 1620 号近地小行星"地理星"旁边。（在 1994 年 5 月完成对月球卓有成效的考察之后，这艘飞船在接近这颗小行星之前就失灵了。）

原则上，你可以使用大型火箭发动机抛射物体去撞击小行星，或者在小行星上安装庞大的反射面板，然后用太阳光或从地面上发射的强烈的激光使它转向。但是如果运用现成的技术，只有两种办法。第一种办法是可以用一个或多个威力极大的核武器把小行星炸成碎片，而碎片在进入地球大气层时会分解成微粒。如果来闯的小行星只是松散的结合体，也许只要亿吨级的爆炸当量就足够了。因为从理论来说，热核武器的爆炸威力没有上限，有些研制武器的专家可能认为制造更大型的炸弹不仅是激动人心的挑战，还可以为核武器在拯救地球的彩车上赢得一个席位，这样可以让令人厌烦的环保人士哑口无言。

第二种经过更严格论证的办法不太具有戏剧性，但是仍然可以有效地使武器制造业赖以生存下去，这便是在一颗横冲直撞的小行星旁边引爆核武器[1]。制造这些爆炸（一般是在小行星轨道上的近日点附近）的目的是改变小行星的轨道，使它偏离地球[1]。用一批小型核武器，每一个都把小行星朝我们希望的方向推动一点，这样就足以使一颗中等大小的小行星转向，而这只需要提前几个星期发出警告。我们希望可以用这种办法对付突然监测到的即将与地球相撞的一颗长周期彗星，就是用一颗已转向的小的小行星来拦截这颗彗星。（不用说，这种太空台球游戏会比我们随意提前几个月或几年对付在已知轨道上正常运行的小行星更加困难，更没有把握，并且在不远的将来也更加没有实用价值。)

我们不知道近处的一次核爆炸对一颗小行星会有什么作用，这个问题的答案随小行星的不同而异。有的小行星是牢固的结合体，有的只不过是靠自身引力聚集起来的沙粒堆。比如说，如果爆炸把一颗大小为 10 千米的小行星分裂成几百块大小为 1 千米的碎片，它们中至少有一块撞上地球的可能性会增加，那么便会出现《启示录》所描述的后果。另一种可能是，如果爆炸使小行星分解成一大批直径为 100 米或更小的物体，它们进入地球大气层后都会像大流星一样被焚毁。在这种情况下，碰撞引起的灾害是很小的。如果将整颗小行星击碎成粉末，在高空可能形成不透明的尘埃层，把太阳光挡住，使气候改变。究竟会产生什么样的后果，我们还不知道。

有人设想让几十枚或几百枚装有核弹头的导弹整装待命，随时准备对付威胁地球的小行星和彗星。无论这种奇特的想法多么不成熟，它对我们来说似乎都是熟悉的，只不过敌人变换了。这同样是十分危险的。

喷气推进实验室的奥斯特罗和我提出，问题在于如果你有把握让一个对地球有威胁的小天体转向，使它不撞上地球，那么你就有把握让一个没有危险的小天体转向，使它撞上地球。假定你有一份完整的清单，上面列出直径大于 100 米且轨道已知的近地小行星（估计有 30 万颗），它们中的任何一颗撞击地球都会造成严重后果。与此同时，你也有另一份清单，上面列出了大量对地球不构成威胁的小行星。如果用核弹头改变它们的轨道，它们很快就会撞上地球。

让我们把注意力集中于大约 2000 颗直径为 1 千米以及更大

的近地小行星，即很可能引起全球性灾难的小行星。现在它们中间只有大约 100 颗已经得到确认。我们大约需要一个世纪的时间才能掌握住其中的一颗，轻而易举地改变它的轨道，让它转向地球。可以说我们已经找到了一颗这样的小行星，不过它还没有被正式命名[2]，至今只有编号 1991OA。到 2070 年，这颗直径约为 1 千米的小行星会到达地球轨道之内距地球 450 万千米处——这只是月地距离的大约 12 倍。要使 1991OA 转向，让它撞击地球，只需要用适当的方式引爆当量约为 6000 万吨 TNT 的核弹——这只是现有核弹的一小部分。

　　现在设想几十年后的某个时候，所有像这样的小行星都已得到确认，轨道也被测定了。在这种情况下，喷气推进实验室的哈里斯（Alan Harris）、洛斯阿拉莫斯国家实验室的卡纳万（Greg Canavan）、奥斯特罗和我指出，只需花一年时间就可以挑选出一颗适当的小行星，改变它的轨道，让它撞击地球，由此造成一场浩劫。

　　这样做所需的技术包括大型光学望远镜、灵敏的探测器、能够发射几吨重载荷并在近地空间与小行星精确会合的火箭推进系统，以及热核武器。今天，这些都已具备了。也许除了最后一项外，对所有这些装备做出改进都是有把握的。在不知不觉中，今后几十年内许多国家都会拥有这些技术。到那个时候，我们将会把这个世界弄成什么样子呢？

　　我们有一种尽量减小新技术危险的倾向。在切尔诺贝利灾难发生前，有人向苏联核工业部的一位副部长询问苏联核反应堆的安全状况，这位副部长特别选出切尔诺贝利核电站作为最安全的例子，并满怀信心地说，一般要过 10 万年才会发生一次事故。可是，还不到一年……就大祸临头了。在"挑战者号"惨剧发生前一年，美国国家航空航天局的合同承包人也做过与此类似的保证。他们估计，人们要等 1 万年才会见到航天飞机坠毁的事件。但是，一年之后，伤心事就发生了。

氯氟烃是一种新开发的完全安全的制冷剂，用来取代氨和其他制冷剂，因为后者一旦泄漏就会引起疾病甚至死亡。就化学性质来说，氯氟烃是惰性的，在通常的浓度下无毒、无臭、无味，不会使人有过敏反应，也不易燃烧。这是对一个意义明确的实用性难题在技术上加以解决的范例。除制冷外，氯氟烃在许多别的工业部门也有用处。但是我在前面谈过，研制氯氟烃的化学家忽视了一个重要事实：正是因为这种分子很稳定，它们可以散布到平流层，在那里受到太阳光的照射而分解，这时释放的氯原子会破坏起保护作用的臭氧层。多亏几位科学家的工作，人们才及时认识并防止了这种危险。现在人类已经几乎完全停止生产氯氟烃了。可是，事实上要等一个世纪左右，我们才能确切地知道是否真正避免了这种危害，因为要过这样长的时间，氯氟烃的一切危害才会显现出来。和古代的卡马里纳人一样，我们也会犯错误[3]。

对有些空间科学家和制订长期规划的人员来说，把小行星移动到环地轨道上是一种有吸引力的设想。他们预见到可以在这些小行星上开采矿物与贵金属，或者利用它们的资源建造永久性太空基地，而不必克服地球引力把建材运上去。有人发表文章，论述怎样实现这样的目标以及这样做对将来有何好处。现有的意见是，先让小行星进入地球大气，然后进行"气刹"，再使它进入环地轨道。这种方法很危险，不能有一点闪失。我想，在不远的将来我们能够认识到这种行径太危险、太莽撞，对于几十米的金属小行星来说更是这样。在这种操作中，导航、推进或任务设计的差错都会造成最严重的、灾难性的后果。

上面谈到的都是粗心大意的例子，但是还有另一类危险。我们有时听人说这种或那种发明当然不会被用来干坏事，没有一个头脑清醒的人会轻举妄动，这是一种"只有疯子才会干"的论调。每当我听到这种论调时（在辩论中经常可以听到），我就提醒自己，世界上真有疯子。他们有时在现代的工业化国家中拥有至高无上的权力。这是一个有希特勒的世界，这样的暴君不仅会对人类大家庭的其余部分带来最大的危险，而且对他们本国的人民也是这样。1945 年春季，希特勒下令摧毁德国，甚至连"人民维持最低限度生存的基本条件也要摧毁掉"，这是因为侥幸活下去的德国人"背叛"了他，而且这些幸存的德国人无论如何也比已经死去的人要"低劣"。假如希特勒拥有核武器，而同盟国威胁他要用核武器（如果同盟国也有的话）来反击德国，那么这不可能阻止他，反而会驱使他使用核武器。

让人类掌握毁灭文明的技术，这样做是否可靠呢？如果 21世纪人类的大部分因一颗小行星的碰撞而毁灭的概率是千分之一，那么在另一个世纪使小行星转向的技术落入坏人之手的可能性是否会更大一些呢？坏人是有的：有像希特勒那样憎恨人类社会、热衷于大屠杀的人，追求"伟大"和"荣耀"的自大狂，经受过种族暴力伤害企图报复的人，因过度服用睾酮而中毒的人，巴不得末日审判早些来临的宗教狂，还有操纵与控制安全装置不熟练或不谨慎的技术人员。这样的人确实都有。危险看来远大于利益，治病可能比不治更坏。地球所穿越的近地小行星群可能会成为现代的卡马里纳沼泽。

我们很容易想到这一切未必会发生，而只不过是焦虑所引起的错觉。头脑清醒的人肯定会占优势。不妨想一想，需要多少人参加研制与发射核弹，还要进行太空导航，引爆核弹，检测每次核弹爆炸引起的轨道改变，使小行星进入与地球相撞的轨道。难道不能想想，当纳粹军队撤退时希特勒曾经下令烧毁巴黎，还想摧毁德国本土，而这些命令都没有被执行吗？在让小行星成功转向的计划中一定会有某些重要的专家，他们了解这样做的危险。即使有人担保这项任务的目标只是要歼灭某个恶毒的敌对国家，大概也不会有人相信。这是因为碰撞的后果是全球性的（无论如何，要确保小行星只在一个特别该受惩罚的国家撞出巨大的坑是非常困难的）。

但是现在让我们设想一个没有被敌军征服的极权国家，它既繁荣又自信。设想它有一个传统：必须服从命令，不许发问。还设想执行计划的人都相信这个虚构的说法：有一颗小行星即将撞击地球，他们的任务是让它转向，但是为了不使老百姓无端恐慌，行动必须保密。有了等级森严的军事管理体制，有了信息专职管理，还有严格保密和虚构的说法，我们能否保证《启示录》中的命令也会被拒绝执行？难道我们真能担保在今后几十年、几个世纪以至几千年中这样的事情不会发生？我们有多大把握？

说一切技术都是为善还是为恶，这毫无用处。这句话肯定是对的，但是当"恶"达到可以毁灭世界的程度时，我们就必须界定哪些技术可以发展。（在某种意义上说，我们总是这样做，我们没有能力发展一切技术。有的受到青睐，有的则不是。）国际社会需要对疯子、暴君和狂热分子进行压制。

　　跟踪小行星和彗星是慎重的措施，是良好的科学项目，花的钱也不多。但是，既然知道人类的弱点，为什么现在要发展使小天体转向的技术？为了安全，我们能否设想让许多国家掌握这种技术，而每个国家都可以进行监测，防止别的国家滥用这一技术，以达到平衡？这远远不像以往恐怖的核平衡，可是这几乎不能制止某些企图毁灭地球的疯子，他们想如果自己不赶快动手，敌人就会先于他们而动。我们怎能保证国际社会能侦察出有人制订了巧妙而又隐秘的小天体转向计划，并及时想出对策？如果小天体转向技术已经被钻研出来，我们能否想出一套国际防护方案，它的可靠性与它承担的风险相称？

　　即使我们只限于进行侦察监视，也是有风险的。设想下一代人能够测定 3 万颗直径大于 100 米的小天体的轨道，并理所当然地公布这些信息。有人会绘出近地小行星与彗星的轨道图，它们的轨道曲线挤在一起，显示出近地空间是黑乎乎的一片。这就像悬在我们头顶上的 3 万把达摩克利斯剑[1]。这个数字是在大气清晰度最好的情况下肉眼能看见的恒星数量的 10 倍。到那个时候，人们都了解情况，他们的恐惧比现在大家不知情时要大得多。公众的压力也许难以抗拒，他们要求提出一些办法来对付还不存在的威胁，这样一来又会滋长滥用小天体转向技术的危险。由于这个缘故，发现和监测小天体可能不只是未来中立政策的一个工具，而是一个饵雷[2]。我认为，唯一可行的解决

---

[1] 传说中叙拉古僭主狄奥尼西奥斯命其大臣达摩克利斯坐在用一根马鬃系着的剑下，以此表示大权在握者往往朝不保夕。——译者

[2] 伪装成无害物的地雷。——译者

办法是把精密的轨道计算、对威胁的客观评估以及对公众的有效教育结合起来。这是美国国家航空航天局的任务。

人们开始认真考虑近地小行星以及如何改变它们的轨道的问题。某种迹象表明，美国国防部和武器研制单位的官员们正开始了解，打算支使小行星可能真会有危险。文职和军职科学家已经在聚会讨论这个课题。刚听说小行星的危险时，很多人认为这只是一个小鸡寓言式的无稽之谈 [1]。[刚来到世上的小鸡露西（Lucy）非常激动地向大家报告一个紧急消息：天正在坍塌！]从长远方面来说，轻率地决定不考虑我们未曾亲眼看到的灾难情景是很愚蠢的。但是对这个问题来说，确实需要慎重。

与此同时，我们仍需面对转向问题的进退两难的困境。如果我们开发并部署这种技术，它可能毁灭我们自己。但如果我们不这样干，某颗小行星或彗星会把我们摧毁掉。我认为摆脱这种处境的关键在于这两种危险可能发生的时间尺度大不一样（前者短而后者长）这个事实。

我倾向于认为，我们将来对待近地小行星的办法大致是这样的：我们在地面上观测、发现所有的大家伙，绘出并监测它们的轨道，测定它们的自转速率和成分。勤劳的科学家会说清楚它们的危险程度，既不夸大也不掩饰危险程度。我们发射几艘无人太空飞船到我们挑选的几颗小行星附近，绕它们运转，在它们的上面着陆，并从它们的表面取回一些样品供地球上的实验室分析研究。最后，我们送人上去。（由于小行星的引力很

---

[1]　安徒生童话里说到，有一天树上掉下一粒种子打到一只小鸡头上，小鸡惊恐万状，以为天要塌了。——译者

弱，这些人在它们的上面跳跃，一下子就能在空中跳到 10 千米之外；他们扔出的垒球可以绕小行星旋转。）在充分认识了各种危险并在滥用小天体转向技术的潜在威胁大为缓解之前，我们不会试图改变小行星的轨道。这也许需要一段时间。

如果我们开发小天体转向技术的速度太快，就可能毁灭自己；如果干得太慢，就肯定会让小行星毁掉地球。只有在世界上政权机构的可靠性以及它们给人们的信心都大为增进之后，我们才能把如此严重的问题放心地交给它们去处理。同时，似乎没有可以接受的国家级解决方案。如果把毁灭世界的技术交付给某一个存心（或只是有潜力）要毁灭他人的敌对国家，谁会放心呢？无论我们的国家有没有与其匹敌的力量，我们都会感到不安。行星际空间中存在碰撞的危险，这一旦成为举世的共识，就会使全人类团结起来。面对共同的危险，我们人类有时可以达到普遍认为不可能的高境界。我们可以把分歧置于脑后，至少在危险消失之前。

但是，这种危险永远不会消失。受引力的扰动，小行星的轨道在缓慢改变；新的彗星不发出任何警告就从冥王星之外的漆黑太空向我们疾驰而来。我们始终都需要用一种对自己没有危险的办法来对付它们。两种不同的危险（一种是天然的，另一种是人为的）同时呈现在我们面前。小的近地小行星提供了一个新的、强大的动力，促进建立有效的超国家机构，并使人类团结起来。很难找到任何其他令人满意的办法。

无论怎样说，我们是以一向战战兢兢地进两步退一步的方式走向统一联合的。交通运输和通信技术，还有相互依存的世界经济与全球性环境危机，都产生了强大的影响。被撞击的危险只会加快我们前进的步伐。

到头来，我设想只能先不去动那些可以导致地球劫难的小行星，而是小心翼翼地、十分谨慎地着手研究如何改变 100 米以下的非金属小行星的轨道。我们从小规模的爆炸开始，然后逐步干下去。我们从改变成分和大小各不相同的小行星与彗星的轨道中取得经验。我们要弄清楚哪些小天体可以推开，哪些不可以。到了 22 世纪，我们也许可以不用核爆炸，而用核聚变发动机或与之等效的新技术（见第 19 章）把小天体在太阳系中移来移去。我们先把由贵金属和工业用金属组成的小型小行星移进环地轨道，然后逐步开发防御技术，使在可预见的将来可能撞击地球的较大的小行星和彗星转向。与此同时，我们小心谨慎地建立防止滥用这种技术的逐层保护体系。

因为滥用小天体转向技术的危险比起近期内一次撞击的危险要大得多，我们有时间等待，采取预防措施，并重新建立政治机构。这肯定需要几十年，也许是几个世纪。如果我们的牌打得对且运气不坏的话，就可以把在太空中取得的进展与地上的进展的步伐协调起来。在任何情况下，二者都是密切相关的。

小行星撞击的危险促使我们干起来。我们最终要在内太阳系各处建立庞大的驻人空间基地。我并不认为这样重要的项目可以全靠机器人来运作。要安全地建立驻人空间基地，我们的世界政治体系必须改变。虽然我们将来的许多事情还是扑朔迷离的，但这个结论似乎稍微清楚一些，这与人类社会的变幻莫测无关。

从长远来说，即使我们不是职业漫游者的后代，即使我们不受探险的激情所鼓舞，我们中间的某些人仍然必须离开地球。

这仅仅是因为要保证所有的人生存下去。一旦进入太空,我们就需要有基地和基础设施。不必等太久,我们中的一些人就会在人造的栖息地或其他星球上生活。这是在前面讨论火星探测时遗漏的两个论点中的一个,即在太空中建立永久性驻人基地。

其他行星系也有各自遭撞击的危险,这是因为小行星与彗星都是原始小天体聚合成行星后的残余物。在行星形成后,许多这样的星子遗留下来。平均来说,两次可以毁灭地球文明的碰撞相隔约 20 万年,这为人类文明史的 20 倍。地外文明(如果存在的话)需等待的时间可能差别很大,这与行星及其生物圈的物理及化学特征、文明所具有的生物和社会属性有关,当然还与碰撞本身的频率等因素有关。行星的大气压越高,就越能抵御更大一些天体的撞击,当然大气压不能高到温室效应和其他后果致使生命无法存在的程度。如果行星的引力比地球小得多,碰撞体的撞击力就会小一些,危险也会小一些。当然行星的引力不能太小,否则大气就逃逸到太空中去了。

其他行星系遭碰撞的频率是未知数。我们的行星系含有两个主要的小天体区,它们可以把潜在的碰撞体送入与地球轨道交叉的旅途。两个小天体区的存在以及保持碰撞率的机制都取决于小天体的分布状况。举例来说,我们的奥尔特云的成员似乎来自天王星和海王星附近由于它们的引力作用而被抛出的冰冻小天体。如果在与太阳系不同的其他行星系中没有像天王星与海王星那样起作用的行星,它们的奥尔特云就会稀疏得多。疏散星团和球状星团中的恒星、双星系统与聚星系统中的恒星、接近银河系中心的恒星、在星际空间里与大分子云经常相遇的恒星，它们的行星系中的类地行星被撞击的频率都会更高。按华盛顿特区卡内基研究所韦瑟里尔（George Wetherill）的计算结果，如果太阳系里没有木星，那么地球附近的彗星的数目会增加几百倍或几千倍。在没有类似于木星这种行星的行星系中，挡住彗星的引力屏障要弱得多，因此威胁文明的碰撞会频繁得多。

在一定程度上，行星际空间中各种小天体流量的增加可能会加快演化的进程，这犹如在白垩纪－第三纪大碰撞使恐龙灭绝之后，哺乳动物繁荣兴旺并演变出众多物种一样。但是，这必定会有一个限度。显然，某种小天体流量太大对任何一种文明的持续存在都不利。

这一连串论证的一个结论是，即使银河系各处的行星上都有文明社会，它们中间也只有极少数是既长期存在又无科技可言的。因为全银河系中有生灵居住的行星都有被小行星或彗星撞击的危险，所以如果有这样的行星，那么那里有智慧的生灵就必须使各自所在的星球在政治上统一起来，离开他们的行星，并移动周围的小天体。他们的最终选择和我们是一样的，就是如果不飞向太空，就会毁灭。

第 19 章

改造行星

我们将准备好向小行星、彗星、火星、外太阳系的卫星和更遥远的天体移民。

> 谁能否认，只要有了工具和超凡的材料，人
> 类也能够造出天穹？
>
> ——菲奇诺（Marsilio Ficino）[1]
>
> 《人的灵魂》（约 1474 年）

在第二次世界大战中期，一位名叫威廉森（Jack Williamson）的美国年轻作家想象出了一个到处有人居住的太阳系。他设想，22 世纪中国人 1、日本人和印度尼西亚人将移居金星，德国人到火星，而苏联人去木星的卫星。至于那些讲英语（威廉森用来撰写这种预言的语言）的人，只能占有小行星，当然还有地球。

这个故事是 1942 年 7 月在《惊人的科幻小说》杂志上发表的，标题是"撞击轨道"，用的笔名是斯图尔特（Will Stewart）。故事的情节是一颗无人居住的小行星即将撞上一颗已有移民的小行星，于是人们需要设法改变这两个小天体的轨道。虽然这对地球上的任何人都没有危险，但这是除报纸上的连环漫画之外，第一篇谈论小行星碰撞对人类形成威胁的作品（在此之前，彗星撞击地球已是公认的危险了）。

20 世纪 40 年代初期，人们对火星与金星的环境了解得很肤浅，认为没有精心研制的维持生命的设施，人就可以在它们上面生活。可是，小行星是另外一回事。那时众所周知的是，小

---

[1] 文艺复兴时期最有影响的哲学家和神学家之一，新柏拉图主义代表人物，并将《柏拉图全集》译成意大利文。——译者

行星是很小的、干燥的、没有空气的世界。如果要在它们上面住人，尤其是住许多人，就总得想办法对它们进行整修。

威廉森在《撞击轨道》一文中描述了一群"太空工程师"，他们能够把荒芜的前哨站变成温暖的家园。威廉森造了一个新词，即"地球化过程"（terraforming），表示把一个天体转化为与地球相似的世界。他了解小行星的引力很弱，因此它所产生的或运输过去的任何大气很快就会逃逸到太空里去。这样一来，他的地球化的关键技术是"类重力"（paragravity），就是一种可以维系稠密大气的人造重力。

我们今天几乎可以肯定地说，类重力在物理学上是不可能实现的。但是正如齐奥尔科夫斯基所指出的，我们可以设想在小行星表面构筑有圆顶的、透明的栖息场所；或者像 20 世纪 20 年代英国科学家贝尔纳（J. D. Bernal）所建议的，在小行星内部建立社区。因为小行星很小，它们的引力微弱，所以即使构筑大型地下建筑也比较容易。如果从小行星的一端到另一端挖通一条隧道，你就可以从一端跳进去，大约 45 分钟后从另一端钻出来，这样沿小行星的直径永无止境地来回跳动。在一颗合适的、含碳的小行星内部，你可以找到制造石材、金属和塑料用品的材料，以及大量的水。有了这一切必需的条件，你就能够建成一个地下的封闭生态环境，即一个地下花园。这比我们今天所拥有的生态环境要高一个台阶。但是这和类重力不一样，在这项计划中没有哪样东西看起来是不可能的。一切部件在当代技术领域内都能找到。如果有充分的理由要这样办，到 22 世纪就有好些人能够在小行星上面（或里面）生活。

他们当然需要能源，这不仅是为了维持他们自身的生存，还如贝尔纳所提出的，要移动他们的小行星家园（从利用爆炸到一两个世纪后利用较为柔和的推进技术来改变小行星的轨道，似乎并不是太大的一步）。如果能够由化学作用所束缚的水生成含氧气的大气，那么通过焚烧有机物就可以产生能量，正如今天在地球上燃烧化石燃料一样。还可以考虑利用太阳能，尽管主带小行星上太阳光的强度只是地球上的 10% 左右，然而我们仍可设想在有人居住的小行星表面布满太阳能电池板，它们把太阳能转换为电能。这是环绕地球运行的太空飞船通常采用的光电技术，而现今在地球上这种技术也得到了日益广泛的推广。居住在小行星上的人类后裔用太阳能取暖和照明也许是完全可行的，但是太阳能似乎不足以用来改变小行星的轨道。

为此，威廉森建议使用反物质。反物质和普通物质相似，二者只有一个重要的区别。以氢为例，一个普通的氢原子内部含有一个带正电荷的质子，外面有一个带负电荷的电子；而一个反氢原子里面有一个带负电荷的质子，外面有一个带正电荷的电子（称作正电子）。无论所带的电荷是正还是负，质子的质量都是一样的，电子也是如此。所带电荷相反的粒子互相吸引。一个氢原子和一个反氢原子都是稳定的，因为它们的正、负电荷都正好平衡。

反物质并不是科幻作家和理论物理学家冥思苦想出来的虚构的产物。反物质确实存在。物理学家在核子加速器中制造它，在高能宇宙射线中也能发现它。为什么我们很少听说过它呢？为什么没有人拿出一块反物质给我们瞧瞧呢？这是因为物质与反物质一旦接触，就会发生剧烈的湮灭过程，发射出强烈的 γ 射线暴，并且都会消失。单靠观看，我们无法说出一个东西是由物质还是由反物质组成的。举例来说，氢和反氢的光谱性质是完全相同的。

爱因斯坦对于为什么我们只看见物质而看不见反物质这个问题的回答是："物质赢了。"他的意思是，至少在我们的这一部分宇宙中，很久以前物质与反物质相互作用和彼此湮灭后剩下的一些是我们所说的普通物质 [2]。就我们今天所知道的来说，γ 射线天文学和其他方法研究的结果都表明，宇宙几乎完全是由物质组成的。这个状况的形成有最深奥的宇宙学缘由，我们不准备在这里进行讨论。但只要在宇宙创始时物质的含量比反物质多出十亿分之一，就足以解释为什么我们今天看见的宇宙中只有物质而没有反物质了。

威廉森设想，22 世纪人们能够利用物质与反物质的受控的湮灭过程来移动小行星。如果把湮灭过程所释放的 γ 射线聚集起来，就可以形成推进火箭的强大动力。在主小行星带（位于火星与木星的轨道之间）里可以找到反物质，因为这正是他解释小行星带存在的理由。他提出，在遥远的过去，一颗来自太空深处、由反物质组成的小天体闯入太阳系，撞上了当时离太阳第五远的类地行星，并与它一起湮灭了。这次猛烈的碰撞留下的碎块就是小行星，而它们中的一些仍然由反物质组成。如果能利用一颗反物质小行星作为动力（威廉森承认这是很难办到的），你就可以随心所欲地移动小行星了。

威廉森的想法在刚提出时是对未来的幻想，但是它一点也不愚蠢。可以认为，《撞击轨道》一文中的某些设想是有远见的。然而在今天，我们有充分的理由相信太阳系中并没有显著数量的反物质，并且小行星带根本不是被撞击的类地行星的碎片。

与此相反，它是一大批由于木星的引力潮作用而无法聚集为类地行星的小天体。

尽管如此，我们现在确实能够用核子加速器制造出少量的反物质。到 22 世纪，我们也许可以制造出多得多的反物质。反物质的效率太高了。按爱因斯坦的公式 $E = mc^2$，所有物质都可变成能量。到那个时候，反物质发动机或许会成为一项实用技术，这将为威廉森提供证据。如果这办不到，我们还能指望哪种切实可用的能源会使小行星变形，为它们照明、供暖，并把它们移来移去呢？

太阳光芒四射，靠的是把质子挤在一起，并把它们转变为氦原子核。这个过程释放能量，可是它的效率还不到物质与反物质湮灭的 1%。质子 – 质子反应也远远超过我们在不久的将来所能现实地想象的任何制造能源的方式，但质子 – 质子反应所要求的温度太高了。如果不用挤撞在一起的质子，我们可以使用氢的较重的同位素。我们在制造热核武器时已经这样做了。氢的同位素氘的原子核靠核力将一个质子与一个中子结合在一起，而氚则是一个质子与两个中子相结合。再过一个世纪，我们会有包括氘与氘以及氘与氚的可控核聚变在内的实用能源计划。在地球和其他天体上，氘与氚以水的次要成分存在。核聚变所需的氦是 ^{3}He，它的原子核由两个质子与一个中子组成。几十亿年来，太阳风已经把氦的这种同位素注入小行星的表面。上面提到的两种核反应过程不像太阳内部的质子 – 质子反应那样高效，但是从一个仅几米大小的冰块中提取的重氢所释放的能量就够一座小城市使用一年了。

研制核聚变反应堆的进程看来太慢了，对解决（甚至只是在较大程度上缓解）温室效应所引起的全球变暖问题似乎发挥不了重要作用。但是到了 22 世纪，它们应当得到广泛的应用。利用核聚变火箭发动机，就可以在太阳系内圈移动小行星和彗星。举例来说，可以把主带里的一颗小行星移到环地轨道上。利用从一颗 1 千米大小的冰彗星中取出的氢进行核聚变，就可以把一个 10 千米大小的小天体从土星移到火星（我再次假定那时世界在政治上稳定和安全得多）。

你也许会在伦理上对重新安排天体的位置感到不安，或者为这样干是否会产生灾难性的后果而有疑虑。请你把这些感受暂时置之脑后。再过一两个世纪，我们大概有能力把小行星的内部挖空，并为供人居住加以改建，还能把小行星在太阳系内移来移去。也许到那个时候，我们还会有充分的国际安全保障。但是我们要改变的不只是小行星和彗星，而是行星的环境，这该怎么办呢？如果办不到，我们怎么能够生活在火星上面？

至少从原理上容易理解，在火星上建造供人栖息的场所是办得到的。那里有充足的阳光，岩石里、地下和极冠都有大量的水。大气的主要成分是二氧化碳。附近的火卫一拥有大量的有机物，我们可以将其挖掘出来并运送到火星上去。（实际上，火卫一的表面早已有纹路，似乎在我们之前曾经有人去过。但是行星地质学家认为，他们了解潮汐力和撞击怎样形成这些纹路。）似乎有可能在自给自足的栖息地上（也许是在带圆顶的封闭系统里）种植谷物，从水中制氧，并循环利用废弃物。

我们起先要依靠从地球上不断运来的日用品，但我们自己迟早会生产越来越多的日用品，逐渐自给自足。有圆顶的封闭系统即便是用普通玻璃制成的，也会让太阳的可见光透过而挡住紫外线。戴上氧气面罩，穿上保护服（不像太空服那样笨重），我们就可以走出封闭系统到外面去探测，或建造另一些有圆顶的村落与农场。

　　这似乎会强烈地唤起我们对美国早期拓荒历史的回忆，但是二者至少有一个重要的区别——在开垦火星的初期必须有大量补贴。所需的费用太高了，对于像一个世纪前我的外祖父母那样贫穷的家庭来说，无法支付自己去火星的旅费。早期去火星的先驱将是由各个政府送去的，并且都有高级的专业技能。但是过一两代，儿孙们在那里出生，尤其是实现自给自足后，情况会开始变化。在火星上出生的年轻人要接受在新环境中生存所必需的专门技术训练。移民们的英雄气概和独创精神越来越少，人类的各种优缺点开始显露出来，部分是由于从地球去火星很困难。一种独特的火星文化（与他们的生活环境有联系的独特愿望和恐惧、独特的技术、独特的社会问题及其独特的解决办法）将会逐渐形成。和整个人类历史中在每一个相似的环境里都出现过的情况一样，火星上的移民在文化和政治上将与母体世界逐渐疏远。

　　来自地球的大型飞船将送来必需的技术、新的移民家庭和稀有的资源。因为我们对火星了解得很有限，还难以确定飞船返航时是否会空载，是否会带回一些只有在火星上才找得到而对地球上的人们来说很宝贵的东西。起先火星表面的样品大部分要在地球上进行科学分析，但是总有一天，对火星（以及火卫一、火卫二两颗卫星）的科学研究将在火星上进行。

　　最终，就同人类几乎所有的其他交通工具一样，行星际旅行将变成一般收入的人们（从事自己的研究项目的科学家、对地球厌倦的移民、喜爱冒险的旅行者，以及真正的探险者）都负担得起的。

如果有一天能把火星上的环境变得和地球很相似，这时保护人体的太空服、氧气面罩以及有圆顶的农田和城市就不再需要了。于是，火星的魅力大幅度增加，而去火星也容易多了。当然，对于任何一个别的世界，情况也是一样的，只要能在那里施工，不用复杂的设施就可以把行星环境隔离开来，让人居住。如果不靠完整无损的圆顶和太空服，我们的生命也有保障，我们住在自选的房屋里就会感到舒适得多。但是，我也许把忧虑说得过分了。荷兰的居民全靠堤坝与大海隔离开来，他们看起来和北欧的其他居民一样非常适应环境，过得无忧无虑。

如果认识到这是一个猜测性的问题以及我们的知识很有限，是否可以设想用地球化过程来改造行星呢？

我们不必看得更远，只要看看自己的世界就会知道，人类已经能够使地球环境发生影响深远的改变了。臭氧层的耗竭、温室效应加剧引起的全球变暖以及核战争造成的全球变冷，这些都表明现有的技术能够使我们世界的环境发生重大变化（这些后果都不是我们故意造成的，而是做其他事情时无意引起的）。如果我们想存心改变自己行星的环境，就完全能够造成更大的变化。当我们的技术具有更大的威力时，我们就能促成影响更加深远的变化。

可是，正如在并排停车时从很挤的车位退出来比开进去要容易一些，破坏一颗行星的环境较为容易，而把它的温度、大气压、化学成分等限制在很严格的范围要困难得多。我们已经知道有大量荒凉的、无法居住的星球，而绿色的、气候温和的星球只有一个（它的环境条件变化的范围很小）。这是在利用太空飞船对太阳系进行探测的早期就已得出的一个重要结论。在改变地球或任一个拥有大气的星球的环境时，我们必须非常注重正反馈效应，就是说我们把环境改动一点，它就会自行变化到无法控制的程度。例如，让气候变冷一点，便会导致快速加剧的冰河化，这正如在火星上可能出现过的情况一样；或者让气候变热一点，则会导致快速加剧的温室效应，犹如在金星上曾发生的一样。现在我们根本还不清楚，我们的知识对研究这一问题是否够用。

据我所知，首先提出行星的地球化过程的科学文献是我于1961 年写的一篇关于金星的文章。我当时相当肯定，由于二氧化碳和水蒸气的温室效应，金星的表面温度远高于水的正常沸点。我设想在金星的高层云中撒播一些由遗传工程生产的微生物，它们可以清除大气中的二氧化碳、氮气和水蒸气，并将其转变为有机分子。清除的二氧化碳越多，温室效应就越弱，金星的表面也就越冷。微生物从大气层中落到地面后会被烧死，于是水蒸气便返回大气。但是高温使来自二氧化碳的碳不可逆转地变成石墨或其他不易挥发的形态。最后，温度降到水的沸点之下，于是金星表面便适于居住了，到处点缀着充满温水的池塘和湖泊。

这个构思很快就被好些科幻小说家抓住了。他们在科学与科幻之间反复跳跃。科学刺激科幻小说创作，而科幻又激励新一代科学家，这个过程对双方都有益处。但是我们在下一步的跳跃中发现，在金星大气中播撒具有光合作用的特种微生物的方法不能奏效。在 1961 年以后，我们发现金星的云是一种浓硫酸溶液，这使遗传工程变成颇大的难题。但这本身还不是致命的毛病（有些微生物可以终生在浓硫酸溶液中度过），致命的问题是1961年我认为金星表面的大气压是几巴[1]，即为地球表面压强的几倍。现在我们知道，金星表面的大气压为 9 兆帕（90 巴）。因此，如果我的设想可行，结果是改变后的金星表面被埋藏在几百米厚的石墨粉之下，同时几乎由纯氧气组成的大气的压强可达 6.5 兆帕（65 巴）。到了这样的大气中，不知道我们会不会被这么高的大气压压得粉碎，或者氧气会不会突然起火把我们烧个精光。可是，早在这样大量的氧气产生之前，石墨会自燃，并重新变为二氧化碳，这成为一个短路过程。因此，这种设想顶多只能使金星部分地球化。

让我们假想到 22 世纪初叶，我们有相对来说造价不太高而载重量很大的飞船，因此可以把大件物体运送到其他世界去。那时我们还有大量的威力强大的核反应堆，也有很发达的遗传工程技术。从目前的趋势看，这三项假设都有可能实现。在这种情况下，我们能否使行星地球化呢？[3] 美国国家航空航天局艾姆斯研究中心的波拉克和我思考过这个问题，我们的发现可以归纳如下。

金星的问题显然是它的大规模温室效应。如果我们能几乎消除温室效应，那么它的气候可能会变成温和宜人的。可是，压力达 9 兆帕的二氧化碳大气实在稠密得令人无法承受。在一张邮票大小（即约 6.5 平方厘米）的表面上，大气压力相当于 6 位职业足球运动员叠在一起时对地面的压力。要消除这样大的

---

[1] 压强单位，1 巴 = 10^5 帕。——译者

压力，必须下功夫。

　　设想用小行星和彗星来轰击金星，每一次碰撞都会吹走一部分大气。然而要把大气几乎吹光，那么把所有较大的小行星和彗星都用掉也不够（至少是在太阳系的行星区内）。即使有许多潜在的碰撞天体，即使我们让它们都与金星相撞（这是解决地球遭碰撞问题的一种矫枉过正的办法），那么不妨想想我们会有什么损失。还有谁会知道我们将失掉这些小天体的什么奇景，以及它们蕴藏着什么实用知识？我们还将抹掉金星表面壮丽的地质结构——我们刚开始了解它们，并由此大为增进我们关于地球的认识。这是一种靠蛮干实现的地球化过程。我建议我们完全避免采用这样的办法，即使到某个时候我们有能力这样干（对此我十分怀疑）。我们需要的是更温和、更精巧、更尊重其他世界环境的方法。采用微生物的办法就有这些优点，可是我们刚谈到过它不能达到目的。

　　我们可以设想把一颗暗黑的小行星砸碎成粉末，然后将其撒播到金星的高层大气中。当这种尘埃落到金星表面后，我们又将它们搅到上空。这实际上相当于核冬天或白垩纪－第三纪大碰撞后的地球气候。如果照射到金星表面的太阳光有一大部分被挡住了，它的表面温度就会下降。但是就原理来说，这种方法会使金星陷入深深的阴暗之中，白昼的亮度也许只像地球上的月明之夜。令人无法承受的 9 兆帕大气压仍然存在。因为撒入大气中的尘埃隔几年又沉淀到金星表面，在这段时间里必须进行补充。也许为了短期的探险，这种方法可以采用，但是由此产生的环境似乎太恶劣了，不适宜自给自足的人群在金星上定居。

我们可以在环绕金星的轨道上安装一个庞大的人造遮阳篷来使金星表面冷却，但代价太大了，并且有上述方法的许多缺点。然而如果温度降得足够低，大气中的二氧化碳就会像雨点一样落下[1]，于是在过渡期内金星上有二氧化碳海洋。如果可以把这些海洋完全盖起来以免再蒸发（例如从太阳系外围运来一颗大的冰卫星，把它融化成水的海洋），然后设法把二氧化碳分离出来，于是金星就会变成一颗水（或低泡沫矿泉水）行星。还有人提出一些办法，可以把二氧化碳变成含碳的岩石。

总的来说，关于在金星上实施地球化过程的所有建议都是蛮干的做法，成本极高。也许在今后很长时间内，即使我们愿意并认为有责任这样做，把这颗行星变成适合人们定居的场所也会超出我们的能力范围。威廉森所设想的金星上的亚洲移民可能需要另觅一颗更适合居住的行星。

对火星来说，我们遇到的问题刚好相反。那里没有强度足够的温室效应。这颗行星是冰冻的沙漠。40 亿年前（那时太阳不像现在这样明亮），火星上似乎有大量的河流、湖泊甚至海洋。这个情况使我们怀疑火星的气候是否有某种天然的不稳定性，它在一触即发之际会让这颗行星返回它在古代的温暖宜人的状态（请注意，如果出现这种情况，那些保存关键历史资料的地形特征，尤其是南北两极的层状地形就会被毁掉）。

我们由地球与金星已经完全了解到二氧化碳是一种温室气体。人们发现火星上有含碳矿物，而它的一个极冠中有干冰。它们都可以转化成二氧化碳气体，但是要使温室效应足以在火星上产生舒适宜人的温度，就需要把整颗行星表面挖遍，一直

---

[1]　高压冷凝的二氧化碳会液化成"雨点"。——译者

达到几千米的深度[1]。姑且不谈这样大的实际工程会遇到的令人望而生畏的困难（无论是否利用核聚变能量都是这样），它会给在火星上已经建成的任何一种自给自足的封闭生态系统中的移民带来诸多不便，还会使独特的科学资料与数据库（即火星表面）遭到不负责任的破坏。

其他温室气体该怎样办呢？我们可以在地球上生产氯氟烃，然后把它们运到火星上去。据我们迄今了解的情况，在太阳系中别的任何地方都还没有找到过这种人造化学物品。我们当然能设想在地球上制造出足以使火星变暖的氯氟烃，这是因为在几十年中我们利用地球上现有的工艺已经出人意料地合成了足以让我们的行星整个变暖的这种化合物。然而去火星的运输成本太高，即使每天至少发射一枚"土星 5 号"或"能量号"级别的运载火箭，也需要一个世纪。也许可以用火星上的含氟矿石在当地生产氯氟烃。

此外，有一个严重的缺陷：在火星上和在地球上一样，大量的氯氟烃会阻碍臭氧层的形成。氯氟烃可以使火星温度达到温暖宜人的程度，但是也会使紫外线的危害极为严重。为了吸收太阳光中的紫外线，也许可以用把小行星粉碎后产生的微尘形成大气层，或者把表面尘埃按仔细确定的分量喷射到氯氟烃上面。但是，我们需要费神对待由此出现的副作用，而每种副作用都需要特有的大规模解决办法。

使火星变暖的第三种可能的温室气体是氨。只要用少量的氨就足以使火星表面温度上升到冰点之上。原则上，用特殊工

---

[1] 这样做是为了刨光含碳矿物和干冰，把它们转化成制造温室效应所需的二氧化碳气体。——译者

艺处理过的微生物可以把火星大气中的氮气转变成氨，有些微生物在地球上已经发挥了这种作用，但是需要在火星的条件下这样做。同样的转化也许可以在特设的火星工厂内进行。需要用的氮气也可以从太阳系内的其他地方运到火星上去（地球大气和土卫六大气的主要成分都是氮气）。太阳光中的紫外线会在大约 30 年内把氨变为氮气，因此需要持续不断地补充氨。

把精心制造的二氧化碳、氯氟烃与氨合在一起产生的温室效应，似乎可以将火星表面的温度提高到十分接近冰点的水平，足以使火星的地球化过程的第二阶段开始。空气中大量的水蒸气、由遗传工程改造过的植物产生的大量氧气以及表面环境的微观调控都会使温度进一步上升。在火星整体环境变得宜于没有保护装置的人类移民定居之前，可以引进微生物和较大的动植物。

火星的地球化显然要比金星的地球化容易得多，但是用目前的标准来衡量，成本仍然极高，并且会破坏环境。然而如果有令人信服的充足的理由，火星的地球化过程到 22 世纪或许便可着手进行。

把类木行星的卫星地球化，难度各不相同。最容易对付的大概是土卫六了。它已经有了与地球类似的、主要由氮气组成的大气，并且大气压比金星与火星的都更接近地球的。此外，氨和水蒸气这些重要的温室气体几乎肯定会被冻结在它的表面。有朝一日要使土卫六地球化，关键性的首要措施是生产在目前土卫六表面的温度下不会冻结的初始温室气体，以及用核聚变使它的表面直接变暖。

如果真有必须使其他星球地球化的迫切理由，这个人类最伟大的工程项目也许可以在我们谈到过的时间范围内进行，肯定要做的是小行星，可能实现的是火星、土卫六以及外行星的其他卫星，但是大概不会有金星。波拉克和我认识到，把太阳系中的其他星球变得适合人类居住的想法对有些人具有强烈的吸引力——在那些地方可以建设天文台、探测基地、社区和住宅。由于有一部不断开拓疆域的历史，这个想法在美国是特别自然和富于吸引力的。

无论如何，只有在对其他星球的了解比现在多得多的时候，我们才能有把握和认真负责地实现对其环境的大规模改造。提倡地球化的人必须首先提倡对其他星球进行长期和深入的科学探测。

也许当我们真正了解地球化的各种困难时就难以接受极高的成本和对环境造成的严重的不良后果，于是我们会降格以求，在其他星球上只建造有圆顶的或位于地下的城市，或者其他的局部封闭生态系统，即大为改进的"生物圈 2 号"模式[1]。也许我们会放弃把其他星球的表面改造成与地球相似的梦想。也许还有我们没有想象到的经济实惠且对环境负责任的地球化途径。

如果我们认真对待这件事，就应当考虑几个问题：已知任何一个地球化方案都要求费用与收益相平衡，我们在实施之前怎样确信某些关键性的科学信息不会被地球化过程毁灭掉；我们对实施地球化的世界需要了解多少，才能相信行星工程能达到我们所希望的改造目标；人类的政治机构存在的时间都很短，

---

[1] 美国人在亚利桑那州建造的一个实验性封闭生态系统。那里有人住进去，但除了原来带进去的食物、空气、材料外，只靠太阳光及本系统中的生物过活。——译者

我们怎能保证有一份长期的人类承诺来维持一个改造过的世界；如果想象中的一个世界已经有生物（也许只是微生物），人类是否有权去改造它；我们是否有责任为了后人而让太阳系中的其他星球都保持现有的荒凉状态，后人可能想出一些我们目前由于太无知而预见不到的这些星球的用途。这些问题也许可以归结为一个最后的问题：我们已经把这个世界搞得如此糟糕了，能否相信自己可以管好其他世界。

可以想象，最终用来使其他世界地球化的某些技术也可用于弥补我们对这个世界造成的损害。考虑到各种相对紧急的事务，可以认为能否把自己的世界弄好，是人类是否有资格认真考虑实施地球化的一个有用的指标。我们可以把这个指标认作对自己的了解深度与自己的承诺的一个考验。改造太阳系的第一步是保证地球适合人类和其他生物很好地生存下去。

然后，我们将准备好向小行星、彗星、火星、外太阳系的卫星和更遥远的天体移民。威廉森预计这项计划将从 22 世纪开始实行，实际情况可能不会与此相差太远。

想想我们的子孙后代，他们可以在其他星球上生活和工作，甚至其中有些人能够方便地从一个星球转移到另一个星球。这似乎是最离奇的科学幻想。我的头脑中有一个声音在提醒自己：要现实一些。可是，这确实是现实的。我们现在处于科技的前沿，位于看来不可能的事物与日常例行的公事之间的分界处。这种情况容易产生矛盾。在这个过渡时期内，如果我们不做一些令自己望而生畏的事情，那么在另一个世纪实现地球化就不会比今天建造有人居住的空间站看起来更加不可能实现。

　　我想，在其他星球上生活的经历必然会改变人类。在别的星球上出生和长大的我们的后裔，不管对地球保留有多少感情，当然会主要对那个世界效忠。他们的物质需求、满足这些需求的方法、他们的科技以及他们的社会结构都会和我们的大相径庭。

　　草在地球上到处都有，但是在火星上看到一片草叶就是一个奇迹。我们住在火星上的后裔会知道一块绿地的价值。如果一片草叶是无价之宝，那么人的价值呢？美国的佩因（Thomas Paine）[1]在描述他的同时代人时就有类似的想法：

　　"开垦荒地必然会有一些需求，并由此产生一种社会形态。长期以来，各国由于受到政府间争吵和纠葛的干扰而忽略了对它的抚育。在这种情况下，人就变成他应当是的人。他把自己的种族……都当作亲属。"

　　亲眼看见一个个贫瘠和荒凉的世界，我们的开拓太空的后裔自然而然地会珍惜生命。他们从人类在地球上的经历中接受教训。他们可能希望把这些教训运用到其他星球上，让他们的后代避免他们的祖先不得不忍受的苦难，并从我们开始向太空无尽头地发展时所取得的成功和遭受的失败中吸取经验与教训。

---

[1]　美国独立战争时期的政论家（1737—1809）。——译者

第**20**章

黑暗

在银河系中是否有生命与智慧在不断涌现和消失？

守护者躲开日光的注视，在遥远的天空中。

——欧里庇得斯

《酒神的伴侣》（约公元前 405 年）

在童年，我们都害怕黑暗。黑暗中什么都会有。我们所不知道的东西令人恐惧。

具有讽刺意义的是，我们命中注定要在黑暗中生活。这个意外的科学事实大约是在 3 个世纪之前才发现的。从地球上朝任何方向跑去，起先是蓝光一闪，接着有较长时间等待太阳消失，然后你就被黑暗包围了，只有一些暗弱的星星点缀着夜空。

即使长大以后，我们仍然对黑暗心生恐惧。因此，有些人告诉我们，不要太认真地打听黑暗之中也许还住着什么别的人。他们说，还是不知道为好。

银河系里大约有 4000 亿颗恒星。在如此繁多的天体中，是否仅仅这个平凡的太阳才拥有有生物居住的行星？也许如此。也许生命与智慧的起源太难得了。文明世界也有可能随时涌现，但是一旦办得到时，它们就把自己毁灭了。

也许，在这里或那里，在太空中的点点繁星之间也有与我们的地球相似的星球在绕其他的恒星旋转。那些星球上的其他生物抬头望天，会和我们一样询问还有谁生活在黑暗之中。在银河系中是否有生命和智慧在不断涌现和消失？有些星球正在呼唤别的星球，而我们在地球上生活在一个关键时刻，刚刚决定要倾听其他星球的呼声。

我们人类发现了一种可以穿过黑暗、超越遥远距离的通信方法，这种方法便是用无线电波。再没有更快、更便宜和可以到达更远地方的通信方式了。

在经过几十亿年的演化之后（在他们的行星和我们的行星上），一个外星文明在技术水平上不会与我们正好相当。人类出现已经有两万多个世纪了，而我们掌握无线电波只有一个世纪左右。如果外星文明落后于我们，他们恐怕离使用无线电还差得很远。如果他们比我们先进，恐怕就会先进得多。请想想在我们的星球上最近几个世纪里的技术进步有多快。对我们来说是困难或不可能实现的技术，或者在我们看来宛如魔术的技术，对他们而言可能是轻而易举的事情。他们可以使用其他非常先进的手段来与他们的同胞联系，但是他们应知道无线电波是新兴文明的通信工具，甚至使用比我们现在的收发报技术高明不了多少的办法。我们今天已能和银河系中众多的外星人取得联系了。他们做的应当比我们好得多。

如果他们真正存在。

但是我们对黑暗的恐惧起到了相反的作用。想到有外星生命，我们感到苦恼。我们硬是要想出一些反对意见。

"这太贵了！"但是用最现代化的技术来衡量，我们每年的花费还抵不上一架攻击型直升机。

"我们根本听不懂他们在讲什么！"可是信息是用无线电波传送的，而他们一定和我们一样，也懂得物理学、射电天文学和无线电技术。自然规律到处都是一样的，所以甚至对完全不同的世界上的生命（只要他们有科学）来说，科学本身提供了彼此之间进行交流的工具和语言。如果吉星高照，我们收到外星人发来的一份电报，那么弄懂电报的内容比得到它可能要容易得多。

"要是让人家知道我们的科学幼稚落后，自己多么难堪呀！"用几个世纪之后的标准来衡量，我们现在的科学至少有一部分是幼稚落后的，不管有没有外星人都是这样（不只是科学落后，我们目前的政治、伦理、经济与宗教也都有一部分是落后的）。要超越现代科学，这是科学研究的主要目的之一。认真的学生逐页翻阅教科书，发现一些深一层的内容是作者了解而他们还不了解的。这时，一般来说，他们不会陷入阵阵失望之中。学生们往往要努力钻研，弄懂教材，获得新知识，然后遵循人类的老传统，一页又一页地继续翻阅下去。

"通观历史，先进的文明会毁灭比较落后的文明。"情况确实如此。但是心怀恶意的外星人（如果真有的话）并不能由于我们倾听他们的信息而知道我们存在。寻找外星人的计划只是接收信息，而不发送信息[1]。

就目前的情况来说，这种争议毫无意义。我们正在以史无前例的规模监听太空深处可能存在的其他文明社会发出的无线电信号。现在活着的就是向黑暗提出问题的第一代科学家。可以设想，他们也许是取得联系前的最后一代。目前可能就是我们发现躲在黑暗中某处的外星人向我们呼唤之前的最后一刻。

这项搜寻叫作"地外智慧生物搜寻"（Search for Extraterrestrial Intelligence，SETI）。让我讲述到现在为止的进展情况。

第一个 SETI 计划是德雷克（Frank Drake）于 1960 年在西弗吉尼亚州格林班克天文台开展的。他花了两个星期用一个特定的频率监听两颗类似于太阳的近邻恒星（"近邻"是相对的。他监听的最近的一颗恒星与我们的距离是 12 光年，即约 114 万亿千米）。

　　几乎就在德雷克把射电望远镜指向一颗近邻恒星并把接收系统打开的时候，他收到一个很强的信号。这是不是外星人发来的信息？信号随后就消失了。如果信号消失了，你就无法仔细检测它。你再也找不到它了，这是由于地球在自转，它随天空移动。如果它不重复出现，你就将几乎一无所获。这可能是地面的电波干扰，或者是你的放大器或检波器有毛病……也许是外星信号。对于不重复出现的信号，无论科学家把它们吹得多么神乎其神，都几乎一文不值。

　　几个星期后，这个信号又被检测到了。原来它是一架军用飞机在一个未经许可的频率上发射的信号[1]。于是德雷克报告说，他得到的是否定结果，即没有发现外星人的信息。但是在科学研究中，一个否定结果并不等于一次失败。他的重大成就表明，用现代技术完全能够聆听在其他恒星周围的行星上假想的文明社会发出的信号。

　　从那时起，我们已有过多次尝试，往往是从射电望远镜观测计划中借用一些时段，几乎都是几个月甚至更短的时间。在俄亥俄州[2]、波多黎各的阿雷西博[3]、法国、俄罗斯和其他地方，有过某些虚惊一场的发现，但都没有通过科学界的审核。

　　与此同时，检测信号的设备更便宜了，其灵敏度不断提高，

[1]　根据国际协议，有些频段专供射电天文学使用，因此这架飞机在该频段上发射无线
　　电信号是违规的。——译者

[2]　指韦斯利恩射电天文台和俄亥俄州立大学射电天文台。——译者

[3]　指康奈尔大学负责管理的阿雷西博天文台。——译者

SETI 的科学地位继续提升，甚至美国国家航空航天局和国会也不像过去那样害怕支持它。各种各样的补充搜寻方式是可能的，也是需要的。我们在好些年前就可以看出，如果这种趋势持续下去，用来广泛开展 SETI 工作的技术最后甚至会连民间团体（或有钱人）也能掌握。政府迟早愿意支持这样的一个大型计划。经过 30 年的工作之后，这个时刻终于来临了。对于我们中间的某些人来说，这是迟了一点，而不是早了一点。

1980 年由喷气推进实验室当时的主任默里（Bruce Murray）和我创立的行星学会是一个非营利性的会员组织，致力于行星探测和地外生命搜寻。哈佛大学物理学家霍罗威茨（Paul Horowitz）已经对 SETI 提出了一些重要的新方法，很想把它们付诸实施。如果我们能够找到一点经费让他的工作启动，我想以后靠会员们的捐款就可以继续支持他的计划。

1983 年，德鲁扬和我向制片人斯皮尔伯格（Steven Spielberg）提出，这是他可以支持的理想项目。在此之前，他已经打破了好莱坞认为外星人都是恶魔的传统观念，并在两部引起轰动的成功影片中讲述地外生命不一定都是心怀恶意的危险的坏蛋。斯皮尔伯格同意了。有了他通过行星学会提供的初期资助，META 计划开始进行了。

META 是 Megachannel Extra Terrestrial Assay（百万频道地外测试）的首字母缩略词。德雷克的第一个接收系统的单一频道一下子变成了 840 万个频道。但是，我们将每一个频道——每一个"电台"的频率范围都调得极为狭窄。恒星与星系的任何已知辐射过程都不能产生如此锐细的射电"谱线"。如果我们在如此狭窄的频道内接收到了电波，就可以认为它必定是外星人的智慧与技术的一个象征。

进一步说，地球在自转，因此任何遥远的射电源都会像恒星的出没那样有相当大的视运动。正如一辆驶过的汽车的喇叭声的音调从高变低一样，任何一个真正的地外射电源都会因地球自转而显示出持续不断的频率漂移。与此相反，地球表面上的任何无线电干扰源都会以与 META 接收机相同的速率转动。META 的监听频率需要连续改变才能补偿地球的自转，因此从外星来的任何窄带信号总会在一个单独的频道中出现。但是地球上的任何无线电干扰波都会在邻近的频道上移动，这样就可以被检测出来。

在马萨诸塞州哈佛的 META 射电望远镜的口径为 26 米。地球的自转使这架望远镜每天在窄于满月宽度的范围内扫过一排排恒星并监测它们。第二天，它继续观测下一个天区。经过一年，整个北天和一部分南天都被观测到了。由行星学会资助的同样一套仪器安装在阿根廷的布宜诺斯艾利斯郊外，用来观测南天。因此，这两套 META 仪器一直在对整个天空进行搜寻。

被引力拴在地面上的射电望远镜跟着地球转动，它"观看"一颗恒星的时间约为两分钟，随后就转到另一颗恒星上去了。乍听起来，840 万个频道真够多了，但要记住，每个频道都很窄，它们合在一起仅占可用射电频道的十万分之几而已。在每一年的观测中，我们把这 840 万个频道设置在射电频谱的某个位置，接近外星人发射信号的频率。外星人对我们一无所知，但他们也许会想到我们在聆听。

氢是宇宙中含量遥遥领先的元素，它分布在星云以及遍布星际空间的弥漫气体中。当获得能量后，它会以极为精确的频率（1420.405751768 兆赫）释放出一部分能量（1 赫意味着每秒有一个波峰和波谷到达你的检测仪器，因此 1420 兆赫表示每秒有 14.20 亿个波峰和波谷进入你的检波器。因为光的波长等于光速除以它的频率，所以与 1420 兆赫对应的波长是约 21 厘米）。银河系中任何地方的射电天文学家都会用 1420 兆赫的频率研究宇宙，并且会预料到其他射电天文学家（不管他们看起来多么不相像）也会这样干。

这就好像有人告诉你，你家里的收音机波段上只有一个广播电台，但是没有人知道它的频率。于是，你转动收音机的旋钮，让一根很细的指针在收音机的调频刻度盘上移动，寻找你所要的电台。可是对外星电台来说，啊，是的，那是另外一回事（你的收音机调频刻度盘上的刻度有如从地球扩展到月球那样长）。靠耐心地转动旋钮，要在这样辽阔的无线电频谱中进行系统的搜索，将花费太长的时间。解决问题的办法是从一开头就正确地设置好调频刻度盘，并选出大致正确的频率。如果你能猜中外星人对我们广播时所用的频率（这可称为"魔频"），那么便可节省大量的时间和精力。正如德雷克所做的那样，我们有种种理由首先在 1420 兆赫附近搜寻外星电台，而这是氢的"魔频"。

霍罗威茨和我把 5 年来按 META 计划所进行的搜寻以及随后两年继续进行搜寻的详细结果都发表了。我们不能说已经找到了外星人的信号，可是我们确实发现了某些令人困惑的现象。每当我静心思考时，这常常令我不安，浑身起鸡皮疙瘩。

当然，我们收到的信号有来自地球的无线电噪声背景，这是由广播电台、电视台、飞机、移动电话以及近地与较远处的太空飞船引起的。此外，和所有的无线电接收机一样，你等待的时间越长，电子仪表就越可能由于随机的强扰动而产生虚假信号。因此，我们将比噪声背景强得不多的信号置之不理。

我们对单独频道内的任何窄带强信号都很重视。在将数据输入计算机后，META 的仪表会自动提醒操作人员某些信号值得注意。在 5 年中，我们监测全部可见天空，在各个频率上一共进行了 60 万亿次观测，筛选出的信号有几十个。它们被进一步审核后，几乎全部被摒弃了。举例来说，我们用一台检测错误的微型计算机去检验监测信号的微型计算机，却发现那台微型计算机本身出了毛病。

通过三度巡天观测后仍然留下来的最强的候选信号是 11 个"事件"。它们几乎满足我们为真正的外星人的信号所订立的全部判据，所差的只是头等重要的判据——可以核实的判据。对于它们中的任何一个，我们都再也找不到了。过了 3 分钟，我们回头看原来的天区，信号不见了。第二天再看，什么也没有。一年之后或 7 年之后，仍然一无所有。

一个外星的文明社会似乎不大可能在我们开始聆听它的信号几分钟后就不发信号了，以后再也不重复发了。（他们怎么会知道我们在倾听呢？）但是，这可能是闪烁效应造成的。恒星在闪烁，这是因为湍动空气团正在穿越我们与恒星之间的空间。这些空气团有时起到透镜的作用，使某一颗恒星的光会聚一些，于是它在一瞬间略微变亮了。与此相似，天上的射电源也会闪烁——这是由天体间辽阔的近似真空区的带电（或电离）气体云造成的。我们观测脉冲星时经常发现这种现象。

不妨设想有一个无线电信号，它的强度比我们在地球上所能测出的稍微弱一点。这种信号偶尔会被聚焦并增强，于是可以被我们的射电望远镜检测到。有趣的是，按星际气体的物理性质推测，这种变亮的时间尺度为几分钟，因此再收到这种信号的可能性很小。我们实在应该把射电望远镜稳定地指向天空中的这些位置，接连观测几个月。

虽然这些信号一个也没有被重复检测到，但是下面的另一个事实使我每次想到它时就感觉有一股寒气直灌我的脊背：在11 个最好的候选信号中有 8 个都来自银道面附近。5 个最强的信号分别来自仙后座、麒麟座、长蛇座和人马座（大致在银河系中心的方向上，此处有两个信号）。银河系像一个扁平的车轮，它由气体、尘埃与恒星聚集而成。因为它是扁平的，所以我们看它像一条横贯夜空的弥散光带。在我们的星系中，几乎全部恒星都在这条光带之内。如果我们的候选信号真是地球上的无线电噪声干扰或电子检测仪表的某种未经察觉的小故障所产生的假电子信号，那么我们就不应该总是在把射电望远镜指向银河系时才发现它们。

但也许是我们特别倒霉或在统计上误入歧途。这种纯属偶然的、与银道面相关的概率小于千分之五。设想有一张像墙那样大的天象图，北极星位于它的顶部，地球南极所指的暗星位于它的底部。银河系的不规则边界横跨这张图。现在假定把你的双眼蒙住，让你向图上随意投掷 5 只飞镖（把在马萨诸塞州看不见的大部分南天除外）。你要把 5 只一组的飞镖投掷 200 多次，才能偶然有一次让它们都落到银河系附近的区域内。这就像 META 接收到的 5 个最强的信号的情况一样。然而，如果没有重复收到的信号，你无法肯定我们真正发现了地外文明。

　　我们发现的现象也可能是从来没有人想到过的某种天体物理新现象。这种现象并非地外文明，而确实是由银道面上的恒星或气体云（或其他什么天体）在让人莫名其妙的狭窄频带内发射的强烈信号。

　　让我们暂时做一个很大胆的设想，假定这些来历不明的无线电信号真的都是地外文明的电台发射的。于是，根据我们检测每一片天空只花了多么少的一点时间，就可以估计在整个银河系内有多少个这样的发射源。结果是接近 100 万个。如果它们在空间的分布是随机的，那么最近的发射源离我们有几百光年，这对外星人来说太远了，因此他们现在还不会收到我们的电视和雷达信号。他们在几个世纪之后才会知道地球上出现了一个技术发达的文明社会。银河系内到处闪耀着生命与智慧的光芒。从现在算起，再过几个世纪，在他们真的听到我们的呼声之后，有趣的事情将会发生。幸运的是，我们还有许多代人的时间来做准备。

　　从另一方面来说，如果我们的候选信号都不是真正的外星人发射的无线电信号，那么我们只能下这样的结论：至少在我们的"魔频"处只有极少数（或甚至一个也没有）外星文明社会在用我们听得到的强度发射无线电信号。

　　假设有一个和我们人类相似的文明社会，它用自己所拥有的全部电力（约为 10 万亿瓦）在我们的一个"魔频"上向四面八方发射信号。在这种情况下，META 所得到的否定结果意味着在 25 光年范围内（这个空间大约含有 12 颗类太阳恒星）没有这样的文明社会。这个界限不算太苛刻。作为对比，假定那个文明社会使用一个并不比阿雷西博天文台更先进的天线直接向太空中我们所在的方位发送信号。在这种情况下，如果 META 仍然一无所获，那么我们可以认为在银河系内的任何地方都没有这样的文明社会，即在 4000 亿颗恒星中一个也没有。即使假定他们想这样干，他们怎么知道我们在哪个方向上呢？

现在设想相反的技术极限：有一个非常先进的文明社会，它以 10 万亿瓦的 10 万亿倍（即 10^{26} 瓦，这是一颗类太阳恒星的全部能量输出）的功率全方位地发射信号。在这种情况下，如果 META 仍然得出否定结果，那么我们的结论是不仅在银河系里，而且在 7000 万光年范围内，都没有这样的文明社会。（离我们 7000 万光年的太空包括：与银河系相似且离我们最近的星系 M31 和 M33、天炉星系、M81、涡状星系、半人马座 A、室女星系团以及最近的赛弗特星系。这也意味着几千个近邻星系中的几百万亿颗恒星周围都没有这种文明社会。）这样一来，自高自大的地心说，无论它的本质是否被戳穿，都又会蠢蠢欲动了。

当然，为星际（和星系际）通信耗费如此巨大的能量也许并非智慧而是愚昧的象征。也许外星人有充分的理由不欢迎一切来客，或者他们不关心像我们这样落后的文明。但是在 100 万亿颗恒星中难道就没有一个文明社会用这种功率在这一频率上和我们打招呼吗？如果 META 的结果真是否定的，我们就定出了一个有启发性的界限。可是，究竟是很先进的文明社会太少，还是它们的通信策略不一样，我们就不得而知了。即使 META 毫无收获，仍然有其他可能。比如，许多比我们先进的文明社会用"魔频"进行全方位的广播，只是它们的信号还没有被我们收到。

1992 年 10 月 12 日是哥伦布 "发现" 美洲的 500 周年纪念日，有人认为这是一个吉祥的日子，也有人不这样想。美国国家航空航天局启动了它的新 SETI 计划，用一架位于加利福尼亚州莫哈韦沙漠的射电望远镜对整个天空进行系统的搜索。和 META 一样，该计划不去猜测哪些恒星周围更可能有地外文明，而是大幅度扩大频率覆盖范围。在阿雷西博天文台，美国国家航空航天局的一个灵敏度更高的计划开始执行，它专门检测更有指望的近邻恒星。如果这两套仪器运转正常，美国国家航空航天局可以搜索到比 META 检测到的信号微弱得多的信号，因此我们能指望它们接收到 META 不能接收的某些信号。

META 的经验表明，有一个像灌木丛似的既密又厚的背景天电干扰。要有把握地发现外星信号，关键是再次迅速地观测和确认它，尤其是用其他射电望远镜进行独立观测。霍罗威茨和我向美国国家航空航天局的科学家们提供了我们发现的转瞬即逝和难以确定的信号的坐标。也许他们能够确认并澄清我们的观测结果。美国国家航空航天局也正在按计划发展新技术，激发新思想，并鼓励学生参与进来。在很多人的眼里，每年在这上面花费 1000 万美元是很值得的。但是几乎正好在这项计划被批准一年之后，国会撤销了美国国家航空航天局的 SETI 计划，理由是它花的钱太多。在冷战结束后，美国的国防预算为这项计划的 3 万倍左右。

美国国家航空航天局的 SETI 计划的主要反对者是内华达州的参议员布里安（Richard Bryan）。他的主要论点如下［摘自 1993 年 9 月 22 日的《国会记录》］：

"到目前为止，美国国家航空航天局的 SETI 计划没有发现任何东西。事实上，几十年的 SETI 研究并未找到可以肯定的地外生命的迹象。

"即使就美国国家航空航天局目前的 SETI 计划来说，我不认为它的许多科学家愿意保证我们在（可以预见的）未来很可能会见到任何确切的结果……很少有（要是有的话）科学研究能保证成功，我对这一点是了解的，并且这种研究的全部收益往往要等到研究过程接近结束时才为人们所知。这一点我也承认。然而，就 SETI 计划来说，成功的机会如此渺茫，它的可能收益十分有限，因而几乎没有正当的理由让纳税人为这项计划花费 1200 万美元。"

但是在找到地外文明之前，我们怎能"保证"会找得到它？另一方面，我们怎会知道这种成功的机会是"渺茫"的？如果我们找到了地外文明，由此得到的可能收益真的"十分有限"吗？正如所有的伟大探险行动一样，我们并不知道会发现什么，也不知道发现它的概率有多大。如果知道了，我们就不必去探险了。

有若干搜寻计划会使要求确切知道投入与收益之比的人感到恼火，而 SETI 计划就是这样的一项计划。能否找到地外文明，找到它要等多长时间，要花多少钱，这些都是未知的。收益也许是巨大的，但对此我们也不能深信。当然，把国库相当大的一部分经费用于这种探险事业是愚蠢的，但是我想，是否肯花费一些注意力来争取解决若干重大问题，这可以衡量一个社会的文明水平。

尽管有这些挫折，在加利福尼亚州帕洛阿尔托的 SETI 研究所还是聚集了一批有献身精神的科学家和工程师，他们决定不管政府是否支持都要干下去。美国国家航空航天局允许他们使用已经采购的设备，电子工业的巨头们资助了几百万美元，至少有一架合格的射电望远镜可供使用，于是所有 SETI 计划中这项最宏伟的计划的初始阶段步入正轨。如果它能证明不受背景噪声干扰就可以进行有用的巡天观测，尤其是如果像 META 计划那样能够找到一些可疑的候选信号，那么国会也许将再次改变主意，资助这项计划。

正在这个时候，霍罗威茨提出了一项称为 BETA 的新计划。它与 META 计划不一样，与美国国家航空航天局正在进行的计划也不一样。BETA 代表"十亿频道地外测试"（Billion-channel Extra Terrestrial Assay）。它把窄带灵敏度、大频率覆盖范围和验证检测信号的一个聪明办法都结合起来了。如果行星学会能够获得额外的资助，这套系统的花费一定比美国国家航空航天局以前的计划少得多，于是它很快就可以投入使用了。

我是否愿意相信，利用 META 计划，我们已经在零星散布在漆黑的、浩瀚的银河系里的天体上检测到了其他文明社会发送的信号？当然！经过几十年的惊奇和对这个问题的研究，我当然愿意相信。对我来说，这个发现将是令人激动的。它会使一切改观。我们将会听到外星生灵的声音，几十亿年来他们和我们各自独立演化，他们对宇宙的看法也许和我们大不相同，他们可能比我们灵巧得多，但他们肯定不是人类。他们的知识有多少是我们所不知道的呢？

对我来说，没有信号，谁也不向我们打招呼，这是一个令人沮丧的情景。卢梭在不同的场合写道："完全的沉寂会引起忧伤，它是死神的形象。"但是我赞同美国作家梭罗（Henry David Thoreau）[1] 的说法，他说："我为什么要感到孤独？难道我们的行星不是在银河系之中吗？"

一旦认识到外星人的存在，并且演化过程使他们必然和我们大不一样，于是不言而喻地会有这种令人震惊的想法：在地球上把不同人种区分开的差异，比起我们人类和外星人的差异，真是微不足道。也许想得太远了，发现地外智慧生命有可能会使我们这个争吵不休和存在分歧的世界团结起来。这将成为最后一次大降级，是我们人类值得庆祝的大事，也是自古以来探求我们在宇宙中的地位的一个转折点。

由于对 SETI 计划的迷恋，即使没有可靠的证据，我们也可能倾向于相信不确实的信号，但这只是自我陶醉和愚蠢的表现。在确凿的证据面前，我们必须摒弃我们的猜疑。科学也要求对含糊不清的事物采取容忍的态度。当我们无知时，我们不胡乱相信。无论不确定性怎样令人烦恼，它都有利于进一步的追求，它促使我们积累更好的资料。这种态度是科学与非科学的分水岭。轻易的激动得不出什么科学成果。衡量证据的标准是严格的。可是如果遵循这些标准，我们就能看得很远，甚至把一大片黑暗区域照耀得亮堂堂。

---

[1]　美国作家（1817—1862）。——译者

第 **21** 章

上天去

「地球是人类的摇篮，但人类不可能永远被束缚在摇篮里。」

> 天梯已经为他放下，使他能够登天。众神呀，
> 把你们的手放到君王身上。把他抬起来，让他升
> 入天堂。
> 上天去！上天去！
>
> ——献给一位已故法老的赞美诗
> （埃及，约公元前 2600 年）

当我的祖父母是孩童时，电灯、汽车、飞机和无线电都是令人惊愕的技术进步和时代奇迹。你也许会听到关于它们的一些不着边际的传闻，但是在奥匈帝国靠近布格河畔的小村庄里，你找不到一件样品。可是就在同一时期，在 19 世纪和 20 世纪之交，有两个人预见到了更加雄心勃勃的发明。他们是齐奥尔科夫斯基（一位理论家，一位住在俄国偏僻小镇卡卢加的半聋中学教师）和戈达德（一位工程师，美国马萨诸塞州的一所同样默默无闻的大学的一名教授）。他们梦想乘火箭去其他行星，甚至去恒星旅行。他们一步又一步地把火箭的基本物理过程和许多细节都钻研出来了。他们的机器逐渐成形了。最后，他们的梦想感染了许多人。

在他们那个时代，人们认为这种想法是很荒唐的，甚至是暧昧的神经错乱的征兆。戈达德发现，他只要提起到其他世界去旅行就会遭人嘲笑，因此他不敢发表，甚至不敢公开讨论他关于飞往其他星球的远见。早在他们的青少年时代，太空航行

的理想就使他们两人魂牵梦绕并终生难忘。人到中年的齐奥尔科夫斯基写道："我仍然梦想乘自己的机器飞往其他星球……多年来在逆境中没有一线希望，没有任何人帮助我，一切都靠自己去干，真的很困难。"许多和他同时代的人认为他真的发疯了。那些自认为比他们两人更懂得物理学的人坚持认为火箭在真空中无法使用，因此人类永远也不能到达月球及其他行星。《纽约时报》的一篇社论也这样认为，直到"阿波罗 11 号"登月前夕才撤回。

在一代人之后，受到齐奥尔科夫斯基和戈达德启发的冯·布劳恩研制了第一枚可以到达太空边缘的火箭，即 V-2 火箭。但这似乎是 20 世纪特别多的讽刺之一，冯·布劳恩的 V-2 火箭并不是为太空航行，而是为纳粹德国制造的。它是不分青红皂白杀伤平民的工具，是为希特勒制造的"复仇武器"。火箭工厂的工人都是奴隶。每造一枚火箭，他们都要遭受很多难以言表的苦难。而冯·布劳恩本人成为 SS[1] 的一位官员。他还不自觉地开玩笑说，他本来想以月球为目标，但弄错方向打到伦敦去了。

又过了一代，在齐奥尔科夫斯基和戈达德两人工作的基础上，以及继续发挥冯·布劳恩的天才技术，我们升入了太空，寂静地环绕地球飞行，并踏上了古老而荒凉的月球表面。我们的越来越有本领和智能的机器遍布太阳系，发现了若干新世界，并在近处进行观察，寻找生命，把它们与地球相比较。

按照天文学的长远观点，这是一个理由，可以说明为什么"现在"真正是划时代的（我们可以把"现在"定义为以你读这本书的这一年为中心点的少数几个世纪）。还有第二个理由：在

---

[1] Schutzstaffel 的缩写，即法西斯德国的秘密警察。——译者

我们的行星的历史上首次出现这样的时刻，一个种族由于自愿的行动成为自己（以及许多其他种族）的威胁。下面就让我们列举这些行动吧。

- 几十万年来，我们一直在燃烧化石燃料。20 世纪 60 年代，许多人燃烧木材、煤炭、石油和天然气，其规模之大使科学家开始为日趋严重的温室效应担忧。全球变暖的危险逐渐为公众所了解。

- 20 世纪二三十年代发明了氯氟烃，1974 年发现它们会破坏起保护作用的臭氧层。15 年后，一个停止生产这类化合物的全球禁令开始生效。

- 核武器是 1945 年发明的，但是直到 1983 年我们才开始了解热核战争的全球性后果。1992 年，开始大量拆卸核弹头。

- 1801 年发现第一颗小行星。20 世纪 80 年代，使小行星移动或转向的或多或少认真的建议才开始涌现。不久以后，人们认识到小天体转向技术的潜在危险。

- 人类进行生物战争已有几个世纪了，但它与分子生物学相结合的致命危险直到最近才为人们所认识。

- 人类已经引发了自白垩纪结束以来最大规模的生物灭绝，但是直到最近 10 年才明确认识到这种灭绝的规模。我们对地球上生物之间的相互关系的无知，也许会危害我们自己的未来。

请看看上述事项出现的时间，并考虑目前正在开发的新技术领域。是不是还有尚待发现的由我们自身的行动所引起的其他危险，也许是更大的危险呢？

在值得怀疑的自我安慰性的沙文主义废墟中，唯一能够持久存在的似乎就是"我们是特殊的"这种感觉。由于我们自己的行动或无所作为，由于滥用我们的技术，我们生活在一个至少对地球来说是不寻常的时代——第一个有一个种族可以把自己毁灭掉的时代。但是我们知道，这也是第一个有一个种族可以去其他行星及恒星旅行的时代。相同的技术带来的这两个时代彼此相合在一起——这在地球长达约 45 亿年的历史上是短短的几个世纪。如果你在过去（或将来）的任意时刻不知怎的被偶然抛到地球上来，那么正好是在关键时刻来到地球上的概率会小于一千万分之一。我们对未来的影响在此刻是很大的。

也许这种熟悉的演化过程在许多世界上发生过：一颗行星刚形成，安静地绕着它的恒星运转；生命缓慢地产生；形形色色的生物在演化；智慧生命出现了，而至少在某一阶段智慧对生存有很大的价值；然后科技发明出现了。他们才逐渐明白有自然规律这种东西，而这些规律可用实验显示出来。掌握这些规律就能以前所未有的规模拯救生命，但也可以用同样的规律大规模地夺去生命。人们认识到，科学赋予他们巨大的力量。只在一瞬间，他们就可以想出改变世界的方法。有的行星上的文明社会认清了这一点，他们对能干和不能干的事情都加以限制，于是安全地度过了危险时期。其他文明社会没有这样幸运，或者不是如此谨慎，因此自行毁灭了。

因为每一个行星社会总会遇到来自天体撞击的危险，所以任何一个长期存在的文明社会都不得不发展太空事业。这不是由于探险或浪漫的狂热，而是为了可以想象的最实用的理由——要活下去。你一旦进入太空，在几个世纪或几千年中把小天体移来移去，并对行星加以改造，你的种族就从自己的摇篮里解脱出来了。如果有许多其他外星文明，他们终将远离自己的家园去探险[1]。

　　有一个办法可以估计我们的环境有多么危险，而奇妙的是无论如何并不需要知道危险的性质。普林斯顿大学的天体物理学家戈特三世（J. Richard Gott Ⅲ）要求我们采用一个普遍化的哥白尼原则。这就是我已经在别处提到过的"平庸原理"[1]。就概率而言，我们不是生活在一个真正的非常时代。几乎没有任何人生活在这样的时代。我们在人类（或文明，或民族）生存期的漫长中间阶段的某个时期出生，过完自己的一生，然后死亡，这样的概率是高的。戈特三世说，几乎可以肯定，我们既不是生活在最早的时代，也不是生活在最后的时代。因此，如果你的种族很年轻，它未必会长期存在。这是因为如果它存在的时间很长，那么你（以及我们中间今天还活着的其余的人）就生活在一个非常时代——相对来说很靠近文明的起始时代。

　　这样看来，我们人类这个种族的预期寿命会有多长？戈特三世的结论是，在 97.5％ 的置信度上，人类还会存在的时间不超过 800 万年。这是它的上限，并与许多哺乳动物的平均生存期相当。在这种情况下，我们的科技既无助于延长寿限，也不能缩短它。但是就据称同样的置信度来说，戈特三世的下限仅为 12 年。他和你打赌时，不会按 40 比 1 的赔率下注来赌现在的婴儿长成青少年时人类仍然存在。我们在日常生活中绝不会冒这样大的风险。例如，如果民航飞机每飞 40 次就会坠毁一次，

---

[1]　见本书第 3 章末。——译者

我们就不会去搭乘。如果外科医生动手术能使 95％ 的病人活下来，而死亡率为 5％，那么只有当所患疾病不动手术的死亡率大于 5％ 时，我们才愿意动手术。如果为人类还能生存 12 年下赌率仅仅为 40 比 1 的赌注是正确的话，那就值得特别关注了。要是戈特三世是对的，我们非但不能去其他恒星探险，而且有相当大的概率，我们甚至可能来不及在另一颗行星上建造一个足球场。

对我来说，这种议论有一种奇怪的和虚无缥缈的性质。除了知道我们人类多么古老以外，我们在其他方面一无所知，而在这种情况下还要对它未来的前景做出数值预测，并声称这是非常可靠的。这怎么办得到呢？我们总是跟着胜利者走。已经存在的很可能还会继续存在，新来者往往会消失。唯一的假设，也是似乎完全合理的假设是我们讨论这个问题的时机没有什么特殊之处。那么，我们为什么对这种议论不满意呢？是不是仅仅由于我们被它的含义吓坏了呢？

像"平庸原理"这样的原则的应用范围一定很广，但是我们不会无知到认为一切事物都是平庸的。我们的时代确有某些特殊之处，这不仅是任何时代的人都无疑会感受到的时间上的沙文主义，而且如上面谈到过的，显然是独一无二并与人类的未来希望确实有关的某些事情：（a）我们的按指数方式快速发展的技术第一次到达自我毁灭的悬崖边缘；（b）要想推迟或避免毁灭，我们可以离开地球到其他星球上去。（a）和（b）这两类解决问题的能力使我们的时代变得很特殊，而它们正好互相矛盾——（a）可以加强戈特三世的论点，而（b）会削弱它。我不知道如何预测新的毁灭性技术对加速人类灭绝的作用是否大于新的太空飞行技术对推迟人类灭绝的作用。但是以前我们从未发明过毁灭自己的工具，也从未开发过移居其他世界的技术，所以我想正是在戈特三世论证的情况下，我们不得不认为我们的时代的确是特殊的时代。如果这是对的，人类未来生存期的这种估计的误差就大大增加。坏的更坏，而好的更好。比起戈特三世的计算结果，我们的短期前景会变得更暗淡，而长期前景（如果我们能够度过短期危机）则会更加光明。

但是，前者令人绝望的程度并不高于后者使人自满的程度。没有什么东西能迫使我们成为被动的旁观者，我们在受到命运的无情捉弄时只会灰心丧气。如果我们不能完全抓住命运的脖子，也许我们可以让它转向，减小它的影响，或摆脱它的束缚。

当然，我们一定要维护自己的行星，让它宜于人类居住。这不是从容地以世纪或千年为时间尺度，而是紧迫地在几十年甚至几年的时间内做好。这要求政府、工业、伦理、经济和宗教都有所改变。我们从来没有这样干过，当然也没有在全球范围内这样干过。对我们来说，这件事太困难了。危险的技术也许扩散得太广了。腐化可能到处泛滥。太多的领导人都把注意力集中在短期项目而不是长期项目上。种族、国家和意识形态之间的争吵也许太多了，使得正确的全球性改革无法进行。我们也许愚蠢到难以察觉真正的危险，或者我们听到的大多是既得利益集团的说法，他们要缩小基本的改革。

在人类历史上也曾经实现过几乎每个人都认为是不可能的、持久的社会变革。自远古时代以来，我们就不只是为自身利益而工作，还为我们的子孙后代而努力。我的祖父母和父母就这样为我做过。尽管我们之间有分歧，尽管我们互相敌对仇恨，我们往往摒弃这些而团结起来面对共同的敌人。目前，我们似乎比 10 年前更愿意承认我们面临的危机。新近认识到的危机对我们每个人的威胁都是一样的。没有人能预测地球今后会变成什么样子。

在中国古代神话里，不死树生长在月亮上。长寿树（如果不是长生不老树）看来确实生长在其他世界上。如果我们生活在其中一个世界上，如果其中的许多世界都有自给自足的人类社区，那么人类可以说与灾难绝缘了。一个世界上吸收紫外线的保护层耗竭了，就是在警告另一个世界的人们要特别关注保护层。对一个世界酿成大灾难的撞击大概不会波及其他世界。移居地球之外的人越多，有人类定居的世界就越来越多样化，行星改造工程的类型也越多，社会准则与价值观的范围也就越广。这样一来，人类会更安全。

如果有一颗引力仅为地球引力百分之一的行星，你在它的表面之下长大，透过隧道口看到的只是漆黑的天空，那么你的感觉、兴趣、偏见及癖性都会和生活在地球表面上的人大相径庭。如果你生活在正处于地球化阵痛中的火星、金星或土卫六上面，情况也是如此。这样的策略（分散成许多小的自我繁殖的群体，每一个群体都有些不同的优势和自己关心的事情，但都以本地区为荣）在地球上生命演化的过程中已经被广泛地运用过了，尤其是我们的祖先已经使用过了。事实上，这种策略可能是了解我们人类之所以成为人类的关键。这是目前尚未谈及的人类要永久在太空中存在的第二个理由：增加我们继续生存的机会，这不仅是为了应对我们能够预测的大灾难，而且是为了应对我们无法预料的大灾难。戈特三世也认为，在其他世界上建立人类社区会给我们提供战胜灾害的最好机会。

实行这种保障安全的政策，代价并不太大，还比不上我们在地球上办一些事情的开销，甚至不必把现在从事太空探测的国家的太空预算加倍（在一切情况下，这些国家的太空预算都只占军事预算的一小部分，也只占可视为起码的甚至无意义的许多自愿消费的预算的一小部分）。我们大概在不久以后就可以向近地小行星移民，在火星上建立基地。我们知道，在相当于普通人一生的时间内，即使只用现成的技术，也可以办成这些事情。技术还会快速发展，我们会越来越有本事探索太空。

一个认真把人送往其他世界的计划每年的花费比起地球上紧迫的社会投资来说并不算高。如果我们踏上了这条路，其他世界的影像会以光速源源不断地传回地球。许许多多留在地球上的人将享受在虚拟现实中的冒险。参加他人代做的探险，比起任何早期探测与发现的真实感都会强得多。受到启发和激励的文化和人越多，这就越可能发生。

可是，我们也许会问自己有什么权力去占据、改变和征服其他世界？如果太阳系内还住有别的"人"，这便成为一个重要问题。然而要是在这个系统中除我们以外并无他"人"，难道我们没有权力去定居？

当然，我们的探测和定居应当尊重行星环境及其蕴藏的科学知识。这是一种审慎的态度。当然，探测与移民都应当由全人类的代表以公平合理及超越国界的方式进行。我们过去的殖民历史在这些方面都不可取，而现在我们的动机不是像 15 世纪和 16 世纪的欧洲探险家那样追求黄金、香料、奴隶，或者把异教徒改造成只奉行"唯一的真正宗教信仰"。说实话，这就是各国的载人空间飞行都在经历这种断断续续、忽冷忽热的进程的主要原因之一。

尽管我在本书前面批评过一切狭隘的地方主义，但我现在发现自己成了一个一点也不会表示歉意的人类沙文主义者。如果在太阳系中有其他生物，由于我们要去它们那里，就会给它们带去迫在眉睫的危险。在这种情况下，我甚至会相信，为了保护人类而移居某些其他世界的益处至少有一部分被我们带给其他生物的危险抵消了。但是至少在目前就我们所知而言，太阳系里并没有其他生物，甚至连一个微生物也没有。只有地球上才有生物。

在这种情况下，我代表地球上的生物强烈要求，在我们力所能及的有限范围内，我们应当大力增进对太阳系的认识，然后开始向其他世界移民定居。

这些就是以前没有谈到过的实用论据：保护地球，使它免于可以逃避的灾难性撞击，并避免对养育我们的环境的（已知的或未知的）其他种种威胁下赌注。没有这些论据，也许就缺乏把人送往火星或其他世界的有力论据。但是有了它们（以及包括科学、教育、前景和希望的旁证），我想进入太空就有了强有力的论据。如果人类的长期生存受到威胁，我们对人类去其他世界的探险就负有基本的责任。

我们是在宁静的海洋上航行的水手，感受到了微风的吹拂。

第 22 章

踮着脚穿过银河系

我们要跨越多少条河流，才能找到我们要走的道路。

我在星星的庇护下发誓（如果你不知道的话，这是一个重誓）……

——《古兰经》第五十六章（7 世纪）

不再生活在地球上，这当然是一件怪事，要放弃我们几乎没有时间学习的习俗……

——里尔克

《杜伊诺哀歌·第一哀歌》（1923 年）

　　攀登苍穹，升入太空，并按我们的目标改造世界。无论我们的意愿多么美好，这一行为的前景都会使警告的旗帜飞扬：我们记得人类有狂妄自大的偏向；我们回想起每当掌握了威力强大的新技术，我们就容易出差错和做出错误判断；我们回想起巴别塔的故事，这座建筑的"顶端可以达到天穹"，还有上帝对人类的恐惧，因为现在"他们想干的事再也无法制止了"。

　　我忽然想到《圣经》中的第十五诗篇，它向其他世界提出神圣的声明："天穹是属于上帝的，而地球是他赐给人的子女的。"也不妨了解一下柏拉图重新叙述的与巴别塔类似的古希腊传说，即奥蒂斯（Otys）和埃菲阿尔特斯（Ephialtes）的故事 [1]，他们都是"胆敢登天"的凡人。于是，众神面临抉择：他们是否应该把这些自命不凡的人杀掉，"并且用霹雳把他们整个种族

---

[1]　这两个希腊神话人物都是海神之子，身材高大，他们都想登天。——译者

都灭掉"？但是，如果这样做了，"就不会再有人奉献祭品和顶礼膜拜"，而神灵需要它们。"然而另一方面，神灵不能容忍这种粗野行径，而不予制止。"

　　然而从长远来说，如果我们没有别的选择，如果我们的选择真的不是有许多世界就是一个也没有，那么我们需要其他类型的神话，即鼓励人们的神话。我们有这样的神话。从印度教到诺斯底教派的基督教[1]以及摩门教等许多宗教的教义都教导人们（虽然听起来未必虔诚），人的目标就是要变成神（这种教诲与苹果、智慧树[2]、堕落以及被上帝赶出伊甸园的说法是否相符，令人怀疑）。也可以想到《创世记》中遗漏的犹太教法典讲述的一个故事。在伊甸园中，上帝告诉夏娃和亚当，他故意不完成宇宙的创造。"完成创世"是人类的责任，是要无数代人与上帝分担的一项"光荣"的实验。

　　这个负担很沉重，尤其是对像我们这样软弱和不完善的、历史又如此不幸的人类来说更是如此。如果不用比我们现在拥有的要多不知多少倍的知识，这种任务远远不能"完成"。但是，即使连自己的生存都危若累卵，我们也许还能想到办法让自己提升到接受这种至高无上的挑战的境界。

　　虽然戈达德完全没有利用本书前一章中的论点，但他有一种直觉，即"为了保证人类延续下去，必须实现行星际航行"。齐奥尔科夫斯基也做出了相似的判断：

　　"（宇宙间）有不可胜数的行星，它们好像许多地球岛屿……

---

[1]　早期基督教的一个派别，主张神秘的宗教顿悟，坚信物质是罪恶的。——译者
[2]　基督教《圣经》中能区分善恶的树。——译者

人类只占有其中的一个。但是，他们为什么不能让其他行星以及无数个太阳的威力为自己所用呢？……当太阳的能量耗尽时，合乎逻辑的行动便是离开太阳，去寻求一个刚点燃不久、还处于青年期的恒星。"

他建议，远在太阳死亡之前，就可以尽早"让具有冒险精神的人们去寻找并征服新的世界"。

但是当重新思考这一整套论点时，我感到不安。是不是像巴克·罗杰斯（Buck Rogers）[1] 那样的人太多了呢？是否要求对未来的技术有一种荒唐无稽的信赖呢？是否忽略了我本人关于人类易犯错误的告诫呢？这样做在短期内对技术不发达的国家肯定是不利的。有没有其他切实可行的办法能够避免这些易犯的错误呢？

我们自己造成的所有环境问题，我们的所有大规模杀伤性武器，都是科技的产物。因此，你可以说就让我们对科技退避三舍好了。让我们承认掌握这些工具简直太危险了。让我们建立一个比较简单的社会，这样一来无论我们怎样粗心大意或目光短浅，都没有能力在全球范围甚至一个区域内改变环境。让我们倒退到以农业为主，科技水平极低，并对新知识严加控制的社会。一个专制的神权社会会强制执行这种受到控制的、经过考验而有成效的手段。

然而，由于科技的迅猛发展，这种世界文化即使在短期内趋于稳定，长期看来肯定也是不稳定的。人类追求自我完善、妒忌和竞争的习性，随时都会成为易于震动的地下岩石。争取

---

[1] 这是 1929 年首次出现在连环漫画中的一个科幻人物，他一觉醒来已进入 25 世纪。——译者

短期和局部利益的机会迟早有人抓住不放。除非在思想与行动上有严格约束，否则我们在一瞬间便可回到目前的状态。这样一个受到管制的社会必定赋予实施管制的高层人士极大的权力，由此导致他们明目张胆地滥用职权，最终会引起叛乱。我们一旦见到技术带来的财富、便利和拯救生命的医药，就很难压制人类的发明创造能力与进取心。此外，虽然全球文明的退化（如果这是可能的话）或许有可能解除人类自己造成的科技灾难，但这样也会使我们没有力量防御迟早要发生的小行星及彗星的撞击。

　　或者你可以设想倒退更大的一步，回到狩猎和采集社会，靠土地上出产的天然产品过活，甚至把农业也摒弃了。于是，标枪、挖地的棍棒、弓箭与火就成为能满足人们需要的工具。但是，地球实在顶多只能养活几千万狩猎者和采集者。如果不引发我们正在努力避免的灾害，我们又怎能把人口减少到这样的程度呢？此外，我们几乎不知道怎样再过狩猎者与采集者的生活，我们已经忘掉了他们的文化、技能和工具。我们已经把他们几乎都杀光了，并且摧毁了养活他们的大部分环境。除了我们中间的一小部分残余的渔猎民族外，即使我们给予高度重视，也无法走回头路。即使能够回到原始社会，我们在终将来临的撞击灾难面前仍然无能为力。

　　这些可供选择的办法看来比残酷还要坏，它们无济于事。我们所面临的许多危险确实是由科技引起的，但是更根本的原因是我们在变得很有能力的同时并没有聪明到与之相称的程度。科技把改变世界的力量赋予我们，它要求我们具有前所未有的深思和远见。

当然，科学是把双刃剑，它的成果既可用来做好事，也可用于干坏事，但是我们无法从科学中折回。对技术危险的早期警告也来自科学。要想解决问题，技术调整固然需要，但更需要的是我们如何掌握它，必须有许多人懂得科学。我们可能需要改变制度与习性，但是要解决我们的问题（无论问题从何而来）都不能不依靠科学。威胁我们的技术与免除这些威胁的办法具有相同的来源，二者的发展并驾齐驱。

相对来说，如果几个星球上都有人类社会，我们的前景就会光明得多，我们的职责将是多种多样的。这几乎可以说我们把鸡蛋放进了许多篮子里，每个社会中的人往往都会因为他们的世界、他们的行星改造工程、他们的社会习俗以及他们的传统天性等方面的优点而感到自豪。不同社会在文化上的差异必然会受到保护和扩展。多样性的文化是人类延续生存的工具。

当远离地球的移民社会能更好地照料自己时，他们就有种种理由来鼓励技术进步、精神开放和冒险，即使那些留在地球上的人不得不仍然小心谨慎、畏惧新知识并执行严厉的社会管制。当第一批少量的自给自足的社区在其他星球上建立起来后，地球上的人类也许能把管制放松一些，心情变得轻松一些。太空人将会向地球人提供真正的保护，使他们免遭横冲直撞的小行星和彗星的撞击。这种撞击虽罕见，却是灾难性的。当然，正由于这个缘故，太空人在与地球人有任何严重争执时都会占上风。

这样一个时代的前景与有些人的预测形成尖锐的对立。那些人认为科学和技术的进步现在已经接近某个极限，人类在艺术、文学与音乐方面的成就绝不会接近、更不会超过曾经达到的高度，并且地球上的政治生活快要形成某种坚如磐石的理想的世界政府。这就是黑格尔（G. W. F. Hegel）所说的"历史的终结"。向太空扩展也和近代的一种同样可以察觉的不同趋势相对立。这种趋势就是专制独裁、思想管制、种族仇恨以及对好奇和好学的深深猜疑。与此相反，我认为经过一段时间改正错误后，向太阳系中的其他星球移民将预示着科技永无止境的辉煌发展、文化的繁荣，以及在太空中大范围改革政府与社会组织的可能性。从若干方面来说，探测太阳系和在其他星球上建设家园将成为历史的新开端，而绝对不是它的终结。

至少对我们人类来说，要预见我们的未来是不可能的。要预测几个世纪之后的事情肯定不行。谁也没有做过前后一致的、详细的预测。我肯定不会想象自己能够这样做。在这本书中，我怀着惶恐的心情，尽我所能，做到现有的地步，这是因为我们恰好认识到技术的发展给我们真正带来了前所未有的挑战。我认为这些挑战偶尔有明确的含义，我已经尽力简略地阐明了一些。也许某些挑战的含义不够明确，我们要过很长时间才能了解清楚它们的含义，我甚至对此缺乏信心。尽管如此，但我还是想把它们写出来供你思考。

即使我们的后代在近地小行星、火星、系外行星的卫星以及柯伊伯带上建立了移民社区，人类也不会完全安全。从长远来说，太阳会产生大量的 X 射线和紫外线；太阳系会进入潜伏在附近的某一片辽阔的星际云里，于是行星会变暗和冷却；一大群致命的彗星会从奥尔特云中倾泻而出，对许多近邻星球上的文明社会构成威胁；我们还可能发现一颗近邻恒星即将成为一颗突然爆发的超新星。经过漫长的时间之后，太阳将逐渐变成一颗红巨星，它越来越大，越来越亮。这时地球上的空气和水开始向太空散失，土壤会被烤焦，海水会沸腾和蒸发，岩石会汽化，而我们的行星甚至会被太阳吞食到它的内部去。

太阳系根本不是为我们而形成的，对我们来说，它终将变得十分危险。无论太阳系最近如何稳定可靠，从长远来说，把我们所有的鸡蛋都放进一个恒星的篮子里太冒险了。正如齐奥尔科夫斯基和戈达德早已认识到的，从长远来说，我们需要离开太阳系。

如果这对我们来说是正确的，你完全有理由问，这对外星人来说难道就不对吗？要是对外星人来说这也是正确的，那么他们为什么没有到我们这里来呢？这个问题可能有许多答案，包括这个有争论的说法：他们已经来过了，虽然证据少得可怜。也许没有外星人，这是因为他们在进行星际航行之前几乎没有例外地把自己毁灭掉了。在拥有 4000 亿颗恒星的银河系里，我们也可能是第一个科技发达的文明社会。

我认为更合乎情理的解释是这个简单的事实：太空浩瀚，恒星彼此相距太远。即使有比我们更古老和更先进的文明社会，那里的人们从自己的世界向外发展，建造新的世界，然后继续向其他星球扩展，按加利福尼亚大学洛杉矶分校的纽曼（William Newman）和我的计算结果，他们也未必会来到我们这里，现在还没有。此外，因为光速不是无限大，在太阳系中的某颗行星上技术文明的电视与雷达信号还没有传到他们那里，现在还没有。

如果按乐观的估计，每 100 万颗恒星中就有一个庇护着附近区域的技术文明社会，又如果它们在银河系内随机分布（假定这些条件成立），那么我们就应该想起前面说过的话，离我们最近的一个外星文明社会应在几百光年之外。最近的距离可能是 100 光年，更可能是 1000 光年。当然，不管多远，也可能一个也没有。假设离我们最近的外星文明在距离我们 200 光年的另一颗恒星的行星上面，那么从现在算起大约 150 年后他们才会开始接收到我们在第二次世界大战之后发出的微弱的电视和雷达信号。如果收到了，他们会怎样想呢？每过一年，信号会变得更强、更有趣，也许他们会感到更加惊慌。最后，他们可能做出反应：发送一份无线电报，或者来访问我们。无论哪一种反应都可能会受到光速有限的限制。用这些非常粗略的数字来估计，外星人对我们在 20 世纪中期无意间向太空深处发送的信号的回应最快也要到 2350 年左右才会到达地球。当然，如果他们离我们更远，我们收到回音的时间也会更晚。如果远得更多，就晚得更多。还可能出现这种有趣的情况：当我们第一次收到来自外星文明社会的信息（这是专为我们发出的，而不是向四面八方发送的广播）的时候，我们已经在太阳系内的许多世界上安好了家，并准备向其他星球进军。

　　然而，不管有没有这样的信息，我们都有理由继续向外探索，寻找其他太阳系。或者可以把我们中间的某些人隔离在星际空间中自给自足的栖息所里，远离恒星引起的危险，这比在银河系中这样一个难以预测和充满暴乱的角落要安全一些。我想，即使没有星际旅行的宏伟目标，这样的未来远景也会通过缓慢发展自然而然地演变出来。

　　为了安全，有些群体也许希望切断自己与人类其他部分的联系，这样可以不受其他社会的影响，不受他们的伦理观念的约束，也不受他们的技术规则的束缚。到了某个时代，人类可以改变一颗又一颗彗星和小行星的位置，这时我们就可以向某个小世界移民，然后把它送出去。在一代又一代之后，这个小世界向外快速离开，地球从一个明亮的天体蜕化成一个苍白的小点，然后就消失不见了。太阳会变得越来越暗，后来只是一个依稀可见的黄色光点，最终消失在千万颗星星之中。旅行者将会来到星际的黑夜中。有些这样的群体可能满足于与原来的世界偶尔会有的无线电和激光联系；其他一些群体则会对自己能继续生存的机遇怀着优越感，唯恐受到不利影响，竭力想和地球母体断绝关系。也许我们和他们的一切联系最后都会消失，连他们的存在也会被遗忘。

然而，即使一颗相当大的小行星或彗星的资源也是有限的，因此移民居住的小世界终归必须向其他地方寻找新资源，特别是水，因为需要饮用。他们需要制造供呼吸的含氧气的大气，还需要造出氢气，作为核聚变反应堆的燃料。从长远来说，这些群体必须从一个小世界迁移到另一个小世界，而对哪一个都没有永久的眷恋之情。我们可以把这种迁徙称为"开拓"或"兴建家园"。一个不很赞同这种说法的旁观者会把这说成将一个个小天体的资源榨取干净。但是小天体多得很，在奥尔特云里就有 1 万亿个。

少数人生活在远离太阳的不大的"继母"世界上，就会了解每一小块食物、每一滴水都得靠一种有远见的技术的顺利应用才能取得。但是，这些世界的状况与我们已经习惯的并没有根本差别。挖掘地下资源，搜索合适的资源，我们对这些都习以为常了，想到它们就像回忆起已经遗忘的童年时代。除了少数几个重大的改变外，这与我们靠狩猎和采集为生的祖先所采用的策略并无轩轾。我们人类在地球上 99.9% 的生存历史都是这样度过的。由人类最后残余的游牧民族来判断，就在他们被现代的世界文明吞没之前，日子过得可能还是比较愉快的。我们就是在这样的生活中磨炼出来的。因此，在一段短暂的、只是局部成功的定居尝试之后，我们也许会再次成为漂泊者——比上次更为技术化的漂泊者。即使在当时，诸如制造石器和利用火这样的技术也是唯一能保护我们免于灭绝的围篱。

如果隔离和偏僻能保障安全，那么我们的某些后代最终会迁移到奥尔特云的外围彗星上去。奥尔特云中有大约 1 万亿个彗核，每两个之间的距离都有火星离地球那样远，那里是可以大有作为的[1]。

奥尔特云的外边界大概在太阳与最近的一颗恒星之间的距离的中点。并不是每一颗恒星都有自己的奥尔特云，但是许多恒星都可能有。当太阳从近邻恒星的旁边通过时，我们的奥尔特云会遇到并局部地穿过其他彗星云。这就像两群小昆虫互相穿越，而不是碰撞。因此，要想占据另一颗恒星的一颗彗星，并不比占据我们自己的恒星的一颗彗星更困难多少。蓝色光点上的孩子们也许会从另一个太阳系的边缘，用渴望的目光看着不断移动的明亮光点。它们实质上是被照耀得相当亮的行星。有些群体的成员在内心感受到古代人类对海洋与阳光的热爱，可能会开启奔向一个新太阳的明亮和温暖宜人的行星的漫长旅程。

其他群体的成员也许认为这个最后的策略是有缺陷的。行星上总有自然灾害，行星上可能已经有生命甚至智慧生命了，行星很容易被外星人找到。更好的策略是居留在黑暗中，让我们分散到许多不引人注目的小天体上去，躲藏起来。

一旦我们能够把我们的机器和我们自己运送到远离家园、远离行星的地方，一旦我们真正进入宇宙舞台，我们就必然会遇到某些从来没有见过的事物。下面是 3 个可能的例子。

第一，从大约 550 天文单位（这大约是木星与太阳的距离的 10 倍[1]，因此这比奥尔特云更容易到达）开始，就有某些不寻常的事物。正如普通的透镜使光线聚焦一样，引力也能聚焦（天文学家正在检测遥远恒星和星系的引力透镜现象）。离太阳 550 天文单位的地方（如果我们能以光速的 1% 的速度飞行，只要 1 年就可到达）便是太阳引力透镜的焦点区（如果把日冕——太阳周围的电离气体晕的作用也考虑在内，焦点可能还要远得多）。在那里，来自远方的无线电信号大为增强，微弱的声音也会被放大。远处图像的放大，使我们即便用一架不大的射电望远镜也能在最近恒星的距离上分辨出一块大陆，以及在最近的旋涡星系距离处分辨出太阳系的内层行星。如果你自由自在地在一个以太阳为中心、以引力透镜的焦距为半径的假想圆球上漫游，你就可以随意用大得惊人的放大率探测宇宙，用前所未有的清晰度观察它，窃听遥远的文明社会的无线电信号（如果有的话），并窥视宇宙历史上最早期的事件。你还可以用引力透镜把我们很弱的信号放大，因此在非常遥远的地方也能听到它们。我们还有理由对几百乃至几千天文单位远的地方感兴趣。其他的文明社会也有它们自己的引力聚焦区域，这视它们所属

---

[1]　原文如此，其实应为 100 倍。——译者

恒星的质量与半径而定。有的离自己的恒星比我们的引力聚焦区域稍近一些，有的稍远一些。引力透镜成像有可能成为促使各文明社会去探索恰好处于他们的那个行星系中行星所在区域以外的区域的共同诱因。

第二，请你花一点时间想想褐矮星。它们的温度很低，质量比木星大得多，但比太阳小得多。谁也不知道究竟有没有褐矮星[1]。有些专家利用近邻恒星的引力透镜去观测较远的恒星，声称已经发现褐矮星存在的迹象。从他们用这种技术观测过的整个天空的极小一部分来推断，褐矮星应当非常多。但是，其他一些专家不同意。在 20 世纪 50 年代，哈佛大学的天文学家沙普利（Harlow Shapley）[2] 提出，褐矮星［他把它们称为利立浦特（Liliput）[3] 星］的上面有生物居住。他形象地描绘它们的表面就像马萨诸塞州剑桥的 6 月那样温暖，而且有很多平地。因此，褐矮星应是人类可以生存和探测的恒星。

第三，剑桥大学的物理学家卡尔（B. J. Carr）和霍金（Stephen Hawking）证明，在宇宙历史的最早阶段，物质密度的波动可能产生各种各样的小黑洞。原始黑洞（如果有的话）必然由于向太空发出辐射而衰变，这是量子力学定律的结论。黑洞的质量越小，它消散得越快。任何一个在今天处于衰变的最后阶段的原始黑洞的质量至少相当于一座山的质量，更小的都已经消失了。因为原始黑洞的丰度（先不提它们是否存在）与大爆炸发生后最早时刻所发生的情况有关，没有人能够确定能否找到一

---

[1]　天文学家现已确认发现了大量褐矮星，目前已知温度最低的褐矮星的表面温度仅与地球北极地区相当。——译者

[2]　美国著名天文学家（1885—1972）。——译者

[3]　英国作家斯威夫特的名著《格列佛游记》中的小人国。——译者

些，我们当然也不能确定附近是否有原始小黑洞。迄今为止，并没有发现短 γ 射线脉冲（这是霍金预言的黑洞辐射的一种成分），这为原始黑洞的丰度设置了一个限制性不是很强的上限。

在另一项研究中，加州理工学院的布朗（C. E. Brown）和康奈尔大学的核子物理学先驱贝特（Hans Bethe）提出，在银河系中遍布着大约 10 亿个非原始黑洞，它们是在恒星演化过程中产生的。如果是这样，离我们最近的黑洞可能只有 10 光年或 20 光年那么远。

如果有的黑洞在我们的探测能力的范围之内（无论它们的质量是和山一样大还是和恒星一样大），我们就有令人惊奇的物理学原理去做第一手的研究，并将拥有几乎无穷无尽的新能源。我决不是断言在几光年范围内或任何地方可能有褐矮星或原始黑洞。但是，当进入星际空间时，我们不可避免地会邂逅全新类型的奇观和我们喜爱的事物，其中有些还可以得到实际应用。

我不知道自己的思路在哪里才会终止。随着时间的流逝，宇宙动物园中引人入胜的新成员将把我们引向更远的地方，而越来越难以确定的、致命的大劫难必将发生。这种可能性逐渐增大。但是，随着时间的推移，掌握技术的种族的能力也会越来越大，远远超过我们今天所能想象的程度。如果我们很有本领（我想光靠运气好还不够），我们终将扩展到远离家园的地方，在浩瀚银河系的繁星群岛中间航行。如果我们遇到某种外星人（更可能的是他们找到我们），我们将与他们和谐相处。因为其他从事太空航行的文明社会可能比我们要先进得多，喜欢争吵的人不大可能在太空中长久生存。

到了最后，我们所有人的未来也许就是伏尔泰所想象的那样："有时候借助太阳光，有时候乘彗星之便，［他们］从一个星球滑翔到另一个星球，就像鸟儿由一根树枝飞到另一根树枝。在一段很短的时间内，［他们］就飞快地走过银河系的四面八方了……"

直到现在，我们在众多年轻恒星的周围还在不断发现大量的气体和尘埃盘。这正像大约 45 亿年前地球和其他行星形成时太阳系的结构。我们正在着手了解尘埃微粒怎样缓慢地形成行星世界；与地球相似的行星怎样先吸积，然后迅速俘获氢和氦，成为庞大气体球里面隐藏的核心；小的类地行星为何只保留较稀薄的大气层。我们正在重新构建行星世界的历史，要阐明为什么早期太阳系寒冷的外围聚集起来的主要是冰和有机物，而在被年轻的太阳照暖的太阳系内区主要靠岩石与金属才能聚积成天体。我们已开始认识早期的碰撞所起的主导作用：撞击行星，在它们的表面形成巨大的坑口及盆地；使行星旋转，产生或消灭卫星，形成环；使整个水域从天空降下，然后在行星表面沉淀出一层有机物，这就像创造行星的最后一道美妙的修饰。我们现在正着手把这方面的知识应用于其他行星系。

在今后几十年中，我们有真正的机会来观察其他许多近邻恒星周围成熟的行星系的布局和组成。我们将会知道太阳系哪些方面的特征是普遍规律，而哪些是特例。哪些行星是更为普遍存在的，是像木星的行星、像海王星的行星还是像地球这样的行星？抑或所有其他行星系都有与木星、海王星和地球类似的行星？还有没有目前我们不知道的其他行星类型？是不是所有的行星系都包藏在一个浩大的球形彗星云之中？天上的大多数恒星都不像太阳那样孤独，而是双星或聚星，这些系统中的天体相互绕转。这些系统也有行星吗？如果有，是什么样的行星？如果是像我们如今所设想的情况，行星系是恒星形成时的常规产品，那么它们是否有着大不相同的演化途径？那些比我们早出几十亿年的行星系是什么样子呢？在今后的几个世纪中，我们对其他行星系的了解将会越来越完整。我们将开始知道去哪些行星系访问，去哪些行星系播种，去哪些行星系定居。

设想我们能够以 1g [1] 的加速度（这是我们在美好、古老的大地上感到舒适的重力加速度）连续地加速，直到我们旅途的中点，然后以 1g 的加速度连续减速，到达终点。这样一来，我们只要 1 天就可以跑到火星，一个半星期到达冥王星，1 年到达奥尔特云，几年后就到达最近的恒星。

只要把我们近年来在交通运输方面的进展适度地向未来推进，便可设想在仅仅几个世纪内我们就可以用接近光速的速度旅行。也许这是毫无希望的过分乐观，也许这要过几千年或更长时间才能真正实现，但是只要我们不是先毁灭了自己，我们定会发现现在无法想象的新技术。这些技术对我们的陌生程度，就像"旅行者号"太空飞船对我们靠狩猎和采集为生的祖先一样。即使在今天，我们都想得出办法（肯定是笨拙的，成本高到倾家荡产程度的，也是效率低下的方法）来建造一艘接近光速的星际飞船。总有一天，这种飞船的设计会更完美、更经济、更有效。到了那一天，我们不再需要从一颗彗星飞到另一颗彗星。我们将开始跨越以光年计量的距离，到太空中翱翔。这就像圣奥古斯丁所说的古希腊与古罗马的神灵那样，到天上去开拓新的领地。

---

[1]　1g ≈ 9.8 米 / 秒 ^{2}，为地球表面的重力加速度。——译者

这些移民也许是在一颗行星表面生活过的某些人的几十代或几百代的后裔。他们的文化将是不一样的，他们的技术非常先进，他们的语言变了，他们与智能机器的关系会密切得多，也许连他们的外观也与他们的几乎是神话传说中的祖先显著不同，而那些祖先是在 20 世纪末才首次试探性地出发到太空去探险的。可是他们还是人类，至少大部分性状是人类遗传的；他们是高科技的行家；他们一定有历史记录。尽管有圣奥古斯丁对洛特（Lot）之妻[1]的评论（"一个已经获救的人不应当再留恋他已经离开的困境"），他们不会完全忘记地球。

但是你会想，我们还没有完全准备好。伏尔泰在他的散文《梅姆农》中写道："我们这个小小的水陆合成的地球是上千亿个^{2}星球中的疯人院。"我们，甚至不能把自己的家园管理得井井有条的我们，被敌对与仇恨分裂开的我们，掠夺环境的我们，以互相激怒、疏忽为目的而彼此谋杀的我们，直到不久前还认为宇宙只是为自己的个体利益而创造的我们，难道真的要去太空冒险，移动星球，改造行星，并让自己扩张到近邻恒星的行星系里面去？

我并不认为具有现代意识和社会习俗的我们会出局。如果我们继续只聚集权力而不是智慧，我们肯定会毁灭掉自己。我们想在遥远的未来生存下去，正是这一点要求我们必须改变我们的制度与我们自己。我怎敢猜测遥远未来的人类？我想，这仅仅是一个自然选择的问题。如果我们变得比现在更残暴、更短视、更无知和更自私一些，那么几乎可以肯定我们不会有未来。

---

[1]《圣经》里提及洛特的妻子被救出后，因回头后顾而变成盐柱。——译者

　　如果你还年轻，你在有生之年就能够看到人类踏上近地小行星与火星的第一步。还要再过许多代，人类的足迹才能扩展到类木行星的卫星以及柯伊伯带。去奥尔特云则还须等待更长的时间。等到我们准备好去最近的其他行星系定居时，我们人类想必已经变样了。单是这么多代的岁月流逝，想必已够使我们改变了。我们将要生活的不同环境，想必也会改变我们。器官修复术和基因工程将使我们变化。需求也将改变我们。我们是一个善于适应的种族。

　　到半人马座 α[1] 和其他近邻恒星的人多半不会是我们，而是一个和我们很像的种族，他们具有比我们更多的长处以及更少的短处。他们是一个返回到和他们原来演化时的环境类似的环境的种族。他们更为自信、有远见、有能力和小心谨慎。他们是我们希望能在宇宙中代表我们的那种生灵。就我们所知而言，宇宙中应当有许多比我们更古老、更有能力，也与我们大不相同的外星人。

　　恒星相距遥远，这是一种天意。生灵以及星球都互相隔离。只是那些有充分的自知之明和判断能力的生物才能消除这种隔离，安全地从一颗恒星到另一颗恒星去旅行。

　　在漫长的时间尺度上，在数亿年到数十亿年中，星系的核心也会爆发。我们看得见散布在深邃太空之中的种种奇景：具有"活动核"的星系、类天体、因碰撞而变形的星系（它们的旋臂瓦解了），以及遭到高能辐射轰击或被黑洞吞噬的恒星系统。于是，我们得到的印象是：在这样的时间尺度上，即使星际空间和星系也都是不安全的。

---

[1]　离地球最近的恒星之一，距离约为 4.3 光年。——译者

　　银河系周围有一个由暗物质组成的晕，它也许延伸到它与另一个旋涡星系（即仙女星系中的 M31，它也含有几千亿颗恒星）的中点。我们不知道这种暗物质的成分是什么，它是怎样分布的，但是它的一部分 [3] 也许是在与单颗恒星没有关系的世界之中。如果真是这样，我们在遥远未来的后代将有一个机会，在难以想象的长时间中，在星系际空间中定居，并踮着脚走到其他星系去。

　　但是在向银河系移民的时间尺度上，即使不在老早以前，我们现在也必须问，这种为了安全而驱使我们向外扩张的渴望怎样才能长久保持？有朝一日，我们会不会对人类已度过的时光和自己的成就感到满足，于是自愿退出宇宙舞台呢？从现在算起几百万年之后（也许早得多），我们想必已演变成别的种族。即使我们不故意做什么变动，自然演化过程中的突变和淘汰也将使人类灭绝，或者就在这样的时间尺度上把人类演变成其他种族（以别的哺乳动物作为判断的依据）。在一个哺乳动物种族生存的典型时间范围内，即使我们能以接近光速的速度旅行，并且专事旅行，别无他顾，我想我们也无法探测到银河系有代表性的一小部分。银河系实在太辽阔了，而在银河系外面还有上千亿个星系。在比宇宙时间尺度短得多的地质年代内，当我们自己已经演变成其他种族时，我们目前的动机会不会保持不变呢？在这样遥远的时代里，我们也许可以为自己的雄心壮志找到比仅仅是去无限个星球居住更宏伟和更有价值的目标。

　　有些科学家已经设想，也许有一天我们会创造出新的生命形态，把人们的智慧集中起来，到别的星球上去移民，改造星系，或者在附近的一个空间范围内防止宇宙膨胀。1993 年，物理学家林德在《核物理》杂志上发表了一篇文章。他提出（可以想象得到，以开玩笑的方式），在实验室（这可真是一个实验室啊）里最终真的可能制造出一个单独的、封闭的、不断膨胀的宇宙。他写信给我说："然而我自己也不知道（这个建议）是否只是一个玩笑，还是别的什么东西。"在这一类关于遥远未来的计划表中，我们不难认识到人类一直有野心，要僭越一度被视为神灵的权力，或者用另一个更鼓舞人的隐喻来说，要完成创世的壮举。

我花费大量篇幅谈论令人陶醉、几乎不着边际的臆想，而现在是脱离似乎有道理的猜测、返回我们自己的年代的时候了。

我的祖父出生在无线电波即使在实验室里也是新奇玩意儿的时代之前，但他几乎活到第一颗人造卫星从太空向我们发送"嘟嘟"信号的时候。有好些人在出生时连飞机这样的东西都还没有见过，但他们到老年时看见 4 艘飞船飞往外星。尽管我们有种种缺陷、局限性和失误，但人类毕竟能干出伟大的事业。在科学和技术的某些领域，在艺术、文学、利他主义和同情心方面，甚至偶尔在治理国家的本领方面，情况都是如此。人们在下一代又将创造出哪些我们现在想象不到的新奇迹呢？再过一代又怎样呢？到 21 世纪结束的时候，我们这个游牧种族会漫游到多远的地方呢？再过 1000 年，又将到哪里呢？

在 20 亿年前，我们的祖先是微生物，5 亿年前是鱼，1 亿年前是像老鼠那样的动物，1000 万年前是栖息在树上的猿猴，而 100 万年前是刚学会用火的原始人。人类演化历程的标志是控制变化的能力。到我们的时代，变化的步伐加快了。

当我们第一次去一颗近地小行星探险时，我们想必已进入了人类将永远占有的栖息地。第一批男女航天员飞向火星，是人类转变成多行星种族的关键一步。这些事件都是重大的，就像我们的两栖类祖先到陆地上定居以及猿人从树上来到地面上一样。

具有原始的肺和鳍的鱼勉强可以行走，但它们在陆地上建立永久性的立足点之前必然已大量死亡。当森林逐渐消退时，我们直立行走的猿人祖先常常急忙跑回森林，以躲避在平原上横行的猛兽。这些转变是痛苦的，需要几百万年才能完成，而那些有关的生物几乎察觉不出这样的变化。对我们来说，转变只在几代人中完成，只有很少的人牺牲。这个步伐快到我们几乎掌控不住正在发生的事情。

一旦有了在地球之外出生的首批孩子，一旦我们在小行星、彗星、卫星和其他行星上有了基地和住所，一旦我们在其他世界上生存并繁衍后代，人类历史上的某些事情就会发生永久性变化。但是向其他星球移民并不意味着抛弃这个世界，正如两栖动物的演化并不意味着鱼类的终结一样。在很长时间内，只有少数人将会离开地球到其他星球去。

学者林霍尔姆（Charles Lindholm）写道："在现代西方社会中，传统的消失和被人们接受的宗教信仰的崩溃，使我们没有一个特洛斯[1]（即我们努力追求的目标），没有人类潜力神圣不可侵犯的观念。我们丧失了神圣的事业，只有一个毫无神秘感的、脆弱的、容易出差错的人类形象，不再能够成为神圣的人。"

---

[1] 古希腊哲学家亚里士多德所说的人生终极目的。——译者

　　我相信，把我们的脆弱和容易出差错的毛病牢记在心中是一件有益于健康的事情。这确实是必要的。我为那些想成为"像神一般"的人感到担心。但是谈到长远目标和神圣事业，我们的面前倒有一个，人类正是依赖它而生存。如果我们被闭锁在自我的牢狱中，这就是一个可供逃离的出口。这是一个比我们自身更有价值、气魄更大、以维护全人类利益为目的的重要举动。把人送到其他星球上去住，能把不同国家和不同种族的人团结起来，能把不同世代的人结合起来，并要求我们变得既灵巧又聪明。这将把我们的本性解放出来，并且在某种程度上，让我们回归到自己的摇篮时代。即使现在，这个新的特洛斯也在我们的掌握之中。

　　心理学先驱威廉·詹姆斯（William James）把宗教说成一种"在宇宙中就像在家里一样的感觉"。正如我在本书前几章中所描述的那样，我们的倾向是假装认为宇宙是我们多么希望的家，而不是把我们对什么是像家一样的观念改变一下，因此使它能包括宇宙。如果在考虑詹姆斯的定义时，我们的意思是指真正的宇宙，那么我们还没有真正的宗教。真正的宗教出现在另一个时候，就是"大降级"的刺痛已经被我们完全忘掉的时候，是我们适应了其他世界的"水土"的时候，是其他世界也适应了我们的时候，并且也是我们向群星扩张的时候。

　　宇宙在永不停息地延伸。在过了一段短暂的定居生活后，我们又在恢复古代的游牧生活方式。我们遥远的后代安全地布列在太阳系或更远的许多世界上，他们将会联合起来。促使他们联合的因素是他们的共同遗产，他们对地球老家的惦念。他们都将认识到，无论遇到什么样的外星人，整个宇宙中独一无二的人类都来自地球。

他们将抬头凝视，在他们的天空中竭力寻找那个蓝色的光点。他们不会由于它的暗淡和脆弱而不热爱它。他们会感到惊奇，这个储藏我们全部潜力的地方曾经是何等容易受到伤害，我们的婴儿时代是多么危险，我们的出身是多么卑微，我们要跨越多少条河流，才能找到我们要走的道路。

注　释

漂泊者（作者序）

1. "至于有对跖人的无稽之谈，"圣奥古斯丁在公元 5 世纪写道，"在地球的反侧（我们这里日落时，那里日出），居住着头朝下、脚朝上（和我们脚掌相对）的人，这根本不可信。"纵使那里有未知的大片陆地，而不仅仅是海洋，"原始的祖先只有一对，因此无法想象在那个遥远的地区还有亚当的后裔居住"。

第 2 章

光行差

1. 哥白尼的名著首次出版时，神学家奥西安德（Andrew Osiander）撰写了一篇序言，它是在这位濒临死亡的天文学家毫无所知的情况下被插入书中的。奥西安德的善意企图是把宗教与哥白尼的天文学说调和起来。他在序言末尾谈道："谁也不要指望从天文学得到任何肯定的东西，而天文学也提供不出这样的东西。如果不了解这一点，他就会把为另一个目的提出的想法认作真理，于是在结束这项研究时，他比起刚开始研究时就会成为一个更大的傻瓜。"奥西安德认为，只有从宗教那里才能找到肯定的东西。

第3章

大降级

1. 圣奥古斯丁在《上帝之城》中谈道："既然第一个人的出现至今不过 6000 年……那些人试图说服我们承认与已认定的真理大相径庭甚至截然相反的一段时间，难道不应该被嘲弄，而不仅仅是受到驳斥吗？……在宗教历史中，受到神权支撑的我们不会怀疑违背它的任何东西都是虚假的。"他痛斥古埃及人认为世界有几十万年的传说，说它是"可恶的谎言"。圣托马斯·阿奎那在《神学大全》中直截了当地说："世界是新的，这不可能由世界本身来论证。"他们是如此自信。

2. 我们的宇宙几乎不容许生命存在，或者至少是我们所了解的生命所需要的东西存在。即使 1000 亿个星系中的每一颗恒星都有一颗和地球类似的行星，在没有优越的技术措施的条件下，生命在宇宙中大约只能在 $1/10^{37}$ 的体积内繁衍。为了表示得更清楚，让我把它写出来：我们的宇宙只有 0.00000000000000000000000000000001% 是适合生命存在的。其余部分全是冰冷的、有辐射弥漫的、漆黑的真空。

第4章

并非为我们造的宇宙

1. 少数准哥白尼式的英语习惯用语之一是"宇宙并不绕

着你打转"。这是想把乳臭未干的自大狂拉回地球的一条天文真理。

第7章

在土星的众多卫星之间

1. 可能一个也没有。我们很幸运，有这样一个天体可供研究。所有其他天体不是含氢气太多就是不够，或者根本没有大气。

2. 并非惠更斯认为这颗卫星非常大，而是由于在希腊神话中，奥林匹斯诸神上面一代的成员——克洛诺斯及其兄弟姐妹和同辈们均称为提坦神[1]。

3. 在土卫六的大气中检测不到氧气，因此其中的甲烷并不像在地球上这样远离化学平衡态。所以，它的存在绝不是生命的征兆。

第8章

第一颗新行星

1. 在过去的4000年间，这7个天体曾有一次在天空中全都靠在一起。在公元前1953年3月4日黎明前，蛾眉月正在地平线上，金星、水星、火星、土星和木星就像项链上的珍珠，连成一串。它们处在飞马座的大四边形旁边，即在现代英仙座流星雨辐射点附近。即使碰巧观天的人也必然会被这个现象惊

---

[1]　提坦是希腊神话中的巨人族。在罗马神话中，克洛诺斯即为萨图恩。——译者

呆了。这是怎么回事？是众神在聚餐吗？利哈伊大学的天文学家班大为（David Pankenier）以及后来喷气推进实验室的彭飚钧都认为，这是中国古代天文学家所提出的各行星周期的起点。

在下一个 4000 年间，不会再有另一个机会从地球上观看行星绕日运动时见到它们如此靠近。但是在 2000 年 5 月 5 日，这 7 个天体又都会在同一天区出现，只是有的是在黎明出现，有的是在黄昏出现，并且比公元前 1953 年晚冬早晨那一次的散布范围扩大了约 10 倍。尽管如此，这天晚上仍然可能是举行宴会的一个美好夜晚。

2. 欧美探测土星系统的太空飞船以他的名字命名。

3. 他给这颗卫星取名为米兰达，是因为《暴风雨》中的女主角米兰达在剧中说"啊！勇敢的新世界，有那样一些人住在这里"。[剧中人物普罗斯佩罗（Prospero）回答说："对你来说，这是新的。"正是如此。和太阳系中所有的其他天体一样，米兰达的年龄大约也是 45 亿年。]

第 9 章

太阳系边缘的一艘美国飞船

1. 它之所以绕太阳运转需要这样长的时间，是因为它的轨道太长了——长约 368 亿千米。由于离太阳如此遥远，太阳的引力（这个力量使它不致向外飞入星际空间）比较微弱，小于地球附近的千分之一。

2. 近代液体燃料火箭的发明人戈达德曾经设想在某个时候应在海卫一上装备和发射恒星探测器。这记录在 1927 年追记的

一份写于 1918 年的题为《最后的迁移》的手稿中。由于考虑到
贸然发表未免太大胆，他将稿件留存在一位朋友的保险柜里。封
面上有一句警告："这些笔记只能由一位乐观主义者仔细阅读。"

3. 可以认为两艘"旅行者号"飞船在 1992 年检测到的无
线电信号来自一阵阵强劲的太阳风与稀薄的星际气体的碰撞。
根据无线电信号的巨大功率（超过 10 万亿瓦），可以估计出
太阳风层顶到太阳中心的距离约为日地距离的 100 倍。按"旅
行者 1 号"现在飞离太阳系的速度推算，这艘太空飞船大约在
2010 年穿过太阳风层顶进入星际空间。如果它发射无线电波的
能源还未耗尽，穿越的消息会由无线电波传回给地球上的人们。
冲击波与太阳风层顶的碰撞所释放的能量，是太阳系中最强大
的无线电辐射源。这会使你想知道用我们的射电望远镜是不是
也有可能检测到其他行星系中更强烈的冲击波。

第 11 章

是昏星，也是晨星

1. 土卫六的情况稍有不同，它的图像显示在悬浮物的主
层之上有一系列分离的云雾。因此，金星是太阳系中用宇宙飞
船上在普通可见光波段工作的摄像机没有发现任何重要事物的
唯一行星。很幸运，对于探测过的几乎每一个天体，飞船都给
我们发回了图像（美国国家航空航天局的"国际日地探险者号"
于 1985 年快速穿过贾可比尼 – 津纳彗星的尾巴，它专门探测带
电粒子和磁场，没有装备摄像机）。

2. 现在许多望远镜的图像都用电荷耦合器件（CCD）和二

极管阵列等电子设备取得，并用计算机进行处理。1970年，这些技术还没有在天文观测中得到应用。

3．波拉克对行星科学的每一个领域都做出过重要贡献。他是我的第一个研究生，以后成为我的同事。他使美国国家航空航天局的艾姆斯研究中心在行星研究中执世界之牛耳，并成为培养行星科学家的大本营。他的优良作风和科学才能一样出色。1994年，他正当年富力强时逝世了。

第 12 章

大地熔化了

1．本章开头引用的斯特拉博的一段话描述了公元前197年在附近的海底爆发的一座火山，以及由此迅速形成的一座新岛。

2．尽管有高山和海沟，地球表面之平滑也是惊人的。如果地球像一个台球那样大，那么它的凸起部分最多不超过0.1毫米，小到几乎看不见，也摸不出来。

3．"麦哲伦号"利用雷达成像技术测定的金星表面的年龄最终否定了韦利科夫斯基（Immanuel Velikovsky）的理论。他在1950年左右提出一种得到当时媒体喝彩的令人惊异的说法，即3500年前木星抛出一个巨型"彗星"，它几次与地球擦肩而过，并引起许多民族古籍中记载的形形色色的事件［例如《圣经》中的人物约书亚（Joshua）命令太阳停止转动］，后来这颗"彗星"摇身一变成为金星。现在竟然还有人对这种邪说信以为真。

4．木卫一的火山也是氧、硫等离子的丰富来源，这些离子聚集在环绕木星的一条朦胧的面包圈状的物质管中。

第 15 章

奇异世界的大门打开了

1. 但是也有少数相对说来很年轻的地方，例如阿尔巴·帕特拉高地斜坡上分叉的河谷网。在最近的 10 亿年中，火星沙漠中的有些地方似乎不时有水流来流去，其原因不明。

2. SNC 是 3 位发现人的姓氏首字母组成的缩略词。这 3 个姓氏（Shergotty、Nakhla 和 Chassigny）都难念，所以人们很自然地使用了这个缩略词。

第 16 章

测天有术

1. 即使如此也不容易办到。葡萄牙历史学家祖拉拉（Gomes Eanes de Zurara）所报道的"航海家亨利王子"的言论是"本王子认为，如果我或其他王子不鼓励获得这种知识，那么就不会有任何水手和商人胆敢这样做。这是因为他们中间显然谁也不会自找麻烦，航行到一个没有肯定获利希望的地方去"。

2. 罗素的措辞"冒险和危险的光荣"值得注意。即使我们能保证太空飞行完全安全（我们当然办不到），这也许会违反太空探险的本意。危险是光荣的不可分割的一部分。

第 17 章

行星际日常暴力事件

1. 如果地球没有这样的好运气，也许今天在一颗离太阳稍近或稍远的行星上面，和我们人类完全不同的生物正在设法探求它们的来源。

2. 编号为 1991JW 的小行星的轨道和地球轨道十分相似，因此到它那里比去第 4660 号小行星涅柔斯更容易。但是它的轨道太像地球轨道了，因此令人怀疑它是不是一颗真的天然小行星。也许它是发射"阿波罗"登月飞船的"土星 5 号"火箭失落的上面一级。

第 18 章

卡马里纳的沼泽

1. 美国和俄罗斯都签署的《外层空间条约》禁止在"外层空间"使用大规模杀伤性武器。而使小天体转向的正是这样的武器，并且是现有的威力最大的大规模杀伤性武器。那些热心于钻研小天体转向技术的人士希望修改这个条约。即使不加以修改，如果发现有一颗小行星正沿着与地球相撞的轨道疾驰而来，那么大概谁也不会受国际法规细节的限制。然而放宽在太空中使用这种武器的禁止是危险的，因为这会使我们对为发动攻击而在太空中部署核弹放松警惕。

2. 我们该怎样称呼这颗小行星呢？用古希腊神话中的名字把它称为"命运之神""惩罚女神"或"复仇女神"，似乎都不恰当。这是因为它是否"击中"地球都完全由我们决定。如果不管它，它就与地球不沾边。如果我们灵巧、准确地推动一下，它就会"击中"地球。也许我们应当把它叫作"8号球"[1]。

3．人类最近发明的破坏力极强的新技术当然会导致许多其他问题。但是在大多数情况下，它们不是像卡马里纳那样的灾难，就是说不管你干不干都会遭殃。与此相反，它们在学识和时间选择上都令人进退两难。举例来说，人们从许多种可能的选择中挑选了错误的制冷剂和制冷原理。

第19章

改造行星

1．在现实世界中，中国空间探测机构的官员提出在世纪之交发射一个载有两名航天员的太空舱到近地轨道上去。它将用改进的"长征-2E"火箭在戈壁沙漠上发射。如果中国的经济保持持续的适度增长（比20世纪90年代初期至中期的指数增长低得多），中国在21世纪中叶或更早一些就将成为世界上领先的太空强国之一。

2．如果情况与此相反，那么我们以及这一部分宇宙中的任何东西都是由反物质组成的。当然，我们会把它称作物质。于是我们认为，世界和生命都由电荷相反的另一类物质组成这种念头乃是虚妄的猜想。

3．现年85岁的东新墨西哥大学名誉英语教授威廉森写信告诉我，自从他首先提出"地球化"以后，他"惊奇地看到如今

---

[1]　台球游戏术语。——译者

的科学已经有了多么大的进步”。我们正在积累有朝一日可以进行“地球化过程”的科技知识，但是目前我们所拥有的只是一些建议而已。总的说来，它们不像威廉森原来设想的那样具有创新意义。

第20章

黑　暗

1. 令人吃惊的是，包括《纽约时报》社论撰写人在内的许多人都在担心，外星人一旦知道我们在哪里就会到我们这里来并把我们吃掉。姑且不谈假想中的外星人与我们在生理上必然会有很大的差异，假设我们是星际美味佳肴，他们又有什么必要把人类大批运送到外星人的餐馆里去？运费很高。偷运几个人去，查出我们的氨基酸，或找出我们好吃的其他原因，然后从头开始合成同样的食品，这样做岂不是更好？

第21章

上天去

1. 一个安全度过了青少年时期的外星文明，是否愿意鼓励那些以其新生技术正在奋斗的其他外星文明？也许他们会特别起劲地散布他们存在的消息，并扬扬得意地宣告他们能够逃脱自我毁灭的命运。或者，在开始时他们是否会非常小心呢？在避免自己造成灾难之后，也许他们害怕把自己存在的信息散布出去，否则黑暗中的某一个未知的、侵略成性的、正想取得“生存空间"或奴役别人的外星文明会把他们视为潜在的对手而消灭掉。这也许是我们探测近邻恒星的行星系的一个理由，但是要小心谨慎地去做。

它们保持沉默或许还有另外一个理由：因为散布一个高度发达的外星文明存在的信息，可能会鼓励其他刚出现的外星文明不必尽最大努力来保护自己的未来，而希望在黑暗中会有人挺身而出，把他们从困境中拯救出来。

第 22 章

踮着脚穿过银河系

1. 即使我们不特别急于去什么地方，我们到那个时候也可能使小天体运动得比现今的太空飞船还快。若果真如此，我们的后裔就能在很久以前的 20 世纪发射的两艘"旅行者号"飞船离开奥尔特云之前，在它们进入星际空间之前追上它们。他们也许将收回这些在许多年前发射的、而后被遗弃的飞船，也许会让它们继续飞行。

2. 这个数字与当代对银河系中绕恒星旋转的行星数目的估计颇为接近。

3. 它的大部分也许是"非重子"物质，既不是由我们所熟悉的质子与中子组成的物质，也不是反物质。宇宙中 90% 以上的质量似乎属于这种暗黑的、在地球上完全未知的、深奥神秘的"第五种"（即空气、水、火、土之外的）物质。也许有朝一日我们不但能了解这种物质，还能为它找到某种用途。

参考文献

太阳系空间探测早期的杰出成就

[1] BEATTY J K, CHAIKEN A. The New Solar System[M]. third edition. Cambridge : Cambridge University Press, 1990.

[2] CHAISSON E,MCMILLAN S. Astronomy Today[M]. Englewood Cliffs, NJ : Prentice Hall, 1993.

[3] GODDARD E C. The Papers of Robert H. Goddard[M]. three volumes. New York : McGraw-Hill, 1970.

[4] GREELEY R. Planetary Landscapes[M]. second edition. New York : Chapman and Hall, 1994.

[5] KAUFMANNⅢW J. Universe[M]. fourth edition. New York : W. H. Freeman, 1993.

[6] MCSWEEN JR H Y. Stardust to Planets[M]. New York : St. Martin's Press, 1994.

[7] MILLER R, HARTMANN W K. The Grand Tour : A Traveler's Guide to the Solar System[M]. revised edition. New York : Workman, 1993.

[8] MORRISON D. Exploring Planetary Worlds[M]. New York : Scientific American Books, 1993.

[9] MURRAY B C. Journey to the Planets[M]. New York : W.W. Norton, 1989.

[10] PASACHOFF J M. Astronomy : From Earth to the Universe[M]. New York : Saunders, 1993.

[11] SAGAN C. Cosmos[M]. New York : Random House, 1980.

[12] TSIOLKOVSKY K. The Call of the Cosmos[M]. English translation. Moscow : Foreign Languages Publishing House, 1960.

第 3 章

大降级

[1] BARRON J D, TIPLER F J. The Anthropic Cosmological Principle[M]. New York : Oxford University Press, 1986.

[2] LINDE A. Particle Physics and Inflationary Cosmology[M]. Amsterdam: Harwood Academy Publishers, 1991.

[3] STEWART B. Science or Animism?[J]. Creation /Evolution, 1992, 12(1): 18–19.

[4] WEINBERG S. Dreams of a Final Theory[M]. New York : Vintage Books, 1994.

第 4 章

并非为我们造的宇宙

[1] APPLEYARD B. Understanding the Present : Science and the Soul of Modern Man[M]. London : Picador/Pan Books Ltd., 1992.

[2] Passages quoted appear, in order, on the following pages : 232, 27, 32, 19, 19, 27, 9, xiv, 137, 112–113, 206, 10, 239, 8, 8.

[3] BURY J B. History of the Papacy in the 19th Century[M]. New York : Schocken, 1964. Here, as in many other sources, the 1864 Syllabus is transcribed into its "positive" form (e.g., "Divine revelation is perfect") rather than as part of a list of condemned errors ("Divine revelation is imperfect") .

第5章

地球上有智慧生命吗

[1] SAGAN C, THOMPSON W R, CARLSSON R, et al. A Search for Life on Earth from the Galileo Spacecraft[J]. Nature, 1993, 365: 715–721.

第7章

在土星的众多卫星之间

[1] LUNINE J. Does Titan Have Oceans?[J]. American Scientist, 1994, 82: 134–144.

[2] SAGAN C, THOMPSON W R, KHARE B N. Titan: A Laboratory for Prebiological Organic Chemistry[J]. Accounts of Chemical Research, 1992, 25: 286–292.

[3] SCHOPF J W. Major Events in the History of Life[M]. Boston: Jones and Bartlett, 1992.

第 8 章

第一颗新行星

[1] COHEN I B. G. D. Cassini and the Number of the Planets[J]. Nature, Experiment and the Sciences. Trevor Levere and W. R. Shea, editors（Dordrecht：Kluwer, 1990）.

第 9 章

太阳系边缘的一艘美国飞船

[1] Murmurs of Earth. CD-ROM of the Voyager interstellar record, with introduction by Carl Sagan and Ann Druyan（Los Angeles：Warner New Media, 1992）, WNM 14022.

[2] WOLSZCZAN A. Confirmation of Earth-Mass Planets Orbiting the Millisecond Pulsar PSR B1257+12[J]. Science,1994,264: 538–542.

第 12 章

大地熔化了

[1] CATTERMOLE P. Venus：The Geological Survey[M]. Baltimore：Johns Hopkins University Press, 1994.

[2] FRANCIS P. Volcanoes：A Planetary Perspective[M]. Oxford：Oxford University Press, 1993.

第 13 章

"阿波罗"的礼物

[1] CHAIKIN A. A Man on the Moon[M]. New York：Viking, 1994.

[2] COLLINS M. Liftoff [M]. New York：Grove Press, 1988.

[3] DEUDNEY D. Forging Missiles into Spaceships[J]. World Policy Journal,1985, 2(2): 271–303.

[4] HURT H. For All Mankind[M]. New York：Atlantic Monthly Press, 1988.

[5] LEWIS R S. The Voyages of Apollo[M]：The Exploration of the Moon. New York：Quadrangle, 1974.

[6] MCDOUGALL W A. The Heavens and the Earth：A Political History of the Space Age[M]. New York：Basic Books, 1985.

[7] SHEPHERD A, SLAYTON D, et al. Moonshot[M]. Atlanta：Hyperion, 1994.

[8] WILHELMS D E. To a Rocky Moon：A Geologist's History or Lunar Exploration[M]. Tucson：University of Arizona Press, 1993.

第 14 章

探测其他行星和保护地球

[1] KELLEY K W. The Home Planet[M]. Reading, MA：Addison Wesley, 1988.

[2] SAGAN C, TURCO R. A Path Where No Man Thought：Nuclear Winter and the End of the Arms Race[M]. New York：Random House, 1990.

[3] TURCO R. Earth Under Siege : Air Pollution and Global Change[M]. New York : Oxford University Press, in press.

第 15 章

奇异世界的大门打开了

[1] BAKER V R. The Channels of Mars[M]. Austin : University of Texas Press, 1982.

[2] CARR M H. The Surface of Mars[M]. New Haven : Yale University Press, 1981.

[3] KIEFFER H H, JAKOSKY B M, SNYDER C W, et al. Mars[M]. Tucson : University of Arizona Press, 1992.

[4] WILFORD J N. Mars Beckons : The Mysteries, the Challenges, the Expectations of Our Next Great Adventure in Space[M]. New York : Knopf, 1990.

第 18 章

卡马里纳的沼泽

[1] CHAPMAN C R, MORRISON D. Impacts on the Earth by Asteroids and Comets : Assessing the Hazard[J]. Nature, 1994, 367: 33–40.

[2] HARRIS A W, CANAVAN G, SAGAN C, et al. The Deflection Dilemma : Use vs. Misuse of Technologies for Avoiding Interplanetary Collision Hazards[J]. Hazards Due to Asteroids and Comets, T. Gehrels, editor (Tucson : University of Arizona Press, 1994) .

[3] LEWIS J S, LEWIS R A. Space Resources : Breaking the Bonds of Earth[M]. New York : Columbia University Press, 1987.

[4] SAGAN C, OSTRO S J.Long-Range Consequences of Interplanetary Collision Hazards[J]. Issues in Science and Technology ,1994: 67-72.

第 19 章

改造行星

[1] BERNAL J D. The World, the Flesh, and the Devil[M]. Bloomington, IN : Indiana University Press, 1969 (first edition, 1929).

[2] POLLACK J B, SAGAN C. Planetary Engineering[J]. J. Lewis and M. Matthews, editors, Near-EarthResources (Tucson : University of Arizona Press, 1992) .

第 20 章

黑 暗

[1] DRAKE F, SOBEL D. Is Anyone Out There?[M]. New York : Delacorte, 1992.

[2] HOROWITZ P, SAGAN C. Project META : A Five-Year All-Sky Narrowband Radio Search for Extraterrestrial Intelligence[J]. Astrophysical Journal, 1992, 415: 218-235.

[3] MCDONOUGH T R. The Search for Extraterrestrial Intelligence[M]. New York : John Wiley and Sons, 1987.

[4] SAGAN C. Contact : A Novel[M]. New York : Simon and Schuster, 1985 .

第 21 章

上天去

[1] GOTT Ⅲ J R. Implications of the Copernican Principle for Our Future Prospects[J]. Nature, 1993, 263: 315–319.

第 22 章

踮着脚穿过银河系

[1] CRAWFORD I A. Interstellar Travel：A Review for Astronomers[J]. Quarterly Journal of the Royal Astronomical Society, 1990, 31: 377.

[2] CRAWFORD I A. Space, World Government, and "The End of History" [J]. Journal of the British Interplanetary Society, 1993, 46: 415–420.

[3] DYSON F J. The World, the Flesh, and the Devil[M]. London：Birkbeck College, 1972.

[4] FINNEY B R, JONES E M. Interstellar Migration and the Human Experience[M]. Berkeley：University of California Press, 1985.

[5] FUKUYAMA F. The End of History and the Last Man[M]. New York：The Free Press, 1992.

[6] LINDHOLM C. Charisma[M]. Oxford：Blackwell, 1990. The comment on the need for a telos is in this book.

[7] MALLOVE E F, MATLOFF G L. The Starflight Handbook[M]. New York：John Wiley and Sons, 1989.

[8] SAGAN C, DRUYAN A. Comet[M]. New York：Random House, 1985.

致　谢

本书的大部分资料都是新的，有几章据原先在《检阅》杂志上发表过的文章改写而成。《检阅》是美国报纸周日版增刊，读者约达 8000 万，也许是世界上拥有读者最多的杂志。我非常感谢它的主编安德森（Walter Anderson）和执行编辑柯里尔（David Currier）鼓励我，并向我传授编辑技巧。我还感谢《检阅》的读者，他们的来信有助于我了解自己在哪些地方写得清楚，哪些地方写得含糊，以及他们怎样接受我的论点。其他几章的有些部分来自发表在《科学和技术问题》《发现》《行星报道》《科学美国人》《大众机械》上的一些文章。

我和许多朋友及同事讨论过本书的各个方面，他们的意见使这本书有了很大改进。我愿向他们表示真诚的谢意。我要特别感谢奥古斯丁（Norman Augustine）、邦尼特（Roger Bonnet）、戴森（Freeman Dyson）、弗里德曼（Louis Friedman）、吉布森（Everett Gibson）、戈尔丁（Daniel Goldin）、戈特三世（J. Richard Gott Ⅲ）、林德（Andrei Linde）、隆贝格（Jon Lomberg）、莫里森（David Morrison）、萨格捷耶夫（Roald Sagdeev）、索特尔（Steven Soter）、特罗恩（Kip Throne）和特纳（Frederick Turner）对全部或部分手稿提出了宝贵意见。考夫曼（Seth Kaufmann）、托马斯（Peter Thomas）和

格林斯普恩（Joshua Grinspoon）对制表与绘图惠于协助，还有许多优秀的太空美术家惠允我展示他们的作品。霍伊特（Kathy Hoyt）、麦克尤恩（Al McEwen）和瑟德布卢姆（Larry Söderblom）慨允我使用美国地质调查局天体地质部制作的独特的镶嵌照片、用气笔修饰的地图以及美国国家航空航天局图像的缩印品[1]。

感谢巴尼特（Andrea Barnett）、帕克（Laurel Parker）、布兰德（Jennifer Bland）、穆尼（Loren Mooney）、戈布雷希特（Karren Gobrecht）、珀尔斯特恩（Deborah Pearlstein）和已故的约克（Eleanor York）提供高明的技术支持，感谢埃文斯（Harry Evans）、魏因茨（Walter Weintz）、戈多夫（Ann Godoff）、罗森布卢姆（Kathy Rosenbloom）、卡彭特（Andy Carpenter）、施瓦茨（Martha Schwartz）和麦克罗伯特（Alan MacRobert）在后续工作中的帮助。本书的装帧设计主要归功于汤德劳（Beth Tondreau）。

关于空间政策，我从与行星学会理事会的其他成员，尤其是默里（Bruce Murray）、弗里德曼、奥古斯丁、瑞安（Joe Ryan）和已故的佩因（Thomas O. Paine）的讨论中获益匪浅。行星学会致力于太阳系的探索、地外生命的搜寻以及人类与其他星球联系的国际协作，因此这个组织最能体现本书的主旨。希望从这个非营利机构（它是世界上最大的关注太空的群体）那里获取更多信息的读者，可按下列地址取得联系。

THE PLANETARY SOCIETY

65 N. Catalina Avenue

---

[1] 本书的这个版本不涉及相关表格和图片。——译者

Pasadena，CA 91106

Tel．：1–800–9 WORLDS

正如自 1977 年以来我写的每本书一样，我难以用言语表达对德鲁扬的感激之情。她在收集意见以及审核本书的内容和体例两方面都有重要贡献。太空浩瀚，岁月悠长，我始终乐于和你分享同一个星球和同一段时光。

附录　世界航天科技大事记 [1]

1. 1500 年左右，一个叫万户（称谓，原名为陶成道）的官员为了实现自己的航天梦想，坐在绑上了 47 支火箭的椅子上，手里拿着风筝，飞向天空。但是火箭在高空爆炸了，万户也为此献出了生命。人们称他为"世界航天第一人"。

2. 1883 年，俄国人康斯坦丁·齐奥尔科夫斯基在世界上首次提出利用反作用力来推进宇宙飞船的方案。1897 年，他推导出了著名的火箭运动公式。该公式表明，燃料烧尽后的火箭质量越大，火箭的性能越好；发动机排出气体的速度越快，火箭的飞行速度越快。后人称此公式为齐奥尔科夫斯基公式。齐奥尔科夫斯基有句名言："地球是人类的摇篮，但人类不可能永远被束缚在摇篮里。"

3. 1926 年 3 月 16 日，美国人罗伯特·戈达德带领团队研

---

[1] 本书原著出版于 1994 年，作者在前面的"太阳系空间探测早期的杰出成就"中列举了 1994 年及以前美国、苏联 / 俄罗斯在太空探测领域取得的一些成就，但信息过于简略。此后不久，作者于 1996 年因病逝世。为了让读者更全面地了解人类在太空探测领域取得的成就，本次出版特地增加本附录，其中包括中国所取得的部分主要成就，内容更为详细，时间截至 2023 年。本附录作者庞之浩系中国空间技术研究院 512 所编审、神舟传媒公司首席科学传播顾问、全国空间探测技术首席科学传播专家、中国空间科学传播专家工作室首席科学传播专家、中国卫星应用产业协会首席专家、中国遥感应用协会专家委员会委员、中国首次太空授课专家组成员。——编者

制和成功发射了世界上第一枚液体燃料火箭,他被誉为"液体火箭之父"。月球上的戈达德环形山是以他的名字命名的。

4．1942年10月3日,德国的利安·冯·布劳恩领导团队研制和成功发射了世界上第一枚弹道导弹原型V–2。此举为以后航天运载工具的发展奠定了基础。

5．1957年10月4日,苏联成功发射了世界上第一个航天器暨全球第一颗人造地球卫星——"人造地球卫星1号"。

6．1957年11月3日,苏联成功发射了世界上第一颗生物卫星"人造地球卫星2号",它把小狗莱伊卡送入了太空。

7．1958年12月18日,美国成功发射了世界上第一颗通信卫星"斯科尔号"。

8．1959年1月2日,苏联发射了重达365千克的"月球1号"探测器,用于测量月球磁场、宇宙线和太阳辐射。同年1月4日,它从距月球5995千米处飞过,首次探访了月球,然后又成为第一个绕太阳运行的人造探测器。

9．1959年9月12日,苏联发射了重达390千克的"月球2号"探测器。同年9月14日,它首次成功撞击月球,实现硬着陆,并且发现月球实际上没有磁场。

10．1959年10月4日,苏联发射了重达435千克的"月球3号"探测器,用于测量月球磁场和空间辐射。同年10月7日,它在飞过月球时拍摄了第一张月球背面照片。

11．1960年4月1日,美国成功发射了世界上第一颗气象卫星"泰罗斯1号"。

12．1960年4月13日,美国成功发射了世界上第一颗导航卫星"子午仪1B号"。当天,美国还发射了世界上第一颗天文卫星"太阳辐射监测卫星"，它探测到了太阳的紫外线和 X 射线通量。

13．1961 年 4 月 12 日，苏联成功发射了世界上第一艘载人飞船"东方 1 号"，乘坐这艘飞船的航天员加加林成为世界太空第一人。

14．1962 年 8 月 27 日，美国成功发射了"水手 2 号"，它于同年 12 月 14 日在金星附近飞过，成为首个飞越行星的空间探测器。

15．1963 年 6 月 16 日，苏联女航天员捷列什科娃乘"东方 6 号"进入太空，成为世界上进入太空的第一位女性。

16．1963 年 7 月 26 日，美国成功发射了世界上第一颗地球同步轨道通信卫星"辛康 2 号"。

17．1964 年 11 月 28 日，美国成功发射了"水手 4 号"。1965 年 12 月 5 日，它从离火星约 9660 千米的地方掠过，回传了火星表面的第一张照片，这也是第一张从地球以外的另一颗行星上拍摄的照片。它共传回了 21 张火星近距照片。

18．1965 年 3 月 18 日，苏联航天员列昂诺夫在太空中走出了"上升 2 号"载人飞船，成为世界上太空行走第一人。

19．1965 年 4 月 6 日，世界上第一颗商用通信卫星"国际通信卫星 1 号"（也叫"晨鸟号"）进入地球静止轨道。

20．1966 年 1 月 31 日，苏联发射了重达 1583 千克的"月球 9 号"探测器。同年 2 月 3 日，它的着陆舱（重 99 千克）首次在月球风暴洋西部半软着陆成功。

21．1966 年 3 月 16 日，美国的"双子星座 8 号"载人飞船与改装后的"阿金纳"火箭末级实现了世界上首次手动交会对接。

22．1966 年 3 月 31 日，苏联发射了重达 245 千克（轨道器质量）的"月球 10 号"探测器。同年 4 月 3 日，它成为世界上第一颗人造月球卫星，并测量了月球周围的辐射和微流星环境。

23．1966 年 6 月 2 日，美国的"勘测者 1 号"成为首次完全实现在月面软着陆的探测器，其着陆点位于风暴洋地区。它向地球发回了黑白月面照片。

24．1967 年 4 月 24 日，苏联航天员科马罗夫乘坐的"联盟 1 号"飞船在再入过程中因降落伞失灵而坠毁，科马罗夫成为世界上第一位在执行太空飞行任务时献身的航天员。

25．1967 年 10 月 30 日，苏联先后发射的两艘无人飞船"宇宙 186 号"和"宇宙 188 号"成功进行了世界上第一次无人航天器自动交会对接。

26．1968 年 12 月 24 日，载有 3 名航天员的美国"阿波罗 8 号"飞船进入月球轨道，实现了世界上首次载人环月飞行。

27．1969 年 7 月 20 日，美国的"阿波罗 11 号"飞船实现了人类登月之梦，尼尔·阿姆斯特朗和埃德温·奥尔德林成为首批踏上月面的人。此后，在 1969 年 11 月～1972 年 12 月期间，美国又陆续发射了"阿波罗 12 号"至"阿波罗 17 号"飞船，其中"阿波罗 15 号"至"阿波罗 17 号"的登月舱中还各带有一辆重 200 千克左右的月球车。它主要用于扩大航天员的活动范围和减少航天员的体力消耗。

28．1970 年 4 月 24 日，中国用首枚运载火箭"长征 1 号"成功发射了第一个航天器暨第一颗人造地球卫星"东方红 1 号"，开创了中国航天的新纪元，标志着中国具备了进入太空的能力，使中国成为世界上第五个拥有航天器的国家。该卫星质量比前 4

个国家的第一颗卫星质量的总和还要大。

29. 1970 年 6 月 1 日，苏联成功发射了载有两名航天员的"联盟 9 号"飞船。该飞船在太空中飞行了 17 天 16 小时 58 分 55 秒，于 6 月 19 日返回地面，成为世界上在太空中飞行时间最长的载人飞船。

30. 1970 年 9 月 24 日，苏联的"月球 16 号"把约 100 克月球样品带回地球，成为世界上第一个把月球样品带回地球的无人空间探测器。

31. 1970 年 11 月 10 日，苏联发射了重达 1350 千克的"月球 17 号"探测器。它携带了世界上第一辆能在月面上自动行走的月球车——"月球车 1 号"。同年 11 月 17 日，"月球车 1 号"在月球上的雨海着陆后，行驶距离达 10.5 千米，考察了 8 万平方米月面，发回了 22000 多幅月面图像。

32. 1970 年 12 月 15 日，苏联的"金星 7 号"成为世界上首个在金星上着陆的空间探测器。

33. 1971 年 4 月 19 日，苏联成功发射了世界上第一座空间站"礼炮 1 号"，开辟了载人航天的新领域。

34. 1971 年 11 月 14 日，美国的"水手 9 号"成为世界上第一个进入火星轨道的探测器。它拍摄了 85% 的火星表面，并为后来的"海盗 1 号"和"海盗 2 号"在火星上着陆选定了地点。

35. 1971 年 12 月 2 日，苏联的"火星 3 号"成为世界上首个在火星上软着陆的空间探测器。

36. 1972 年 7 月 23 日，美国成功发射了世界上第一颗地球资源卫星"陆地卫星 1 号"。

37. 1973 年 5 月 14 日，美国成功发射了世界上最大的单舱段空间站"天空实验室"。它重约 80 吨，至今也是世界上最重的单个空间舱段。

38．1976 年 7 月 20 日，美国的"海盗 1 号"着陆器成功地在火星表面软着陆。它获得了大量科学数据，并为后来的空间探测器在火星上着陆奠定了基础。

39．1977 年 8 月 20 日，美国成功发射了"旅行者 2 号"。它先后探测了木星、土星、天王星和海王星，成为目前探测行星最多的空间探测器。

40．1977 年 9 月 5 日，美国成功发射了"旅行者 1 号"。它先后探测了木星、土星，于 2012 年成为世界上首个进入恒星际空间的人造物体。

41．1978 年 1 月 20 日，苏联成功发射了世界上第一艘货运飞船"进步号"。

42．1981 年 4 月 12 日，美国成功发射了第一架航天飞机"哥伦比亚号"。它载有两人，14 日从太空安全返回，揭开了航天史上新的一页。

43．1983 年 1 月 25 日，荷兰、美国和英国联合研制的世界上第一颗红外天文卫星升空。

44．1983 年 4 月 4 日，美国成功发射了世界上第一颗跟踪和数据中继卫星。

45．1984 年 2 月 7 日，美国航天员麦坎德利斯二世依靠载人机动装置成为世界上第一个人体卫星，并成为世界上飞离母航天器最远的航天员。他与母航天器的距离接近 100 米。

46．1984 年 4 月 8 日，中国成功地用首枚"长征 3 号"运载火箭发射了中国第一颗地球静止轨道通信卫星"东方红 2 号"。

这标志着中国拥有独立研制和发射地球静止轨道卫星的能力，实现了推进剂从常规到低温、发射轨道从低轨到高轨的跨越，成为世界上第五个拥有自制地球静止轨道通信卫星的国家。

47．1984 年 7 月 25 日，苏联女航天员萨维茨卡娅走出"礼炮 7 号"空间站，成为世界上第一位进行太空行走的女航天员。

48．1986 年 2 月 20 日，苏联成功发射了"和平号"空间站的核心舱，此后又先后发射了 5 个实验舱与核心舱对接，最后于 1996 年 4 月 26 日建成由一个核心舱和 5 个实验舱对接而成的世界上第一个多舱式空间站。

49．1988 年 9 月 7 日，中国成功发射了中国第一颗气象卫星暨中国第一颗极轨气象卫星"风云 1 号 A"。这标志着中国拥有研制和发射太阳同步轨道卫星的能力，使中国成为世界上第三个拥有自制极轨气象卫星的国家。

50．1989 年 5 月 4 日，美国成功发射了"麦哲伦号"金星探测器。它装有一套先进的合成孔径雷达和高度计，所拍摄照片的清晰度是此前的 10 倍，首次获得了第一张完整的金星地图。

51．1989 年 10 月 18 日，美国成功发射了世界上第一个专用木星探测器"伽利略号"。它由轨道器和子探测器组成，其中子探测器于 1995 年 12 月 8 日进入木星大气层，首次对木星大气进行原位测量，获得了世界上第一份关于木星大气层的一手资料。轨道器在 1995 年 12 月 7 日抵达木星轨道后拍摄了 1.4 万张木星图片，发回的照片的清晰度比"旅行者号"发回的照片高 50 倍以上，使人类首次完整地观测到了木星、木星的卫星及其磁场。

52．1990 年 1 月 24 日，日本率先打破了美苏的垄断成功发射了"飞天号"（又叫"缪斯 A"）月球探测器，成为继美苏之后第三个发射月球探测器的国家。该探测器主要用于试验和验证未来月球和行星探测所需的技术，但只取得了部分成功。

53．1990 年 4 月 24 日，美国的哈勃空间望远镜升空。它是20 世纪最大的空间光学望远镜，观测距离达 140 亿光年，主要工作在紫外、近红外和可见光波段，科学应用范围极广。它的观测能力相当于从华盛顿看到 1 万千米以外悉尼的一只萤火虫，也相当于在地球上看到月球上装有两节电池的手电筒的闪光。哈勃空间望远镜获得了大量科研成果。到 2023 年，它仍在超期服役。

54．1994 年 1 月 25 日，美国发射了"克莱门汀号"月球探测器，它是美国在 1972 年"阿波罗"登月计划结束后发射的第一个月球探测器。它的主要任务是试验 23 项新技术，绘制月面的数字地形图等。该探测器获得了当时最详细的月面图像，并发现月球南极可能埋藏有大量的水冰，从而拉开了重返月球的序幕。

55．1994 年 3 月 10 日，24 颗在世界上首先采用时间测距技术的 GPS 卫星部署完毕，标志着无源全球导航卫星系统正式建成。它于 1995 年 4 月实现全面运行，提供全球定位、导航与授时服务。

56．1995 年 2 月 3 日，美国女航天员柯林斯驾驶"发现号"航天飞机升空，成为世界上首位航天飞机女驾驶员。1999 年 6 月 23 日，她又带领 4 名航天员乘"哥伦比亚号"航天飞机升空，成为世界上首位航天飞机女指令长。

57．1995 年 3 月 22 日，俄罗斯航天员波利亚科夫从太空返回地面。他在"和平号"空间站上创造了连续驻留 437 天 17 小时 58 分 17 秒的世界纪录。

58．1996 年 2 月 17 日，美国成功发射了世界上首个小行星探测器"尼尔号"。它于 2000 年 2 月 14 日进入距小行星爱神 35 千米的轨道，这是空间探测器首次成功进入小行星轨道。2001 年 2 月 12 日，"尼尔号"在探测任务结束之际首次实现探测器在小行星上降落。

59．1997 年 7 月 4 日，美国的"探路者号"火星探测器首次采用气囊方式在火星上硬着陆。它携带了世界上第一辆无人火星探测车"旅居者号"。

60．1997 年 10 月 15 日，世界上第一个专用土星探测器"卡西尼号"升空。它由轨道器（主探测器）和着陆器（子探测器）组成。2004 年 7 月 1 日，"卡西尼号"进入土星轨道；同年 12 月 25 日，它释放了所携带的子探测器"惠更斯号"，"惠更斯号"穿过稠密的大气到达土卫六。

61．1998 年 11 月 20 日，俄罗斯成功发射了世界上首个桁架式挂舱——国际空间站的第一个舱"曙光号"。国际空间站于 2011 年基本建成，总质量达 423 吨，长 108 米，包含 13 个增压舱，可长期载 6 人。这是迄今为止世界上最大、最先进的空间站。

62．2000 年 10 月 31 日，中国成功发射了中国第一颗导航卫星"北斗 1 号 01"。此后，它与 2000 年 12 月 21 日发射入轨的"北斗 1 号 02"运行在经度相距 60°的地球静止轨道上，组成了世界上首个有源卫星导航系统。该系统不仅可提供国内导航定位服务，还能进行双向数字报文通信和精密授时，特别适用于需要将导航与移动通信相结合的用户。它使中国成为世界上第三个拥有导航卫星的国家。

63．2003年5月9日，日本成功发射了世界上首个小行星采样返回探测器"隼鸟号"。2010年6月13日，"隼鸟号"携带采自小行星表面的第一批样本返回地球。

64．2003年9月27日，欧洲第一个月球探测器"斯玛特1号"顺利升空。这也是21世纪人类发射的首个月球探测器，它的主要任务是试验太阳电推力技术，对月球进行研究和测绘。2006年9月3日，处于寿命末期的"斯玛特1号"成功击中月面预定位置。

65．2003年10月15日，中国用"长征2号F"运载火箭成功发射了中国第一艘载人飞船"神舟5号"，将中国第一名航天员杨利伟送上太空。10月16日，"神舟5号"飞船返回舱在内蒙古四子王旗主着陆场安全着陆，航天员杨利伟自主出舱，状态良好。"神舟5号"的成功发射和安全返回标志中国成为世界上第三个独立开展载人航天活动的国家。

66．2004年8月3日，美国发射了世界上第一个专用水星探测器"信使号"。它于2011年3月17日进入水星轨道，成为全球首个水星探测轨道器。

67．2005年7月4日，美国的"深度撞击"彗星探测器的撞击舱撞击了"坦普尔1号"彗星，这是人类首次实际接触并探索彗星的空间活动，用于造成彗星内部物质逸出。它的轨道器收集了彗星内部物质信息。

68．2005年11月9日，欧洲成功发射了其首个金星探测器"金星快车号"。这是世界上第一个对金星大气和等离子环境进行全球研究的探测器。

69．2006 年 1 月 15 日，美国的"星尘号"彗星探测器的返回舱携带"怀尔德 2 号"彗星样本返回地球。这是世界上首个携带彗星样品返回地球的空间探测器。

70．2006 年 3 月 10 日，美国研制的当代最先进、最大的火星轨道器——火星勘测轨道器进入火星轨道，用于从低轨道观察火星，拍摄了大量高清晰度的火星图片，并为火星着陆器选址和提供数据中继服务。它目前仍在工作。

71．2007 年 9 月 14 日，日本发射了"月亮女神号"探测器。它由主轨道探测器和两个大小一样的子轨道探测器组成，携带了 14 种科学仪器，在世界上首次直接测量了月球背面的引力场。

72．2007 年 9 月 27 日，美国成功发射了首个用电推进技术完成科学探测任务的"黎明号"小行星探测器。它先后进入灶神星和谷神星的轨道进行探测，成为世界上首个先后飞往两个天体并绕其做轨道飞行的探测器，也是第一个探测小行星带的空间探测器。利用"黎明号"上的同一套科学仪器探测两个不同目标，便于科学家将两套探测数据进行准确的对比分析。

73．2007 年 10 月 24 日，中国第一个空间探测器暨第一个月球探测器"嫦娥 1 号"升空。同年 11 月 26 日，中国公布了月球探测工程的第一幅月面图像，这表明中国成为世界上第五个拥有月球探测器的国家。"嫦娥 1 号"在全球首次实现了月面的 100% 覆盖。

74．2008 年 5 月 25 日，美国的"凤凰号"成为了世界上第一个在火星北极地区着陆的探测器。

75．2008 年 5 月 27 日，中国成功发射了中国第一颗第二代极轨气象卫星"风云 3 号 01"。这颗装载 10 余种先进探测仪器的卫星使中国的气象观测能力有了质的飞跃，达到了国际先进水平。

76．2009 年 6 月 18 日，美国成功发射了月球勘测轨道器和月球坑观测与感知卫星。前者的分辨率优于 1 米，为目前世界上最高的；后者是世界上首个专用的撞击式月球探测器，于 2009 年 10 月 9 日猛烈撞击月球，确认了月球上有不少水。

77．2012 年 8 月 6 日，美国研制的世界上最先进的火星车"好奇号"在火星上着陆。它首次采用了核电源技术和"空中起重机"着陆技术等许多先进技术。

78．2013 年 4 月 26 日，中国成功发射了首颗"高分"专项卫星"高分 1 号"。该卫星的全色分辨率为 2 米，最大幅宽达 800 多千米，对全球的重访小于 4 天，是世界上首颗在同等分辨率下幅宽最大的卫星。

79．2013 年 12 月 2 日，中国成功发射了中国首个落月探测器"嫦娥 3 号"。它于同年 12 月 14 日在月面软着陆，使中国成为世界上第三个掌握落月探测技术的国家。它携带了中国第一辆无人月球探测车"玉兔号"，使中国成为世界上第二个掌握无人月球探测车技术的国家。它携带了 3 种在世界上首次使用的科学有效载荷。截至 2023 年 3 月，"嫦娥 3 号"着陆器还在工作，成为世界上在月面工作时间最长的月球着陆器。

80．2014 年 11 月 12 日，欧洲的"罗塞塔号"彗星探测器向 67P 彗星的彗核投放了世界上第一个彗星着陆器"菲莱号"。这是人类历史上首次登陆彗星开展研究。

81．2015 年 3 月 2 日，美国制造的世界上首批全电推进商业通信卫星——亚洲广播卫星 –3A 和欧洲通信卫星 –115 西 B 成功发射，标志着全电推进技术实现成熟应用。

82. 2015 年 7 月 14 日，美国研制的世界上第一个冥王星探测器"新视野号"对冥王星和冥卫一进行了飞跃式探测。

83. 2015 年 9 月 12 日，俄罗斯航天员帕达尔卡从国际空间站返回地面。至此，他创造了累计在太空驻留 879 天的世界纪录。

84. 2015 年 12 月 17 日，中国成功发射了首颗天文卫星"悟空号"暗物质粒子探测卫星。"悟空号"是世界上观测能段范围最宽、能量分辨率最优的暗物质粒子探测卫星，其观测能段是国际空间站上的"α磁谱仪 2 号"的 10 倍，能量分辨率比国际同类探测器高 3 倍以上。它已取得大量科研成果。

85. 2015 年 12 月 29 日，中国首颗高轨道高分辨率光学遥感卫星"高分 4 号"升空。它是世界上空间分辨率最高、幅宽最大的地球同步轨道遥感卫星，空间分辨率为 50 米，可观测的面积大，能长期对某一地区进行固定连续观测，在气象观测、应急救灾、环境保护、国土普查等动态实时监测方面都有很大的应用价值，是太阳同步轨道对地观测体系的重要补充。

86. 2016 年 4 月 8 日，美国首次成功在海上平台回收"猎鹰 9 号"的第一级火箭，为日后可重复使用运载火箭奠定了基础。

87. 2016 年 7 月 4 日，美国的"朱诺号"木星探测器历经近 5 年的飞行，成功进入木星轨道，成为继"伽利略号"之后第二个环绕木星运行的探测器。"朱诺号"于 2011 年 8 月 5 日发射，目标是研究木星的起源与演化，是目前唯一仅使用太阳能电池翼提供能源的外太阳系探测器。

88. 2016 年 8 月 10 日，中国首颗分辨率达到 1 米的 C 频段多极化合成孔径雷达卫星"高分 3 号"升空。它具备 12 种成像模式,是世界上成像模式最多的合成孔径雷达卫星,可显著提升我国对地遥感观测能力,是高分专项工程实现时空协调、全天候和全天时对地观测的重要基础。

89．2016年8月16日,中国发射了世界上第一颗量子科学实验卫星"墨子号"。它可以进行星地高速量子密钥分发实验,并在此基础上进行广域量子密钥网络实验,以期在空间量子通信实用化方面取得重大突破;同时在空间尺度上进行量子纠缠分发和量子隐形传态实验,开展量子力学完备性检验的实验研究。这些实验研究有望取得重大物理发现,从而促进物理学的发展。它已取得大量科研成果。

90．2016年11月3日,中国新一代大型运载火箭"长征5号"首飞成功。"长征5号"具备近地轨道25吨级和地球同步转移轨道14吨级的运载能力,比我国现役火箭的地球同步转移轨道运载能力提升2.5倍以上,一举跨入全球"最强壮"火箭行列,标志着中国正在从航天大国迈向航天强国。

91．2016年11月10日,中国发射了世界上第一颗脉冲星导航试验卫星——"脉冲星试验卫星"。它的主要任务是开展脉冲星的空间探测及脉冲星导航技术体制的试验验证,抢占世界航天前沿技术战略制高点。

92．2016年12月11日,中国发射了首颗第二代静止轨道气象卫星"风云4号"。该卫星实现了我国静止轨道气象卫星的升级换代和技术跨越,可对我国及周边地区的大气、云层和空间环境进行高时间分辨率、高空间分辨率、高光谱分辨率的观测,大幅提高天气预报和气候预测能力,达到了世界先进水平。

93．2017年4月20日,中国第一艘货运飞船"天舟1号"

升空，给"天宫2号"空间实验室实施了推进剂在轨补加，使中国成为世界上第二个掌握该技术的国家。"天舟"货运飞船一次最多可运送6.9吨货物，货运能力是世界上现役货运飞船中最大的，载货荷比为51%，位居世界第一。

94. 2017年9月3日，美国女航天员惠特森返回地球。至此，她创造了累计在太空驻留665天的女子世界纪录，也成为累计在太空驻留时间最长的美国航天员。她还是国际空间站的首位女指令长。

95. 2017年11月15日，中国第一批全球导航卫星升空，拉开了我国建造北斗全球卫星导航系统的序幕。2020年7月31日，"北斗3号"全球卫星导航系统正式开通，成为世界上第三个全球卫星导航系统，并具有其他两个国家的全球卫星导航系统没有的一些功能。

96. 2018年2月7日，美国太空探索技术公司首次成功发射"猎鹰重型"运载火箭。该火箭的低地球轨道运载能力可达63.8吨，地球同步转移轨道运载能力可达26.7吨，是现役火箭之最，展示了商业公司运载火箭的高性能与高性价比。

97. 2018年5月21日，中国成功发射了世界上第一颗运行在地月拉格朗日2点的月球中继卫星"鹊桥号"。它用于为此后发射并在月球背面着陆的"嫦娥4号"着陆器和巡视器提供与地球之间的通信和数据传输任务。

98. 2018年8月12日，美国成功发射了帕克太阳探测器。它是首个飞近日冕进行探测的航天器，将以前所未有的超近距离"触摸"太阳，跟踪研究日冕的能量和热量的流动机制，探索太阳风加速的原因。2021年4月，帕克太阳探测器成功穿过太阳大气的最外层（日冕），成为首个"接触"太阳的探测器。这是探测器第 8 次飞越太阳，并首次越过阿尔文临界面。

99．2018 年 10 月 20 日，欧洲与日本合作研制的首个大型水星探测器"贝皮·科伦坡号"成功发射。它是全球第二个专门用于探测水星的深空探测器，将于 7 年后抵达水星，届时由欧洲和日本分别研制的两个轨道器将各自环绕水星进行探测。

100．2018 年 11 月 27 日，美国的"洞察号"探测器在火星上成功着陆，实施首次"火天体检"，对火星内部进行深入研究。

101．2018 年 12 月 8 日，中国成功发射了世界上第一个在月球背面着陆的落月探测器"嫦娥 4 号"。它于 2019 年 1 月 3 日在国际上实现首次月球背面软着陆和巡视探测，并通过"鹊桥号"中继卫星传回了世界上第一张近距离拍摄的月背影像图。它在国际上首次进行了月基低频射电天文观测，在国内首次实测了月夜期间的浅层月壤温度。到 2023 年 3 月，"嫦娥 4 号"携带的"玉兔 2 号"月球车仍在工作，是在月面上工作时间最长的月球车。

102．2019 年 1 月 1 日，美国的"新视野号"探测器从约 3500 千米处飞越了一颗名为"天空"的柯伊伯带天体，并拍摄了该天体的图像。这是有史以来人类航天器造访的最远天体，距离地球大约 64.3 亿千米。

103．2019 年 3 月 2 日，美国成功发射了世界上首艘商业载人飞船"载人龙"，进行无人飞行试验。该飞船顺利与国际空间站交会对接，并于 3 月 8 日再入返回。2020 年 11 月 16 日，"载人龙"飞船搭载 4 名航天员进入轨道，执行为期 6 个月的任务。此次任务是世界上首次利用商业载人飞船执行商业乘员运输服务，也是美国航天飞机退役后首次业务性地将航天员送入轨道，标志着美国正式恢复载人航天运输能力。

104．2019 年 5 月 23 日，美国太空探索技术公司将"星链"的首批 60 颗卫星成功送入轨道，这也开启了该公司低轨宽带超大规模星座计划的部署工作。

105．2019 年 10 月 9 日，美国成功发射了全球首个商业在轨服务航天器——"任务拓展飞行器 1 号"。2020 年 2 月 25 日，它成功实现了与处于寿命末期的国际通信卫星 –901 对接，使这颗本来应宣告寿命到期的卫星可以继续工作 5 年。

106．2019 年 10 月 18 日晚至 19 日凌晨，美国的两位女航天员完成了一次历时 7 小时 17 分钟的太空行走，为国际空间站的太阳能发电系统安装了一块质量超过 100 千克的锂电池。这是人类太空史上首次全女性的太空行走。

107．2020 年 2 月 7 日，美国女航天员克里斯蒂娜·科赫返回地面。她在国际空间站上工作了 328 天，创造了世界上女性单次太空飞行时间最长的纪录，帮助研究人员观察长期太空飞行对女性的影响。在空间站的 11 个月中，她还进行了 6 次太空行走。

108．2020 年 2 月 10 日，欧洲发射"太阳轨道号"探测器。它是全球首个获取太阳极区图像的探测器，有助于人们增进对太阳的认知，并更好地了解和预测空间天气。

109．2020 年 7 月 23 日，中国发射了首个火星探测器"天问 1 号"，由此拉开中国月球以远深空探测的序幕。2021 年 2 月 10 日，"天问 1 号"成功进入火星轨道。同年 5 月 15 日，它的着陆巡视器"祝融号"成功在火星表面着陆。同年 5 月 22 日，"祝融号"安全驶离着陆平台，到达火星表面，开始巡视探测。同年6月11日，国家航天局公布了"祝融号"着陆后拍摄的首批科学影像，这标志我国首次火星探测任务取得圆满成功。至此，我国在世界上首次实现了通过一次发射完成对火星的"绕、落、巡"三项任务，成为世界上第二个在火星表面巡视的国家以及第三个在火星上着陆的国家，已取得大量科研成果。2022年9月18日，"天问1号"火星探测任务团队获得国际宇航联合会（IAF）2022年度"世界航天奖"。

110．2020年11月24日，中国的"嫦娥5号"月球采样返回探测器升空。同年12月17日，其返回器再入返回、安全着陆，带回了1731克月球样品。"嫦娥5号"在世界上首次实现了月球轨道的无人自动交会对接。它已取得大量科研成果，包括在月壤样本中发现了月球新矿物"嫦娥石"。这是人类发现的第六种月球新矿物，使我国成为世界上第三个发现月球新矿物的国家。

111．2021年11月24日，用于开展全球首次近地天体撞击防御技术试验的"双小行星重定向测试"探测器升空。它于2022年9月26日以6.5千米/时的速度成功撞击小行星迪摩法斯，试验用于改变小行星运行轨道的动能撞击技术，旨在为防止小行星撞击地球奠定技术基础。2022年10月11日，美国确认该次任务成功地将小行星迪摩法斯环绕其主星迪蒂莫斯运行的周期改变了半小时以上，远超预期的73秒。位于智利和南非的4台望远镜对该小行星系统的观测结果表明，迪摩法斯环绕迪蒂莫斯运行的周期原本是11小时55分钟，撞击后变成了11小时23分钟。

112. 2021年12月25日，推迟多年的韦伯空间望远镜搭乘"阿里安5号"运载火箭发射，一个月后进入距离地球150万千米的日地拉格朗日2点。它是有史以来尺寸最大、功能最强的空间望远镜，能补充和扩展哈勃空间望远镜的发现，以更大的波长覆盖范围和更高的灵敏度探索宇宙。韦伯空间望远镜将更接近宇宙大爆炸的初始时间，寻找此前未观察到的第一批星系的形成，并观测正在形成恒星和行星系统的尘埃云内部以及系外行星。2022年，该空间望远镜正式开展科学探测活动，拍摄了多幅创纪录的图像。

113. 2022年11月16日，美国用"航天发射系统"重型运载火箭将"猎户座号"飞船发射入轨。该飞船在大幅值逆行轨道上绕月飞行半圈后，于2022年12月11日返回地球。本次任务是美国"阿尔忒弥斯"载人登月计划的首次试飞任务，"航天发射系统"为当前运载能力最大的火箭，"猎户座号"飞船为美国用于载人月球探测的新型飞船。此次无人试验任务在真实环境中对火箭、飞船、地面系统等进行了全流程综合测试和认证，标志着美国迈出了重返月球的第一步。

114. 2022年12月31日，中国宣布建成由"天和"核心舱、"问天"实验舱和"梦天"实验舱在轨对接组成的中国第一座空间站"天宫号"的基本型。它采用了许多新技术，达到了国际先进水平。

115. 2023年4月14日，欧洲空间局研制的全球首个用于探测木星冰卫星的探测器——"木星冰卫星探索者"升空。它将对木星及它的3颗冰卫星进行详尽的探测，揭秘冰卫星的宜居性。这个探测器将首次环绕木卫三运行，成为全球首个环绕月球以外的行星卫星运行的航天器。

116．2023 年 7 月 1 日，欧洲空间局研制的欧几里得空间望远镜升空。它能观测 100 亿光年内的数十亿个星系，覆盖三分之一以上的天空，绘制精确的大规模宇宙三维地图，探索暗能量和暗物质的性质，增进人类对宇宙的认知。

117．2023 年 7 月 12 日，中国民营航天企业蓝箭航天公司研制的"朱雀二号"遥二火箭从酒泉卫星发射中心点火升空。它是世界上首枚成功发射的液氧-甲烷火箭。

118．2023 年 8 月 13 日，我国研制的"陆地探测 4 号 01"升空。它是世界上首颗地球同步轨道合成孔径雷达卫星，具备快速重访观测、大范围覆盖的观测能力。

119．2023 年 10 月 13 日，美国研制的"灵神星号"小行星探测器升空。它将在全球首次详细探测金属小行星灵神星，帮助解答太阳系行星的起源和形成等基本问题。

120．2023 年 11 月 16 日，我国研制的新一代海洋水色观测卫星——"海洋 3 号 01"升空。它配置了全新的探测仪器载荷，综合性能达到当今国际在轨水色遥感卫星的先进水平。

"科学先生"卡尔·萨根（跋）[1]

一

1996 年 12 月 20 日，一颗仅仅运转了 62 个年头的不平凡的大脑在大洋彼岸永远地停止了思考。怀着对科学和科学传播事业的无限眷恋，怀着对迷信与伪科学盛行的深重忧虑，怀着对"地外文明"探索的殷切期待，卡尔·萨根走了。

这位令世人仰慕的"科学先生"刚过完 60 岁生日就被诊断出患了一种罕见的疾病——骨髓异常不良增生症。在跟疾病坚强地斗争了两年之后，他因感染肺炎而撒手离去。

他实在心有不甘，因为他还有太多的事情没有做完；他亦感到欣慰，因为他从科学研究之中延伸出来、倾注了满腔热情的写作、授课、演说和电视节目已经使得全世界的千百万人受益，并激励了许多年轻人投身科学。

实际上，萨根在他的事业的早期便已认识到科学家有责任介入社会。在一个技术性的社会里（或在任何一个先进的社会里），科学是做出明智决策的关键性因素。他坚信他所知道、相信以及希望能够发现的一切，都必须有效地跟公共政策的制定

---

[1]　本文为纪念卡尔·萨根诞辰 80 周年而作，作者尹传红现为科普时报社社长、中国科普作家协会副理事长。——编者

者及广大公众进行交流；只有激发了公众参与科学的激情，从而支持它继续前进时，科学才能够继续辉煌。

晚年的萨根最为关切的是，尽管科学已然创造了人们过去想都不敢想的诸多奇迹，但迷信和伪科学依旧与此相伴且大有市场。它们扰乱了人们的意识和思想，使人们感到惶惑、迷惘……科学还不像许多人想象和期望的那样已经成为可以驱除黑暗的太阳或者其他明亮的东西。科学在伪科学、迷信以及其他因素的影响下，仅仅是一支随时都可以被吹灭的蜡烛。

难能可贵的是，在很少有科学家实际投身于对介乎科学边缘的或伪科学的信念进行检验并向之挑战时，在科学家常因从事科普工作而遭到一些同行的轻视与贬低时，萨根勇敢地站了出来，义无反顾地跟迷信、盲从和伪科学抗争。他似乎从未表白过，自己作为一名科学家有着怎样的一种社会责任感。其实他无须表白，人们也都会牢牢记住"萨根"这个名字，并且对他怀着深深的敬意。

萨根长眠于他长年工作和生活的纽约州伊萨卡。他的墓碑上写着这样几行字："纪念卡尔·萨根（1934 年 11 月 9 日—1996 年 12 月 20 日）——丈夫、父亲、科学家、教师。卡尔，你是我们在黑暗中的蜡烛。"

全世界都在哀悼他、纪念他。美国国家航空航天局专家小韦斯利·T. 亨特里斯称他是"独一无二的、最为人所知的科学'传教士'"。他在长期从事的科学、文学和公共事业中所取得的最大成就，或许是他成了许多人心目中代表现代科学的偶像，是太空科学和太空探索的化身，堪称"科学的形象大使"。

萨根在科研和科普两个方面都做出了杰出的贡献，他对科学的精辟见解使他成为"唯一能够用简洁扼要的语言说明科学是什么的科学家"。1994年初，美国国家科学院将公共福利奖章授予萨根，以表彰他"在传播科学之神奇和重要性，激起无数人的科学想象力，以及用通俗的语言阐释艰深的科学概念方面所表现出来的非凡能力"。同年，他又获得了第一届阿西莫夫奖。

康奈尔大学荣誉校长弗兰克·罗兹评价说：萨根是一个优秀的探究者，是他所在的这个领域的领头羊……他讲的题目是宇宙，而他的课堂是世界。

二

1934年11月9日，萨根出生于纽约的布鲁克林，他的父母是"几乎对科学一无所知"的普通工人。"但是，他们通过让我了解既要具有怀疑精神又要保持求知欲望的这种方法，教给了我这两种难以结合在一起的东西，而这是科学方法的核心所在。"萨根说。

不过很遗憾，萨根回忆说，在他的小学、初中和高中阶段，"全然没有不断增长的对新事物的新奇感，根本就得不到追求个人兴趣的鼓励，也没有人让我们去探究那些知觉的或概念性的错误。在课本的后面，才有可说是令人感兴趣的材料"。

是大学圆了萨根的求知和探索之梦，他从诺贝尔物理学奖获得者苏布拉马尼扬·钱德拉塞卡的理论中领略到了数学的真正迷人之处，他有机会跟诺贝尔化学奖获得者哈罗德·克莱顿·尤里讨论化学，他一度师从诺贝尔生理学或医学奖获得者赫尔曼·约瑟夫·穆勒学习生物学，他又跟最有影响的太阳系理论权威之一杰勒德·彼得·柯伊伯学习过行星天文学，他还修完了美国著名教育家、曾任芝加哥大学校长的罗伯特·梅纳德·哈钦斯开设的一门普通教育课。

　　大学里开阔的学科视野和活跃的学术气氛，使萨根得以填补他过去所接受的教育中的一些空白。许多以前非常神秘（不仅是在科学方面）的东西在他的头脑中逐渐变得清晰起来。1960 年从芝加哥大学拿到天文学和天体物理学博士学位后，萨根成了哈佛大学的一名教员，并从事有关地球上的生命起源和地外生命的研究。1968 年，萨根来到康奈尔大学天文系，任行星研究实验室主任，致力于行星表面与大气的物理学和化学研究。

　　早在探测器对近地行星进行实地考察之前多年，萨根就先后提出了一系列如今已被公认的论点：金星大气的酷热起因于温室效应；火星表面存在着显著的高度差，明暗区域是其尘埃不同的标志，而其变迁则由季风所致。他还认定，土卫六上之所以出现微红的霾是因为其大气中存在有机分子等。后来，基于对行星气候与环境的研究结果，萨根把公众的注意力带到了对地球极其重要的环境危机（如温室效应和臭氧层空洞）以及其他灾害问题（如核爆炸引发核冬天的可能性）上。

　　此外，萨根作为美国国家航空航天局的专家，多次参与了"水手号""海盗号""先驱者号""旅行者号"宇宙飞船的科学设计和资料分析工作。鉴于他有力地推动了利用探测器探测其他行星的计划，并在行星研究领域取得了许多重要成果，国际天文学联合会于 1982 年把第 2709 号小行星命名为"卡尔·萨根"，1997 年 7 月 4 日在火星上安全着陆的"探路者号"探测器则被重新命名为"卡尔·萨根纪念站"。

在组织并鼓动寻找地外智慧生命的计划里，萨根还是关键的科学家之一。"先驱者号"携带的金属饰板和"旅行者号"携带的音像片——向"地外文明"展现的地球标志物以及我们人类的问候，均由他主持设计。他是"人类并不孤独"这一著名论断的最强有力的支持者之一，也是天体生物学的创始人和开拓者之一。

20 世纪 80 年代初，萨根创作了以人类向外星文明推进为主题的长篇科幻小说《接触》（后来被好莱坞拍成了电影《接触未来》）。这部小说的预支稿酬高达 200 万美元，足见萨根当时的知名度和社会影响力。美国著名的天文学杂志《天空和望远镜》曾经刊载过一幅漫画，描绘了两个长有触角的外星人，他们刚从宇宙飞船里出来就对迎候他们的地球人说："带我们去见卡尔·萨根吧！"这彰显了萨根在寻找地外智慧生命的工作中倾注了巨大的热情并采取了实际的科学行动，所以，不仅地球人敬重他，就连"外星人"也对他念念不忘。

三

萨根的科普生涯适逢刚刚勃兴的太空时代，并与他的科研工作密切相关。

继 1969 年登月获得成功之后，美国又陆续发射了一系列行星探测器，科学尤其是太空科学引发了许多公众的关注和兴趣。1976 年，"海盗号"资料分析处的金特里·李建议萨根，不妨借助电视这个平台向公众介绍太空探测的那些重大发现。

4 年过后，1980 年由萨根自编、自导、自演的大型科学电视系列片《宇宙》风靡全球。这部 13 集的系列片把天文、地理、历史、哲学、生命的起源和演化、关于地外文明的探讨等都熔于一炉，谱写了地球上生命、文明与科学诞生和发展的宏伟篇章。这部系列片被翻译成 10 多种语言，在 60 多个国家放映，有逾 6 亿人观看。这一年 10 月，萨根成了《时代》周刊的"封面人物"。与此同时，萨根以优雅的文体写就、与系列片配套的《宇宙》一书接踵而至，位列《纽约时报》畅销书排行榜达 70 周之久，仅在美国就印刷了 40 余次，另外还有 30 多个国外版本。

在此之前的 1978 年，萨根还因科普佳作《伊甸园的飞龙——人类智力进化推测》一书而获得了普利策奖。他还撰写了《布鲁卡的脑——对科学传奇的反思》《彗星》《无人曾想过的道路——核冬天和武器竞赛的终结》《宇宙中的智能生命》《被遗忘祖先的影子》《暗淡蓝点》《亿亿万万》《魔鬼出没的世界——科学，照亮黑暗的蜡烛》等，这几部科普著作也以精湛的文笔、多维的视角、深刻的哲思、恢宏的背景和厚重的历史感，在出版后同样广受关注和好评。美国科普巨匠艾萨克·阿西莫夫生前曾经赞扬萨根"具有米达斯点物成金的魔力，任何题材一经他手就会金光闪闪"。

总而观之，萨根的科普作品内涵丰富、博大精深，人文色彩浓郁，甚至不乏天马行空般的想象。然而，依我看，贯穿其中的科学思想和科学方法才是这些作品之精髓所在。萨根认为，科学的思维方式既要富有想象力又要以科学素养为基础，科学取得成功的原因之一是科学具有改正错误的内在机制。他还指出，对从事科普的人来说，最大的挑战是向公众讲清楚科学的重大发现、误解，以及科学的实践者偶尔顽固地拒绝改变研究方向之真实的、曲折的发展历史。科学方法似乎毫无趣味、很难理解，但它比科学上的发现要重要得多。

萨根将（讲解）科学喻为他为之眷恋终生的爱情故事。我想不必讳言，萨根生前曾被有些人看成典型的科学主义者，他的一些科学观点也常被指责为"科学至上主义"，甚至有人认为他很"霸道"，蔑视除科学以外所有的文化和价值。我觉得，这当中或有误解。其实，萨根既是一位理性科学思维的忠实捍卫者，又是一名饱含激情、视野开阔的幻想家和探索者。他持有这样一种理念：科学远不是十全十美的获得知识的工具，科学仅仅是我们所拥有的最好的工具；而且科学未探明的事情很多，许多秘密仍待揭示……我们经常会获得意外的惊喜。科学家并不认为他们对自然的认识是全面、彻底的。

在美国天体生物学家、萨根最早的博士生之一戴维·莫里森看来，"萨根的作用很有趣，因为在他寻找其他星球上存在生命的证据以及捍卫搜寻地外文明计划的过程中，他自己也被指责为游离到正常的科学之外"。这主要是因为萨根对边缘科学的话题持明显的开放态度，他一贯主张需要保持一种"创造性和怀疑论之间的张力"。

2006年，萨根的夫人安·德鲁扬在致《魔鬼出没的世界——科学，照亮黑暗的蜡烛》中译者李大光的复信中写道："萨根将怀疑主义和对未解之谜的探索视为同样重要，并努力将其融合在科学事实、科学价值观和科学方法的传播中。他的这一做法吸引了许多人的关注。"李大光认为这个评价恰如其分。萨根怀疑任何没有证据的关于外星生命的传说，但他同时又是探索外星生命证据的积极参与者。他有句流传甚广的名言：非同寻常的结论需要非同寻常的证据。由此可见，萨根"是科学和理性、冷静与激情兼具的科学人"。

四

不止于此。

"萨根是天文学家，他有三只眼睛。一只眼睛探索星空，一只眼睛探索历史，第三只眼睛，也就是他的思维，探索现实社会……"美国报纸《每日新闻》曾对萨根如此夸赞。

的确，萨根的眼光是独特的，而且总是看得很深、很远。他说，长时间世界范围内不断积累形成的知识体系已将科学转化为一种几乎是跨国界、跨时代的超意识。但是，"一定要从全球和超越时代的角度，对技术所带来的长期后果给予更多的关注，竭力避免对民族主义和沙文主义的依恋。犯错误的代价太大了"。

而萨根所撰写的多部脍炙人口的科普著作在把太空探索的概念、激情和冒险带给公众的同时，也着意引导科学家和外行进行思考，特别是在更大的社会和历史框架中对科学与太空探索进行思考：令人们如此着迷的太空探索究竟是为了什么，以及为什么倾情、"投资"于太空对我们的未来是如此重要？

一个广为人知的事实是：执行"阿波罗"计划的航天员们采纳了萨根的建议，在飞往与飞离月球的旅途中都拍摄了我们的家园——地球的照片。这些照片发表后居然产生了很少有人能预料到的结果。地球上的居民破天荒第一次从天上看见了他们的世界——完整的、彩色的地球，那是一个在辽阔、漆黑的太空背景中不断自转着的、蓝白相间的精致小球。萨根就此评论说：这些照片有助于唤醒我们对行星的迷糊意识。它们提供了无可争辩的证据，表明我们大家同在一颗脆弱的行星上面。它们提醒我们，什么是重要的，什么不是。

能从地球之外摄取这神奇而壮美的地球"画像"——"蓝色弹珠"（the blue marble），乃拜现代科技全副武装起来的摄影术所赐，其超越了人类视线和空间的"勾勒"，从一种特殊的视角来观察事物的表象，在带给人们深深震撼、长久回味的同时，也颠覆了传统的地球景观，引发了对人类在宇宙中的位置的思考。

后来，确有许多人表白，看见"蓝色弹珠"改变了他们的人生。一位作家则将这张照片称为"一份倡导全球正义的影像宣言"，还有人说它激发出了建立世界政府，甚至创造一门世界语言的乌托邦设想。一位美国航天员评述说："（这幅图像所传达的是）全局最为重要，地球是一个整体，它如此美丽。你期望自己可以用两只手各牵一个人，他们可以是各种冲突中互不相让的对立方，然后对他们说：'看，从这个角度看地球，看着它，究竟什么是重要的呢？'"

20世纪末，当"旅行者号"正接近太阳系边缘时，萨根又向美国国家航空航天局建议，不妨让"旅行者号"转一下身，以便最后能够拍上一张太阳系的"全家福"。这件事办成了，并且同样令人震撼。据德鲁扬的回忆："他（萨根）犹如《圣经》中的先知，向国家航空航天局恳请：回首一顾兮，回眸一盼——再回过头来，看一眼这颗小小的行星，看一看它如今的模样。它现在不复是从'阿波罗号'上（从月球处）看上去那样充满整个镜头……而只是一个小小的点……"

"暗淡蓝点"（pale blue dot）可谓是萨根别有深意地首创的名语，现在许多人都知道它特指从太空中遥望所见之地球形象。

萨根有关环境保护和太空探索的一系列重要观点，在1994年出版的《暗淡蓝点》一书中都得到了体现。正如书名所揭示的那样，该书的主题是地球，一颗自己不能发光的蓝色行星，太空中的一个暗淡的蓝点。作者反复强调，在浩瀚的宇宙剧场里，地球只是一个极小的舞台。他说："有人说过，天文学令人感到自卑并能培养个性。除掉我们的小小世界的这个远方图像外，大概没有别的更好的办法可以揭示人类妄自尊大是何等愚蠢。对我来说，它着重说明我们有责任更友好地相互交往，并且要保护和珍惜这个淡蓝色的光点——这是我们迄今所知的唯一家园。"

在萨根的眼里，根本就没有什么"地区性环保问题"。他风趣地说，由于分子很笨拙，工业毒素、温室气体等也愚昧无知，所以它们都不知道尊重国界，也不顾及国家主权。而行星科学业已促成了一种广阔的、跨学科的观点，事实证明这对发现和试图消除地球上迫在眉睫的环境灾难大有裨益。

2001年12月4日，德鲁扬在致我国《三思科学》（电子）杂志编辑部的一封信中，对萨根有关"暗淡蓝点"的观点做了如下评述："卡尔总是努力帮助我们认识到：我们生活在一个暗淡蓝点上，那是拥有40多亿星辰的星系中的一粒微尘，而这个星系本身也不过是数量更加巨大的千亿个星系中的一个。……这一伟大的科学见解具有伦理和精神的意蕴。……带着怀疑和惊叹——二者缺一不可，我们能够学会在这颗行星上共存，或许有一天能飞向其他恒星。"

萨根实则借由"暗淡蓝点"这一意蕴，期冀我们能对人类真实的环境获得某种精神感悟吧。

五

当萨根因电视系列片《宇宙》的播放而在世界范围内声名鹊起之时，他的科普著作也走进了我国读者的视野。

1980 年，河北人民出版社推出了萨根著作的第一个中译本《伊甸园的飞龙——人类智力进化推测》（吕柱、王志勇译）。接下来，陆续又有萨根的数部著作翻译出版，如《外星球文明的探索》（张彦斌、王士兴、金纬译，1981 年，上海科学技术文献出版社）、《宇宙科学传奇》（陈增林译，1984 年，河北人民出版社）、《布鲁卡的脑——对科学传奇的反思》（金吾伦、吴方群、陈松林译，1987 年，生活·读书·新知三联书店）。

我国台湾的光复书局则在 1981 年根据日本旺文社编译的《宇宙》彩色图册（图片选自《宇宙》电视系列片中的精美镜头）翻译出版了由蔡章献审定的《宇宙的时代》4 本画册（同年台湾环华出版事业公司也翻译出版了由沈君山审定的《宇宙》图册）。

此后，经由我国天文馆事业的开创者之一、著名科普作家李元的积极联系，《宇宙》电视系列片的译制及《宇宙》一书的翻译得以进行。1989 年,《宇宙》中译本（周秋麟、吴依俤等译，李元审校，海洋出版社）首次与我国读者见面。卞毓麟、吴伯泽等著名科普作家和翻译家参与了《宇宙》电视系列片脚本的翻译和审定工作，李元与时任中国科学院北京天文台台长的李启斌则担任译制片的科学顾问（该片在 2001 年萨根逝世 5 周年之际由中央电视台播出）。

1996 年，台湾智库股份有限公司分上下两册出版了由旅美华人天文学家丘宏义翻译的《暗淡蓝点》中文繁体版，书名为《预约新宇宙：为人类寻找新天地》。此书的中文简体版（叶式辉、黄一勤译）则在 2000 年由上海科技教育出版社推出，随即被评为"牛顿杯科普图书奖"2000 年度十大科普好书之一。

在萨根逝世一周年之际，笔者怀着对这位科普大师的景仰之情，策划、组织了一个整版篇幅的纪念文章，刊发于 1997 年 12 月 26 日的《科技日报》，其中有李元的《我们要见萨根》、王直华的《脑的纪念》、卞毓麟的《最成功的科学普及家》、李大光的《科学精神长存》、尹传红的《向卡尔·萨根致敬》。《科技日报》随后还发表了潘涛的《科普明星卡尔·萨根》一文。

在资深出版人范春萍的努力推动下，萨根临终前的最后一部作品《魔鬼出没的世界——科学，照亮黑暗的蜡烛》在萨根逝世两周年之际有了中译本（李大光译，1998 年，吉林人民出版社）。2000 年，上海科技教育出版社推出由耶范特·特奇安和伊丽莎白·比尔森主编的萨根纪念文集《卡尔·萨根的宇宙：从行星探索到科学教育》中译本（周惠民、周玖译），我有幸与卞毓麟前辈共同担当了该书的责任编辑。

2001 年秋，临近萨根逝世 5 周年之时，北京电视台《世纪之约》栏目邀请李元、李大光和我做嘉宾，制作了一期纪念萨根的专题节目，介绍萨根的科学思想和主要贡献。该节目分上下两集播出，引起了很大的反响。同年 11 月 23 日，李元、李大光和我参加了在国务院第二会议室召开的"国务院科普工作座谈会"，与 10 多个国家部委的相关负责人一道讨论当前我国科普工作存在的各种问题及其解决方案。

这一年的 12 月 15 日和 16 日，在传媒人士杨虚杰等的策划、组织下，科学时报社、中国科学院科普办公室、中央电视台、中国科普研究所共同举办了"科学与公众论坛——纪念'科学先生'卡尔·萨根逝世 5 周年"。论坛的 3 个主题——"科学家及公众理解科学""宇宙及地外文明的探索""科学与反伪科学"都有涉及萨根的话题，如卞毓麟讲《真诚的卡尔·萨根》，多里昂·萨根讲《追念父亲》，吴国盛讲《科学巨星与科学传播》，唐纳德·戈德史密斯讲《卡尔·萨根：天文科普专家》。

近些年来，萨根及其科普作品在我国越来越受到关注和青睐。2003 年，上海科技教育出版社推出了《展演科学的艺术家——萨根传》中译本（凯伊·戴维森著，暴永宁译，吴伯泽校）；2008 年，重庆出版社推出了萨根唯一的一部科幻小说《接触》中译本（王义豹译）；2010 年，海南出版社推出了萨根关于宗教与科学的关系的演讲集《卡尔·萨根的上帝——上帝探究之个人见解》中译本（张江城译）。

在萨根诞辰 80 周年和《暗淡蓝点》英文版出版 20 周年之际，欣闻人民邮电出版社重磅推出该书中译本纪念版，并将与中国科普作家协会和中国科普研究所联合举办萨根作品研讨会，我以为这对萨根是极好的礼赞。谨表祝贺和敬意！希望今后能够看到更多的萨根作品出现在人民邮电出版社的书单上。

尹传红